21世纪普通高校计算机公共课程规划教材

Java EE 教程

赵明渊　主编

清华大学出版社
北京

内容简介

本书全面系统地介绍了Java EE应用开发，全书共分7章，分别介绍Java EE开发环境、Java EE数据库开发基础、Java Web开发、Struts 2开发、Hibernate开发、Spring开发、学生成绩管理系统开发等内容。

本书注重理论与实践的结合，既强调合理的知识体系，又侧重应用，概念清晰，实例丰富，通俗易懂，要求读者起点低，能全面提升学生的综合应用能力和动手编程能力。为方便教学，每章都有大量示范性设计实例和运行结果，所有例题和实例都经过调试通过，主要章节有应用举例，附录有搭建项目框架的基本操作、网上购物系统需求分析与设计、学生成绩数据库的表结构和样本数据等内容，章末习题有选择题、填空题和应用题等类型。

本书可作为大学本科、高职高专及培训班课程的教学用书，也可供计算机应用人员和计算机爱好者自学参考。

本书提供的教学课件、习题答案、所有例题和实例的源代码的下载网址是 http://www.tup.com.cn。

图书在版编目(CIP)数据

Java EE教程/赵明渊主编. —北京：清华大学出版社，2015 (2017.7 重印)
21世纪普通高校计算机公共课程规划教材
ISBN 978-7-302-41495-7

Ⅰ. ①J…　Ⅱ. ①赵…　Ⅲ. ①JAVA语言－程序设计－教材　Ⅳ. ①TP312

中国版本图书馆CIP数据核字(2015)第212871号

责任编辑：魏江江　王冰飞
封面设计：何凤霞
责任校对：梁　毅
责任印制：沈　露

出版发行：清华大学出版社
网　　址：http://www.tup.com.cn，http://www.wqbook.com
地　　址：北京清华大学学研大厦A座　　**邮　　编**：100084
社 总 机：010-62770175　　**邮　　购**：010-62786544
投稿与读者服务：010-62776969，c-service@tup.tsinghua.edu.cn
质 量 反 馈：010-62772015，zhiliang@tup.tsinghua.edu.cn
课 件 下 载：http://www.tup.com.cn,010-62795954
印 装 者：三河市少明印务有限公司
经　　销：全国新华书店
开　　本：185mm×260mm　　**印　　张**：22　　**字　　数**：550千字
版　　次：2015年11月第1版　　**印　　次**：2017年7月第2次印刷
印　　数：2001～3000
定　　价：39.50元

产品编号：065853-01

出版说明

随着我国改革开放的进一步深化，高等教育也得到了快速发展，各地高校紧密结合地方经济建设发展需要，科学运用市场调节机制，加大了使用信息科学等现代科学技术提升、改造传统学科专业的投入力度，通过教育改革合理调整和配置了教育资源，优化了传统学科专业，积极为地方经济建设输送人才，为我国经济社会的快速、健康和可持续发展以及高等教育自身的改革发展做出了巨大贡献。但是，高等教育质量还需要进一步提高以适应经济社会发展的需要，不少高校的专业设置和结构不尽合理，教师队伍整体素质亟待提高，人才培养模式、教学内容和方法需要进一步转变，学生的实践能力和创新精神亟待加强。

教育部一直十分重视高等教育质量工作。2007 年 1 月，教育部下发了《关于实施高等学校本科教学质量与教学改革工程的意见》，计划实施"高等学校本科教学质量与教学改革工程(简称'质量工程')"，通过专业结构调整、课程教材建设、实践教学改革、教学团队建设等多项内容，进一步深化高等学校教学改革，提高人才培养的能力和水平，更好地满足经济社会发展对高素质人才的需要。在贯彻和落实教育部"质量工程"的过程中，各地高校发挥师资力量强、办学经验丰富、教学资源充裕等优势，对其特色专业及特色课程(群)加以规划、整理和总结，更新教学内容、改革课程体系，建设了一大批内容新、体系新、方法新、手段新的特色课程。在此基础上，经教育部相关教学指导委员会专家的指导和建议，清华大学出版社在多个领域精选各高校的特色课程，分别规划出版系列教材，以配合"质量工程"的实施，满足各高校教学质量和教学改革的需要。

本系列教材立足于计算机公共课程领域，以公共基础课为主、专业基础课为辅，横向满足高校多层次教学的需要。在规划过程中体现了如下一些基本原则和特点。

(1) 面向多层次、多学科专业，强调计算机在各专业中的应用。教材内容坚持基本理论适度，反映各层次对基本理论和原理的需求，同时加强实践和应用环节。

(2) 反映教学需要，促进教学发展。教材要适应多样化的教学需要，正确把握教学内容和课程体系的改革方向，在选择教材内容和编写体系时注意体现素质教育、创新能力与实践能力的培养，为学生知识、能力、素质协调发展创造条件。

(3) 实施精品战略，突出重点，保证质量。规划教材把重点放在公共基础课和专业基础课的教材建设上；特别注意选择并安排一部分原来基础比较好的优秀教材或讲义修订再版，逐步形成精品教材；提倡并鼓励编写体现教学质量和教学改革成果的教材。

(4) 主张一纲多本，合理配套。基础课和专业基础课教材配套，同一门课程有针对不同层次、面向不同专业的多本具有各自内容特点的教材。处理好教材统一性与多样化，基本教材与辅助教材、教学参考书，文字教材与软件教材的关系，实现教材系列资源配套。

(5) 依靠专家,择优选用。在制订教材规划时要依靠各课程专家在调查研究本课程教材建设现状的基础上提出规划选题。在落实主编人选时,要引入竞争机制,通过申报、评审确定主题。书稿完成后要认真实行审稿程序,确保出书质量。

繁荣教材出版事业,提高教材质量的关键是教师。建立一支高水平教材编写梯队才能保证教材的编写质量和建设力度,希望有志于教材建设的教师能够加入到我们的编写队伍中来。

21 世纪普通高校计算机公共课程规划教材编委会

联系人:魏江江 weijj@tup.tsinghua.edu.cn

前 言

本书全面系统地介绍了 Java EE 应用开发，全书共分 7 章，分别介绍 Java EE 开发环境、Java EE 数据库开发基础、Java Web 开发、Struts 2 开发、Hibernate 开发、Spring 开发、学生成绩管理系统开发等内容。

本书注重理论与实践的结合，既强调合理的知识体系，又侧重应用，概念清晰，实例丰富，通俗易懂，要求读者起点低，能全面提升学生的综合应用能力和动手编程能力。为方便教学，每章都有大量示范性设计实例和运行结果，所有例题和实例都经过调试通过，主要章节有应用举例，附录有搭建项目框架的基本操作、网上购物系统需求分析与设计、学生成绩数据库的表结构和样本数据等内容，章末习题有选择题、填空题和应用题等类型。

本书特色如下：

(1) 在 Struts 2 开发、Hibernate 开发、Spring 开发等章节通过基本知识的介绍和例题及实例的讲解，以利于学生掌握基本知识和培养学生使用 Java EE 框架进行开发的能力。

(2) 通过例题、实例和应用开发项目三个层次，采用由浅入深、分散难点的方法进行介绍，以降低学习的难度和利于学生理解，从而掌握有关知识和编程技巧。

(3) 学生成绩管理系统开发可作为教学和实训的内容，培养学生开发一个简单应用系统的能力。

(4) 本书免费提供教学课件、习题答案、所有例题和实例的源代码，章末习题有选择题、填空题和应用题等类型，以供教学参考。

本书可作为大学本科、高职高专及培训班课程的教学用书，也可供计算机应用人员和计算机爱好者自学参考。

本书提供的教学课件、习题答案、所有例题和实例的源代码的下载网址是 http://www.tup.com.cn。

本书由赵明渊主编，对于帮助完成基础工作的同志，在此表示感谢！

参加本书编写的有贾宇明、朱国斌、李华春、任健、李建平、杜亚军、胡宇、郭贤生、武畅、李文君、胡桂容、周亮宇、辛玲、包德惠、赵凯文。

由于作者水平有限，不当之处，敬请读者批评指正。

作 者

2015 年 8 月

前言

目　录

第1章 Java EE 开发环境

本章要点

- Java EE 传统开发和框架开发
- JDK 安装和配置
- Tomcat 下载和安装
- MyEclipse 安装和配置
- MyEclipse 的界面
- Java EE 项目开发

Java EE 是目前流行的企业级应用开发框架，它是一个含有多种技术标准的集合，为了使用轻量级 Java EE 平台搭建开发环境，本章介绍 Java EE 传统开发和框架开发、JDK 安装和配置、Tomcat 下载和安装、MyEclipse 安装和配置、MyEclipse 的界面、Java EE 项目开发等内容。

1.1 Java EE 传统开发和框架开发

Java 语言是 Sun Microsystems 公司(已被 Oracle 公司收购)在 1995 年推出的一种新的完全面向对象的编程语言，根据应用领域划分为 3 个平台。

- Java Standard Edition：简称 Java SE，Java 平台标准版，用于开发台式机、便携机应用程序。
- Java Enterprise Edition：简称 Java EE，Java 平台企业版，用于开发服务器端程序和企业级的软件系统。
- Java Micro Edition：简称 Java ME，Java 平台微型版，用于开发手机、掌上电脑等移动设备使用的嵌入式系统。

初学 Java 语言使用 Java SE，目前开发企业级 Web 应用流行的平台是 Java EE。

Java EE 是现在开发 Web 应用流行的三大平台之一，另两个平台是 ASP.NET 和 PHP。

Java EE 开发有两种主要方式：Java EE 传统开发和 Java EE 框架开发。

1. Java EE 传统开发

Java 传统开发方式指 Java Web 开发，其核心技术为 JSP＋Servlet＋JavaBean。在 Java Web 开发中，几乎所有功能都用 JSP 实现。由于缺少有效的开发规范来约束 JSP 程序员，不同程序员编写出的 JSP 程序风格不同，使开发出的应用系统结构不清晰，维护困难。

2. Java EE 框架开发

现在 Java EE 三大主流框架是 Struts 2、Spring 和 Hibernate。

(1) 轻量级 Java EE

以 Spring 为核心，适合中小型企业项目开发，采用 SSH2(Struts 2+Spring+Hibernate)整合框架，开发出的应用在 Tomcat 服务器上运行。

(2) 经典企业级 Java EE

以 EJB3+JPA 为核心，适合开发大型企业项目，系统需要在专业 Java EE 服务器——WebLogic、WebSphere 上运行。

本书采用轻量级 Java EE 开发平台，搭建的开发环境如下。

- 底层运行环境：jdk1.7.0_67 和 jre7。
- Web 服务器：Tomcat 8.0.21。
- 后台数据库：SQL Server 2008/2012。
- 可视化集成开发环境：MyEclipse 2014。

开发项目时需要增加框架的引入和配置，编写.jsp、.java 等文件，开发完成后，发布到 Web 服务器上，轻量级 Java EE 开发平台如图 1.1 所示。

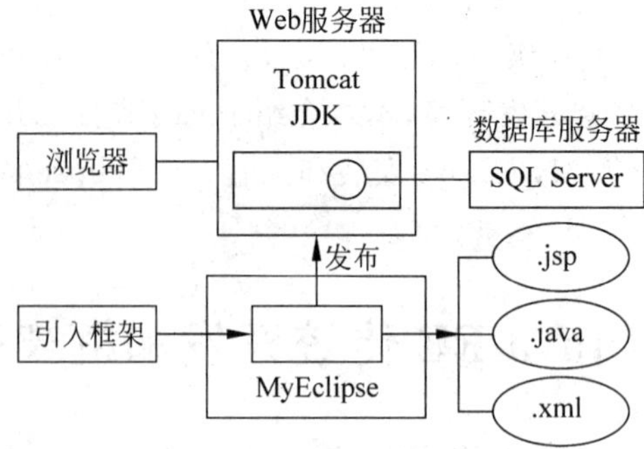

图 1.1　轻量级 Java EE 开发平台

1.2　JDK 安装和配置

在进行 Java EE 开发时，需要 Java SE 的支持，为方便软件开发的进行，需要安装 Java SE 开发环境 JDK(Java 2 Software Development Kit，Java 软件开发包)。

1.2.1　JDK 下载和安装

JDK 可以在 Oracle 公司的官方网站下载，网址如下：

```
http://www.oracle.com/technetwork/java/index.html
```

在浏览器地址栏中输入上述地址后，可以看到 Java SE SDK 的下载版本，本书下载的是目前流行版本 Java SE7。

本书在 Windows 平台下进行开发，必须下载 Windows 版本，下载之后得到的可执行文件为 jdk-7u67-windows-x64。

双击下载后的安装文件 jdk-7u67-windows-x64,出现“许可证”窗口后,单击“接受”按钮。在“自定义安装”窗口中,使用默认选项,单击“下一步”按钮,即可进行安装。

本书的安装目录是 C:\Program Files\Java\jdk1.7.0_67。

1.2.2 JDK 配置

通过设置系统环境变量,告诉 Windows 操作系统 JDK 的安装位置,环境变量设置方法如下。

1. 设置系统变量 Path

在“开始”菜单中,选择“控制面板”→“系统”→“高级系统设置”→“环境变量”,出现图 1.2 所示的“环境变量”对话框。

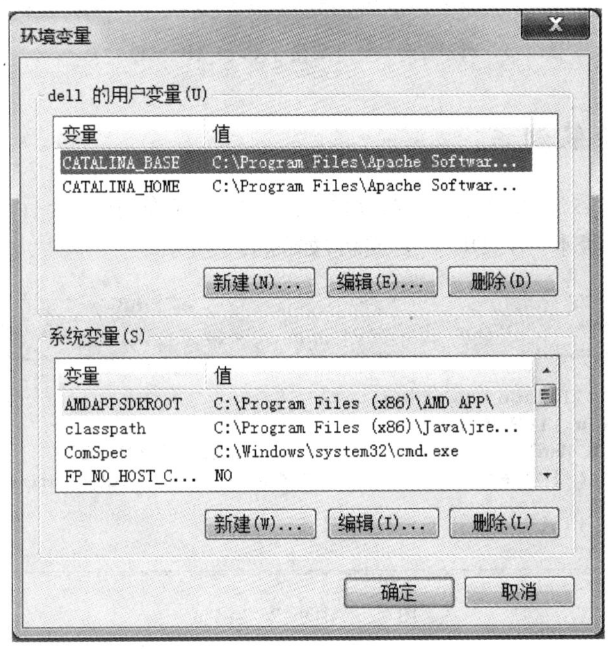

图 1.2 “环境变量”对话框

在“系统变量”中找到变量名为 Path 的变量,单击“编辑”按钮,弹出“编辑系统变量”对话框,在“变量值”文本框中输入 JDK 的安装路径为 C:\Program Files\Java\jdk1.7.0_67\bin,如图 1.3 所示,单击“确定”按钮完成配置。

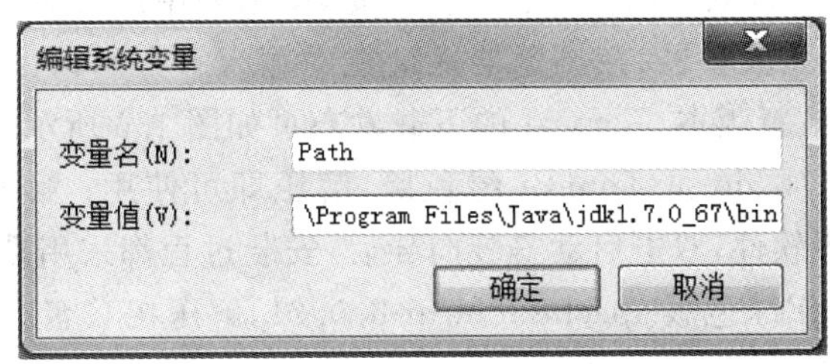

图 1.3 编辑变量 Path

2. 设置用户变量 JAVA_HOME

在“系统变量”中单击“新建”按钮，弹出“新建用户变量”对话框，在“变量名”文本框中输入 JAVA_HOME，在“变量值”文本框中输入 JDK 的安装路径：C:\Program Files\Java\jdk1.7.0_67，如图 1.4 所示，单击“确定”按钮完成配置。

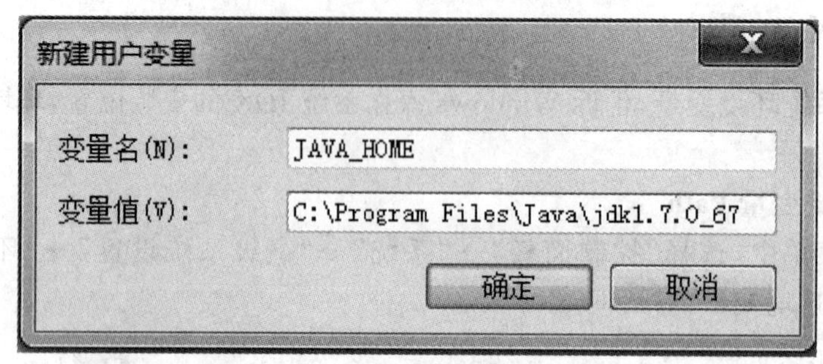

图 1.4　新建变量 JAVA_HOME

1.2.3　JDK 安装测试

选择“开始”→“运行”菜单项，输入 cmd，进入 DOS 界面，在命令行输入 java -version，系统显示当前 JDK 的版本，则 JDK 安装成功，如图 1.5 所示。

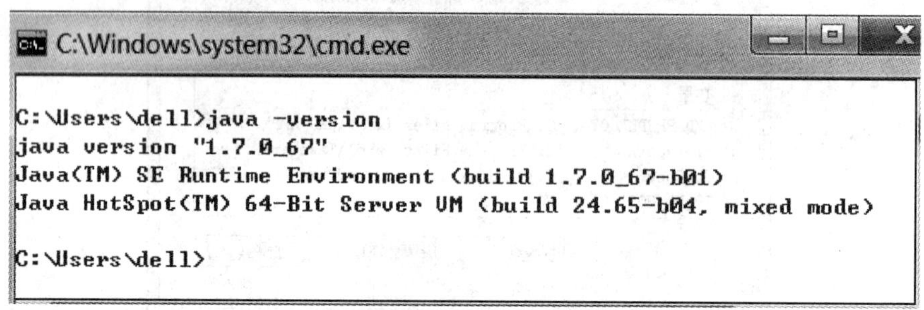

图 1.5　JDK 安装测试

1.3　Tomcat 下载和安装

Tomcat 是一个 Servlet/JSP 容器，它是一个开发和配置 Web 应用和 Web 服务的有用平台。Tomcat 是 Java EE 系列的软件服务器之一，本书采用最新的 Tomcat 8.0.21 作为承载 Java EE 应用的 Web 服务器，在浏览器地址栏中输入官方网站：http://tomcat.apache.org，下载 Tomcat 的最新版本，Tomcat 的下载发布页如图 1.6 所示。

在 Core 下的第 1 项 zip 是 Tomcat 绿色版，解压即可使用；第 6 项 Windows Service Installer 是一个安装版软件，双击启动安装向导后，安装过程都采用默认选项。两种版本软件都可以使用，本书采用绿色版 apache-tomcat-8.0.21，解压在 C 盘。

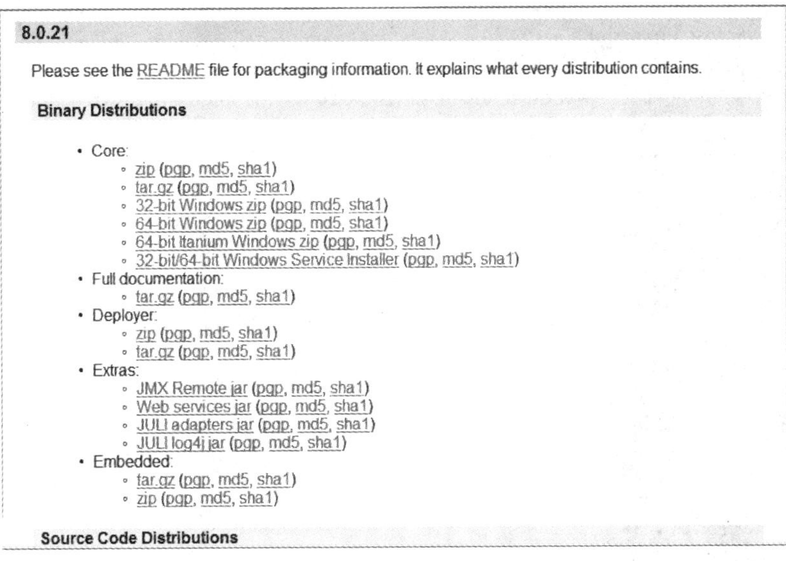

图 1.6 Tomcat 的下载发布页

1.4 MyEclipse 安装和配置

IDE(Integrated Development Environment,集成开发环境)是帮助用户进行快速开发的软件,MyEclipse 是 Java 系列的 IDE 之一,作为用于开发 Java EE 的 Eclipse 插件集合,它是 Eclipse IDE 的扩展。MyEclipse 是功能强大的 Java EE 集成开发环境,完整支持 HTML/XHTML、JSP、CSS、Javascript、SQL、Struts、Hibernate 和 Spring 等各种 Java EE 的标准和框架。

1.4.1 MyEclipse 下载和安装

MyEclipse 在国内的官网为 http://www.myeclipseide.cn/index.html,提供中文 Windows 版 MyEclipse 为 Java EE 初学者提供开发环境。本书使用 MyEclipse 在 Windows 下的最新版本 MyEclipse 2014,从官网下载安装软件 myeclipse-pro-2014-GA-offline-installer-windows.exe,双击 MyEclipse 2014 的安装软件,出现图 1.7 所示的安装向导,按照向导步骤完成安装。

MyEclipse 2014 的启动界面和版本信息分别如图 1.8 和图 1.9 所示。

单击"开始"→"所有程序"→MyEclipse→MyEclipse 2014→MyEclipse Professional 2014,启动 MyEclipse 2014,出现选择工作区对话框,如图 1.10 所示。单击 OK 按钮,进入集成开发环境,如图 1.11 所示。

1.4.2 MyEclipse 配置

MyEclipse 虽然内置了 JDK 和 Tomcat,但这里指定使用的 jdk1.7.0_67 和 Tomcat 8.0.21,需要进行配置。

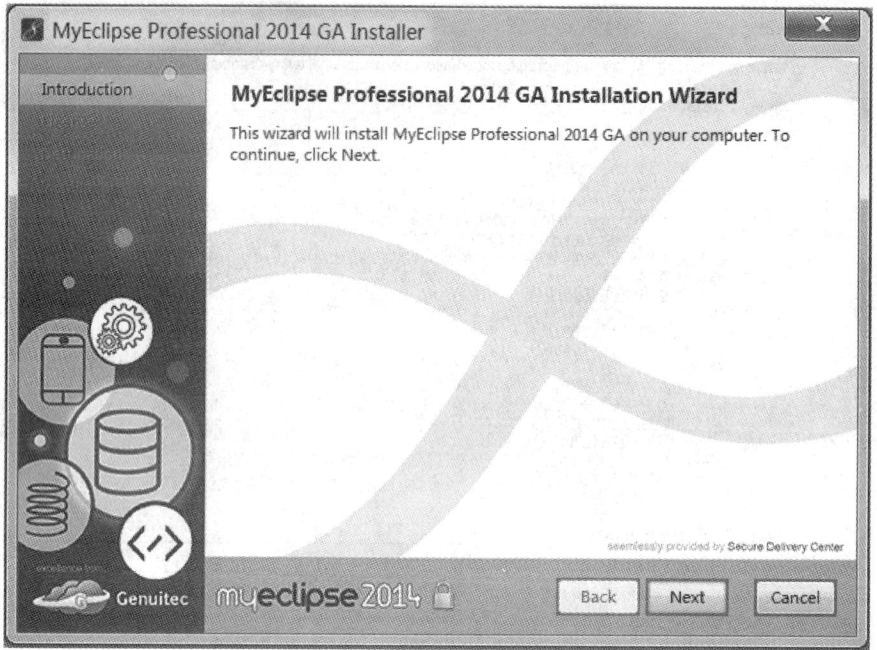

图 1.7　MyEclipse 安装向导

图 1.8　MyEclipse 启动界面

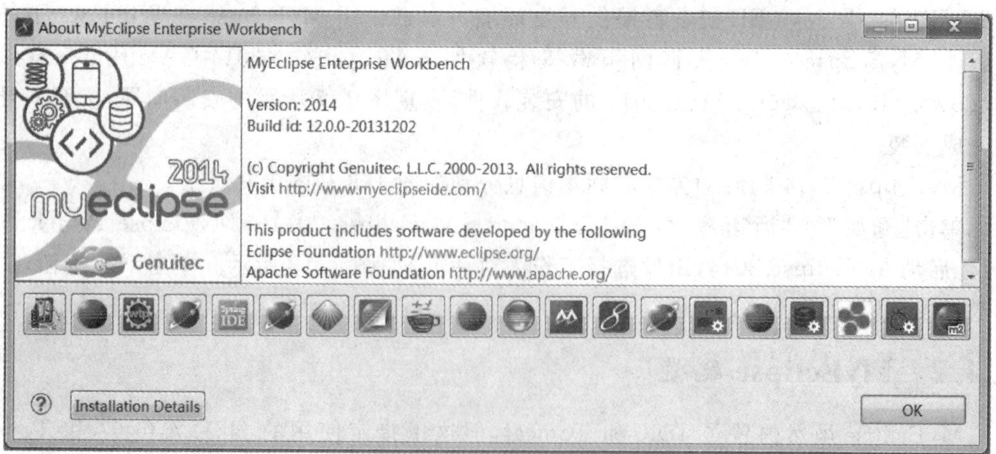

图 1.9　MyEclipse 版本信息

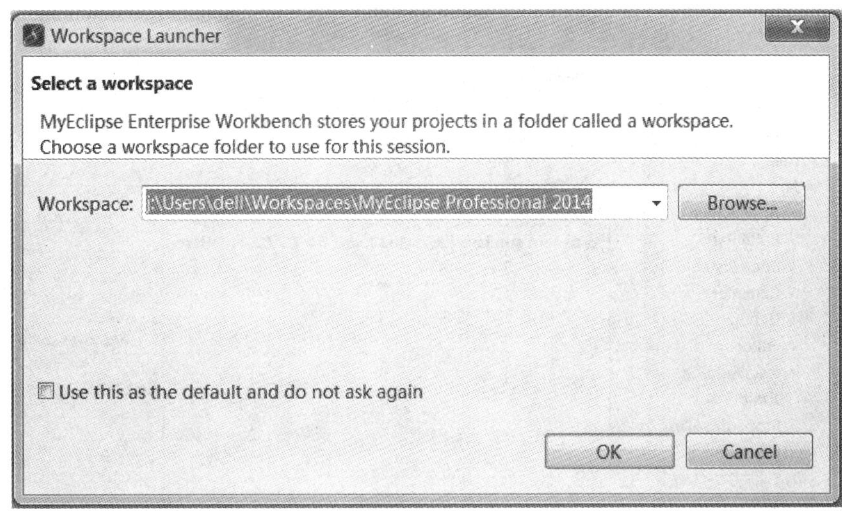

图 1.10 选择工作区对话框

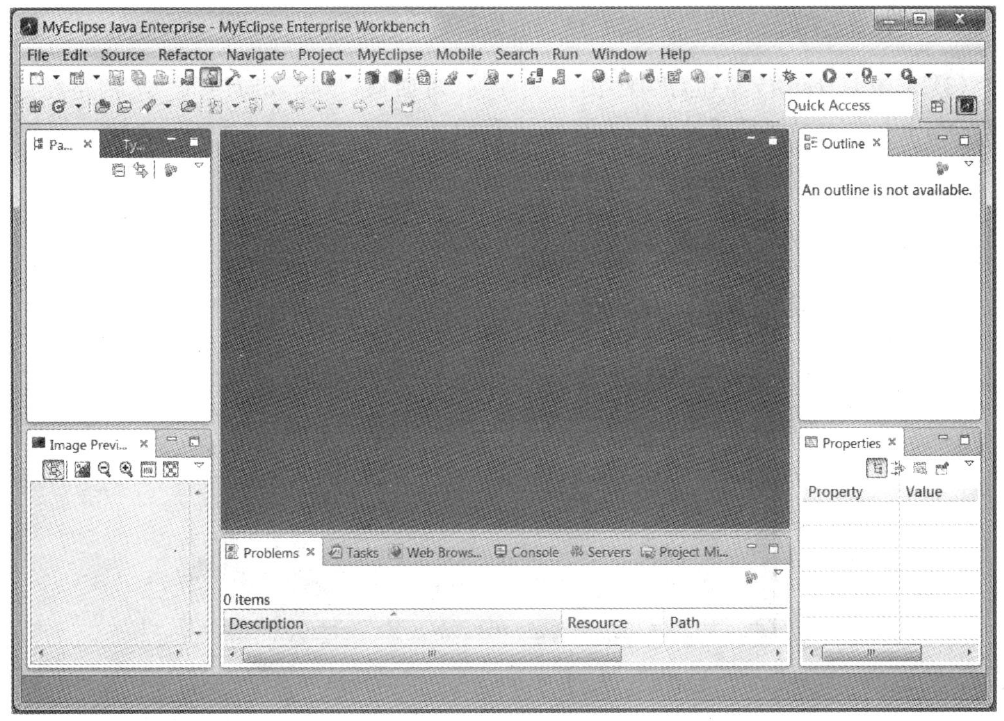

图 1.11 MyEclipse 2014

1. 配置 JRE

配置 JRE 的步骤如下。

(1) 启动 MyEclipse，选择菜单 Window→Preferences，出现 Preferences 对话框，选择左侧目录树中的 Java→Installed JREs，如图 1.12 所示。

(2) 在图 1.12 中，本书不用默认的 JRE 选项，单击 Add 按钮，出现 Add JRE 对话框。

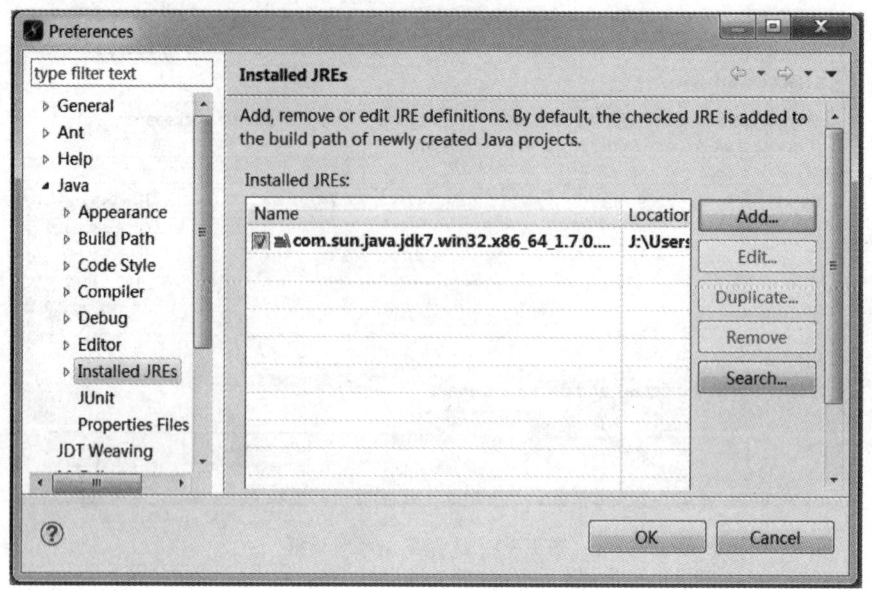

图 1.12 Preferences 对话框

(3) 单击 Directory 按钮，出现“浏览文件夹”对话框，指定 jdk1.7.0_67 的路径：C:\Program Files\Java\jdk1.7.0_67，如图 1.13 所示。

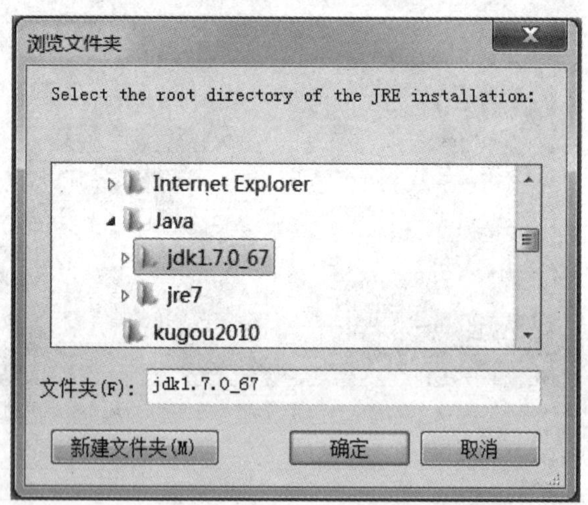

图 1.13 指定 jdk1.7.0_67 的路径

(4) 单击“确定”按钮，返回 Add JRE 对话框，如图 1.14 所示，单击 Finish 按钮。

(5) 返回 Preferences 对话框，如图 1.15 所示，单击 OK 按钮，完成 JRE 配置。

2. 集成 MyEclipse 和 Tomcat

集成 MyEclipse 和 Tomcat 的步骤如下。

(1) 启动 MyEclipse，选择菜单 Window→Preference，出现 Preferences 对话框，展开左侧目录树中的 MyEclipse→Servers→Tomcat→Tomcat 8.x，在右侧激活 Tomcat 8.x 设置路径：C:\apache-tomcat-8.0.21，如图 1.16 所示。

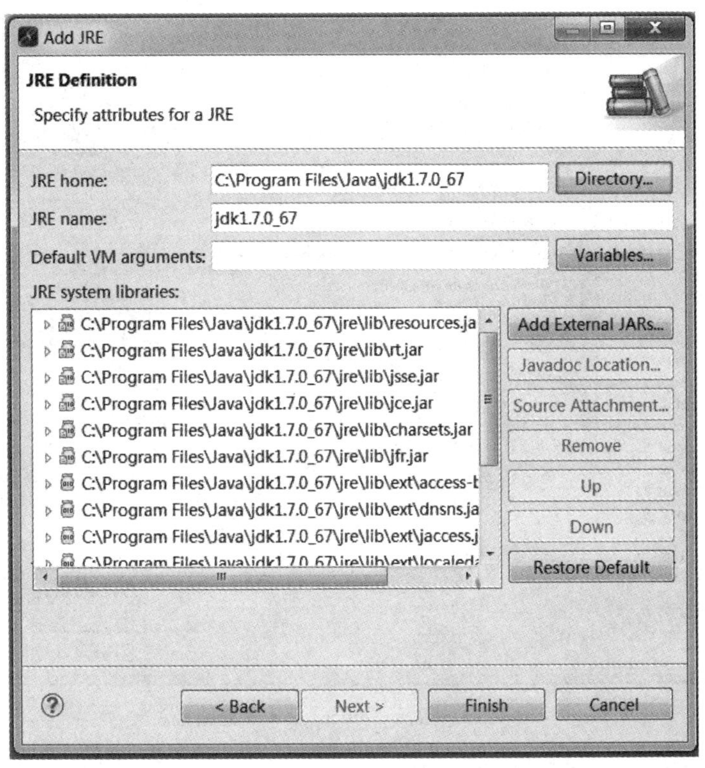

图 1.14　返回 Add JRE 对话框

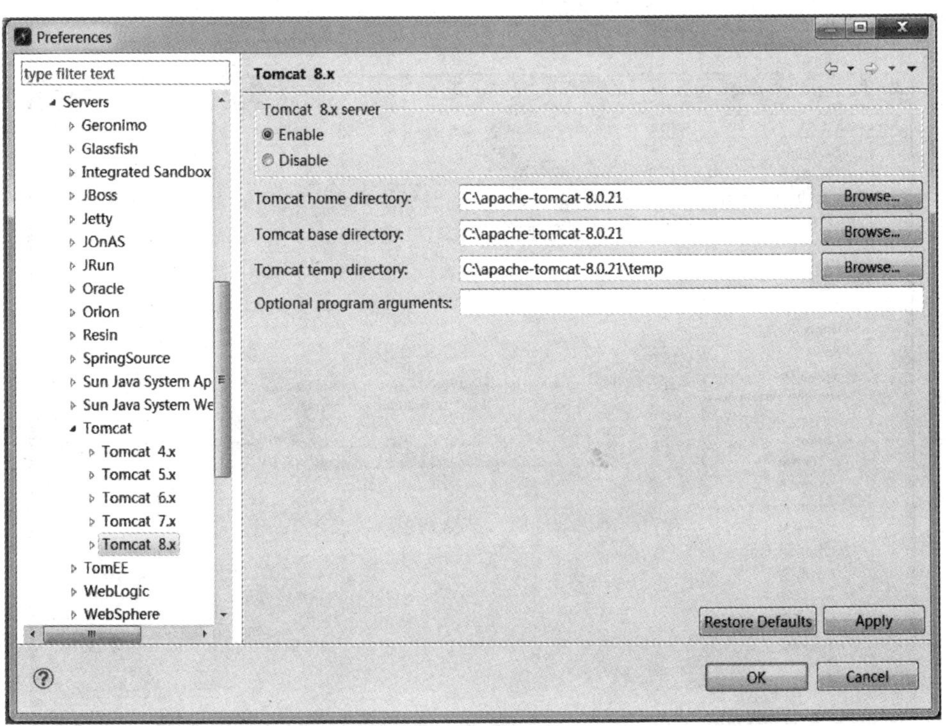

图 1.15　返回 Preferences 对话框

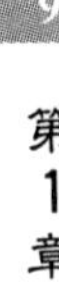

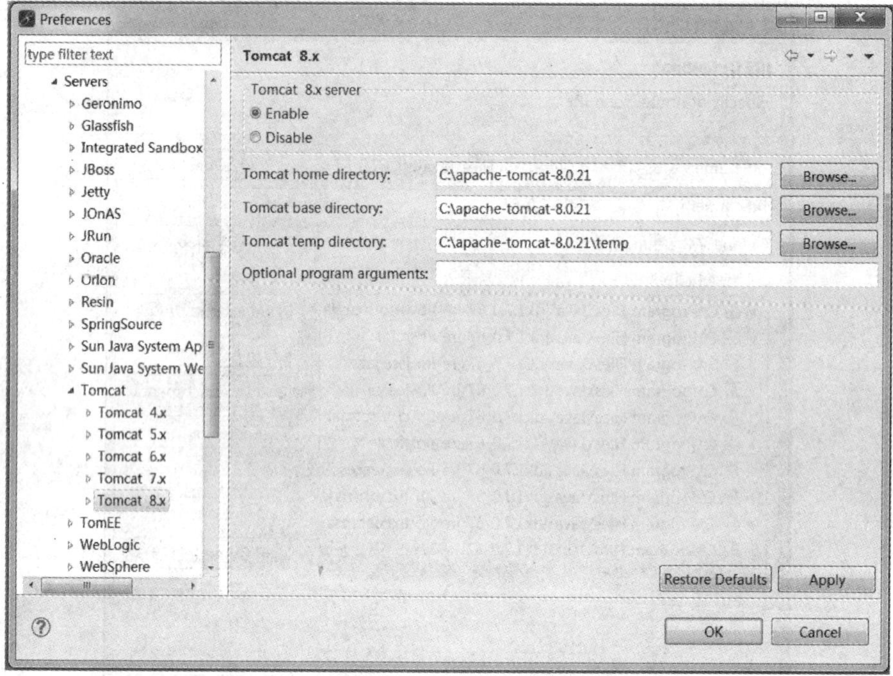

图 1.16　激活 Tomcat 8.x 设置路径

（2）继续展开左侧目录树中的 MyEclipse→Servers→Tomcat→Tomcat 8.x→JDK，设置 Tomcat 8.x 默认运行环境为 jdk1.7.0_67，如图 1.17 所示，单击 OK 按钮，完成 MyEclipse 和 Tomcat 的集成。

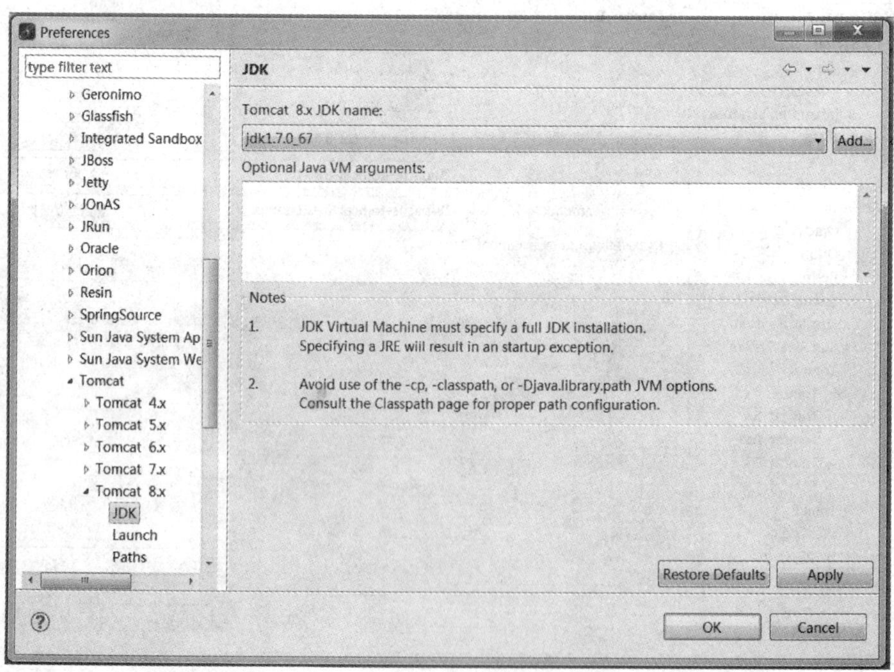

图 1.17　Tomcat 8.x 默认运行环境

3. 在 MyEclipse 中启动 Tomcat

在 MyEclipse 工具栏，单击 Run/Stop/Restart MyEclipse Servers 按钮 ▾ 的下拉箭头，选择 Tomcat 8.x→Start，在 MyEclipse 中启动 Tomcat，如图 1.18 所示。

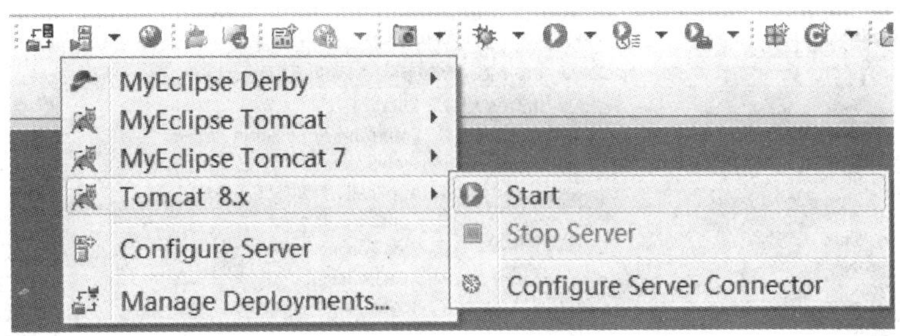

图 1.18 在 MyEclipse 中启动 Tomcat

MyEclipse 主界面下方控制台区显示 Tomcat 启动信息，此时 Tomcat 服务器已启动。

在浏览器地址栏中，输入 http://localhost:8080/，出现图 1.19 所示的界面，表示 MyEclipse 和 Tomcat 已紧密集成，IDE 环境已搭建成功。

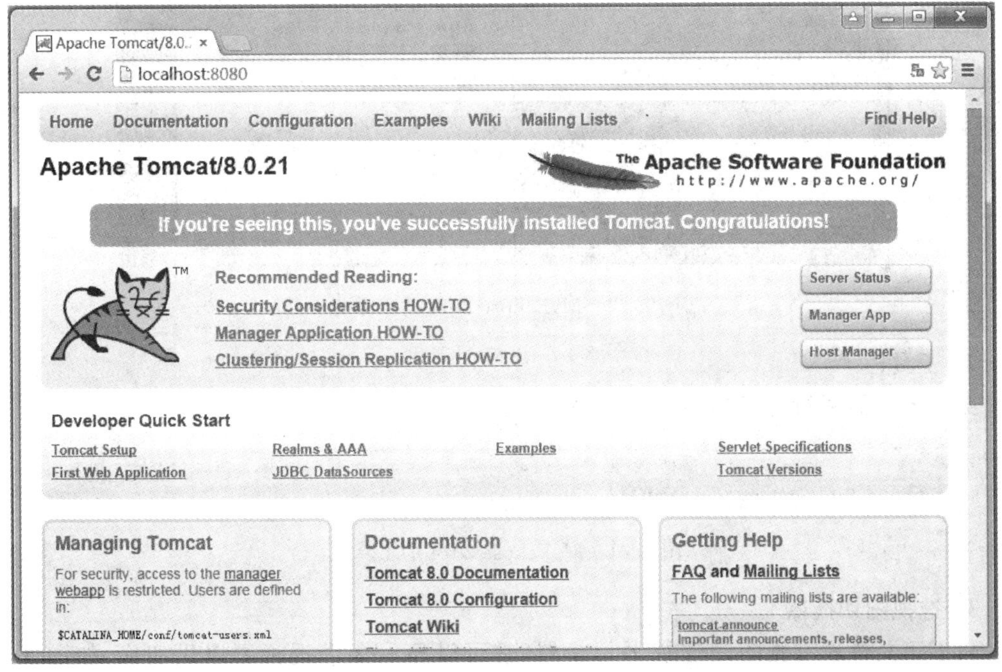

图 1.19 MyEclipse 和 Tomcat 已紧密集成

1.5 MyEclipse 2014 的界面

下面介绍 MyEclipse 2014 界面中的菜单栏、工具栏、透视图切换器、视图和代码编辑器。

1. 菜单栏

在 MyEclipse 2014 窗体顶部第 2 行是菜单栏，包含主菜单（例如 File）和其所属的菜单项（例如 File→New），菜单项下面还可以有子菜单，如图 1.20 所示。

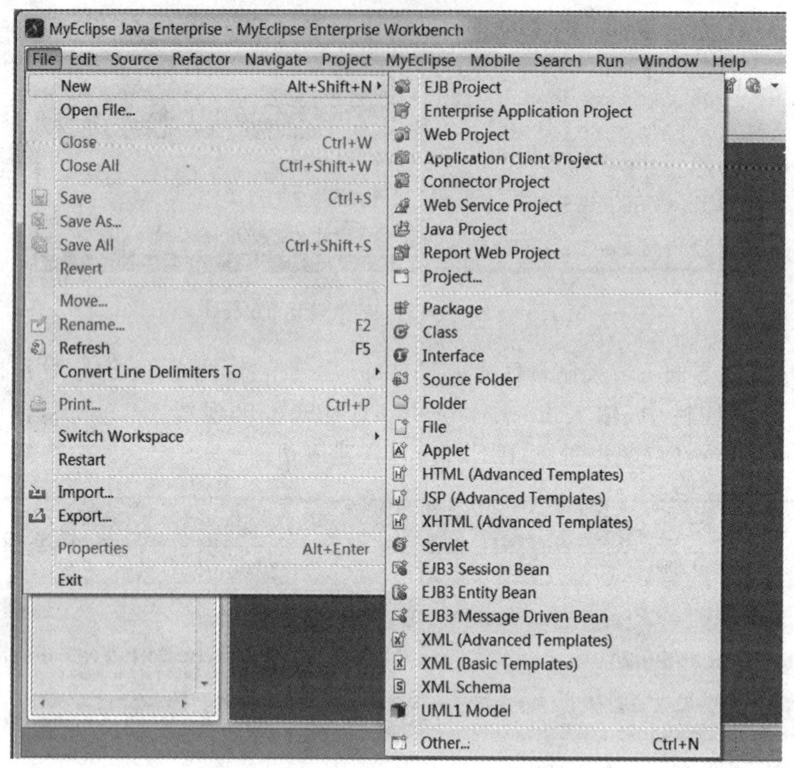

图 1.20 MyEclipse 2014 的菜单栏

2. 工具栏

菜单栏下面两行是工具栏，如图 1.21 所示。

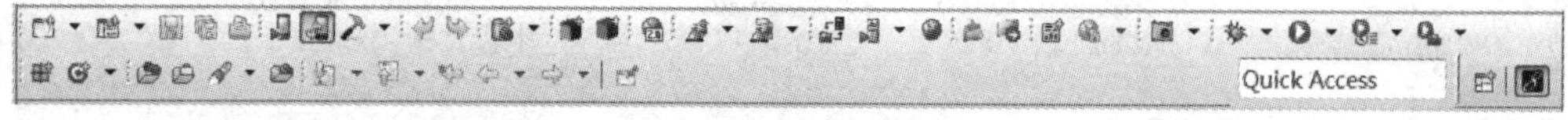

图 1.21 MyEclipse 2014 的工具栏

3. 透视图切换器

位于工具栏最右侧的是透视图切换器，它可以显示多个透视图以供切换，如图 1.22 所示。

如果需要恢复到默认的 MyEclipse 2014 的界面，可选择其中的 MyEclipse Java Enterprise (default)选项。

4. 视图

视图是主界面中的一个小窗口，可以调整显示大小、位置或关闭，也可以最大化、最小化，MyEclipse 的界面是由工具栏、菜单栏、状态栏和许多视图构成的，大纲视图就是视图之一，如图 1.23 所示。

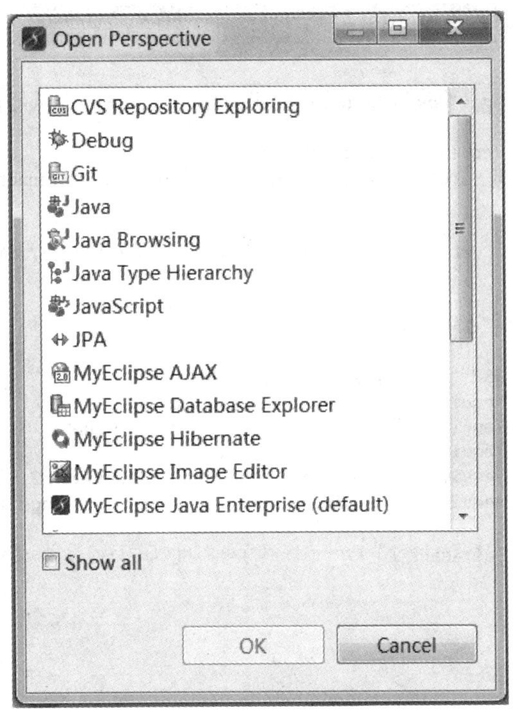

图 1.22 透视图切换器

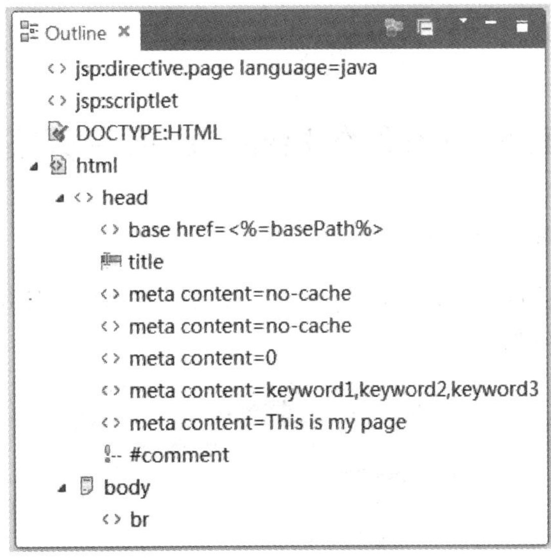

图 1.23 大纲视图

5. 代码编辑器

代码编辑器在界面的中间，用于编辑程序代码，并具有自动调试和排错功能，如果打开JSP源文件，在编辑器的上部窗口中显示页面的预览效果，下部窗口中显示JSP源代码，该编辑器与视图相似，也能最大化和最小化，如图1.24所示。

```
index.jsp ×
Hello JSP!
<%@ page language="java" import="java.util.*" pageEncoding="ISO-8859-1"%>
<%
String path = request.getContextPath();
String basePath = request.getScheme()+"://"+request.getServerName()+":"+re
%>

<!DOCTYPE HTML PUBLIC "-//W3C//DTD HTML 4.01 Transitional//EN">
<html>
  <head>
    <base href="<%=basePath%>">

    <title>My JSP 'index.jsp' starting page</title>
    <meta http-equiv="pragma" content="no-cache">
    <meta http-equiv="cache-control" content="no-cache">
    <meta http-equiv="expires" content="0">
    <meta http-equiv="keywords" content="keyword1,keyword2,keyword3">
    <meta http-equiv="description" content="This is my page">
    <!--
    <link rel="stylesheet" type="text/css" href="styles.css">
    -->
  </head>

  <body>
    Hello JSP! <br>
  </body>
</html>
Design Preview
```

图 1.24　代码编辑器

1.6　简单的 Java EE 项目开发

1.6.1　简单的 Java 项目开发

一个简单的 Java 项目开发介绍如下，运行结果将在控制台打印出 Hello Java!，项目完成后的目录树如图 1.25 所示。

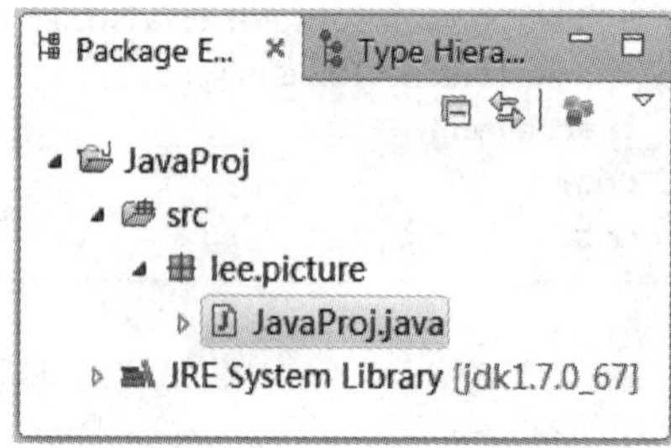

图 1.25　Java 项目目录树

在 Java 项目目录树中，各个目录介绍如下。

(1) src 目录：src 是一个源代码文件夹(Source folder)，用于存储 Java 源代码，当 Java

源代码放入 src 中，MyEclipse 会自动编译。

(2) JRE System Library 目录：存储环境运行需要的类库。

项目开发过程如下。

【例 1.1】 开发一个简单的 Java 项目 JavaProj。

(1) 创建 Java 项目。

启动 MyEclipse，选择菜单 File→New→Java Project，出现图 1.26 所示的 New Java Project 对话框，在 Project name 文本框中输入：JavaProj，在 JRE 栏中保持默认的 Use default JRE (currently ‘jdk1.7.0_67’)，其他选项也保持默认，单击 Finish 按钮。

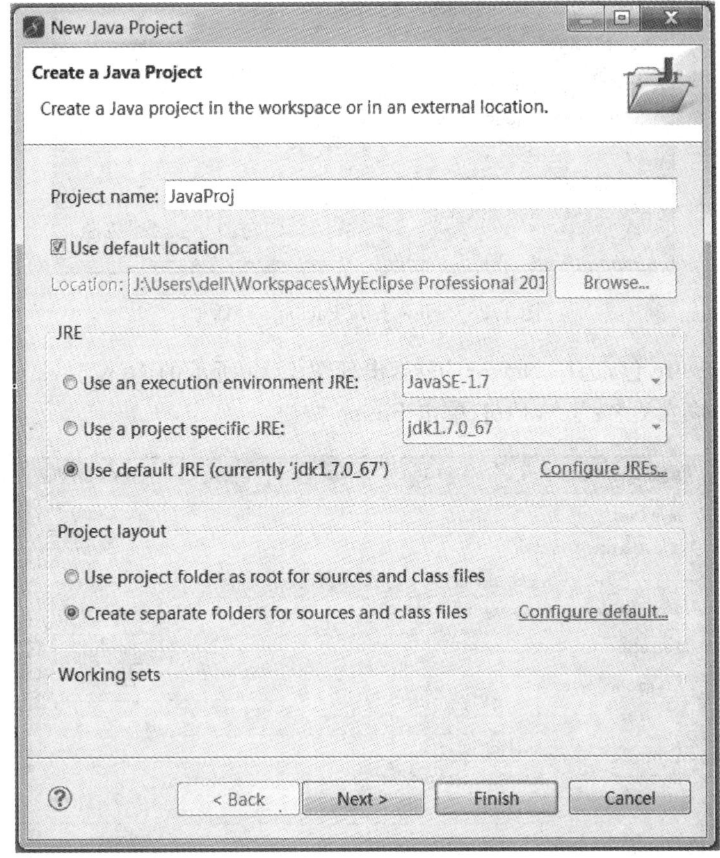

图 1.26　New Java Project 对话框

在 MyEclipse 左侧生成了一个 JavaProj 项目，如图 1.27 所示。

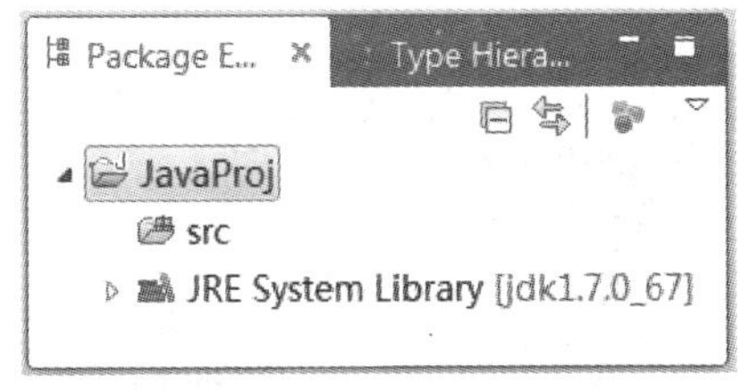

图 1.27　Java 项目 JavaProj

(2) 创建包和类。

右击 src 文件夹，选择 New→Package，出现图 1.28 所示的 New Java Package 对话框，在 Name 文本框中输入包名：lee.picture，单击 Finish 按钮，在项目目录树中会看到图 1.28 所示的 lee.picture 包。

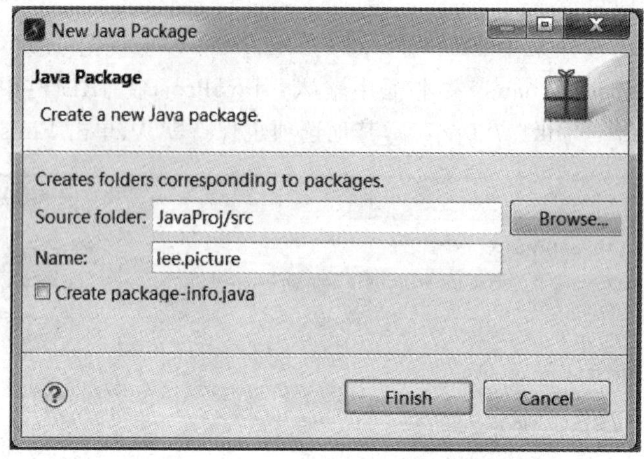

图 1.28 New Java Package 对话框

右击 lee.picture 包，选择 New→Class，出现图 1.29 所示的 New Java Class 对话框，在 Name 文本框中输入类名：JavaProj，单击 Finish 按钮。

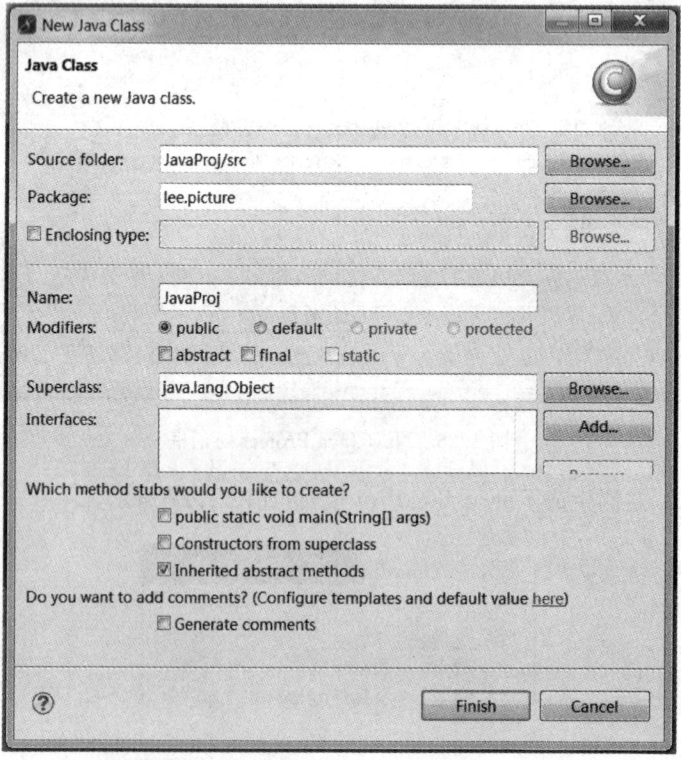

图 1.29 New Java Class 对话框

(3) 编辑 JavaProj. java 代码。

在 MyEclipse 中部出现了 JavaProj. java 编辑框,编辑 JavaProj. java 代码,如图 1.30 所示,源文件保存时会自动编译。

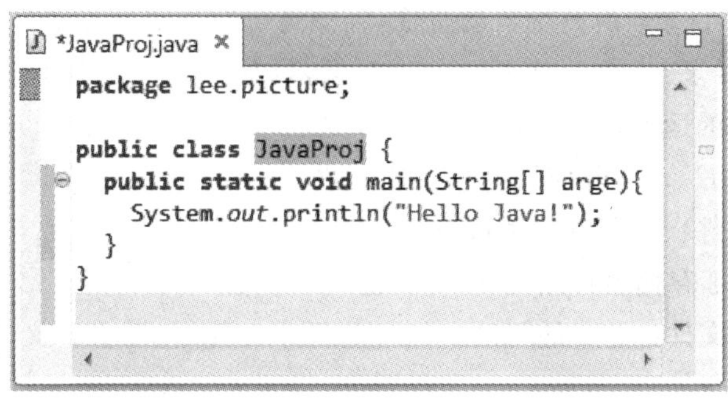

图 1.30　编辑 JavaProj. java 代码

(4) 运行。

保存源文件 JavaProj. java,右击 Java 项目目录树中的 JavaProj. java,选择 Run As→Java Application,出现图 1.31 所示的运行结果。

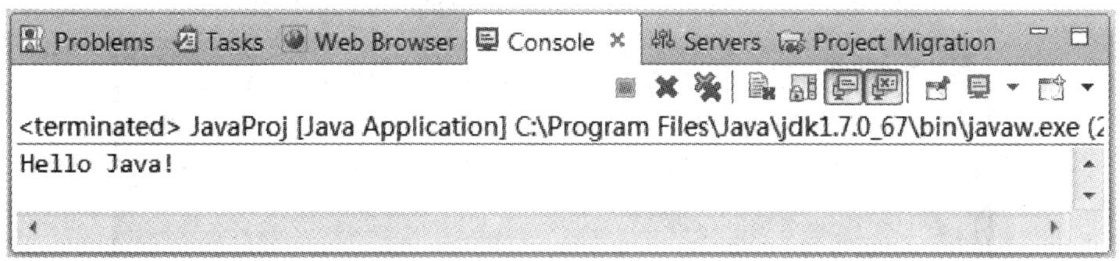

图 1.31　Java 项目 JavaProj 运行结果

1.6.2　简单的 Web 项目开发

下面介绍一个简单的 Web 项目开发,运行结果将在浏览器中打印出 Hello JSP!,项目完成后的目录树如图 1.32 所示。

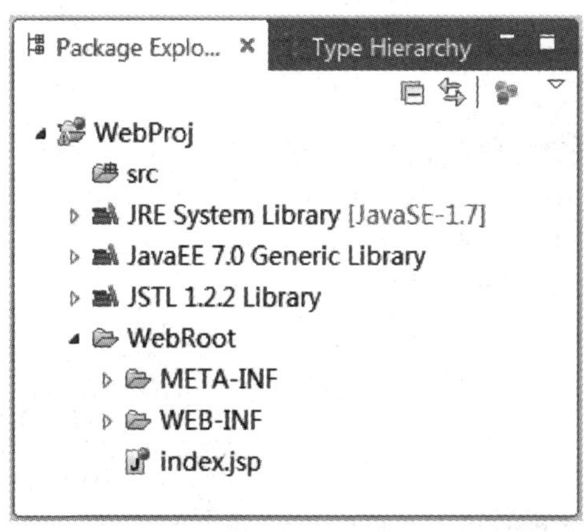

图 1.32　Web 项目目录树

在 Web 项目目录树中，各个目录介绍如下。

（1）src 目录：用来存储 Java 源代码。

（2）WebRoot 目录：是该 Web 应用的根目录，由以下目录组成。

① META-INF 目录：由系统自动生成，存储系统描述信息。

② WEB-INF 目录：它是一个很重要的目录，目录中的文件不能直接访问，通过间接的方式支持 Web 应用的运行，通常由以下目录组成。

- lib 目录：放置该 Web 应用使用的库文件。
- web.xml 文件：Web 项目的配置文件。
- classes 目录：存储编译后的.class 文件。

③ 其他目录和文件：主要是网站中的一些用户文件，包括 JSP 文件、HTML 网页、CSS 文件和图像文件等。

【例 1.2】 开发一个简单的 Web 项目 WebProj。

项目开发过程如下。

（1）创建 Web 项目。

启动 MyEclipse，选择菜单 File→New→Web Project，出现图 1.33 所示的 New Web Project 对话框，在 Project name 文本框中输入：WebProj，其他选项保持默认，单击 Finish 按钮。

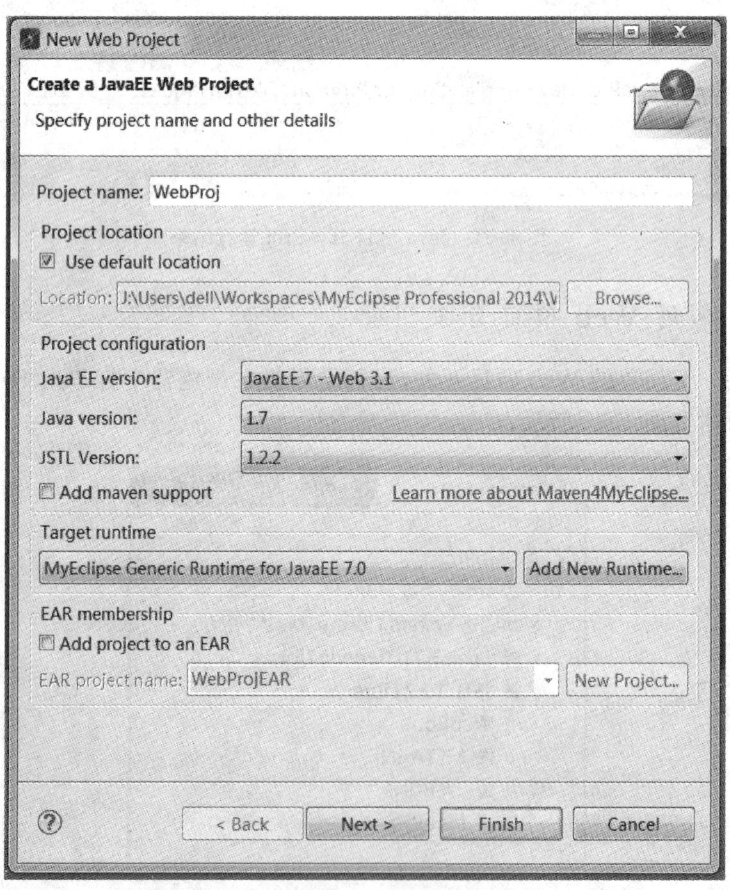

图 1.33　创建 Web 项目 WebProj

在 MyEclipse 左侧生成了一个 WebProj 项目，如图 1.34 所示。

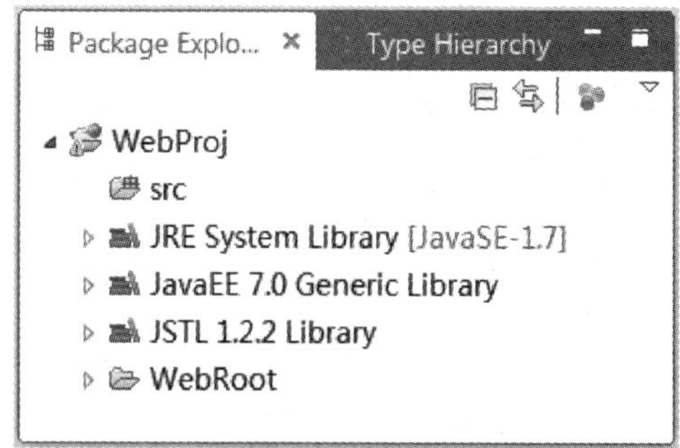

图 1.34　Web 项目 WebProj

(2) 创建 JSP。

展开 Web 项目 WebProj，双击 index.jsp 文件，在 MyEclipse 中上部出现 index.jsp 编辑框，编辑 index.jsp 代码，如图 1.35 所示。

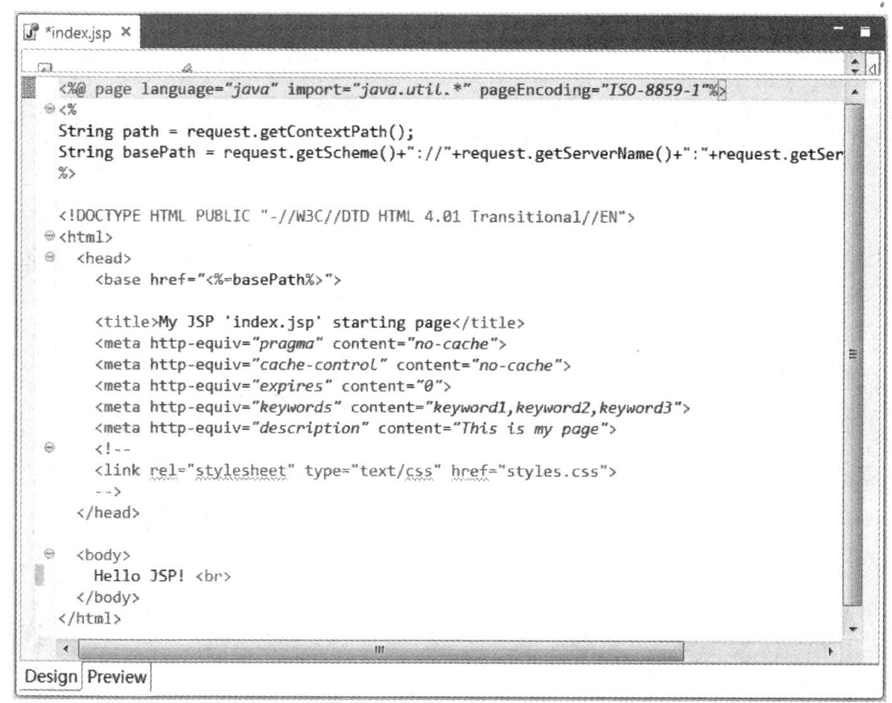

图 1.35　创建 JSP

(3) 部署。

创建 JSP 后，必须将 Web 项目存储到 Tomcat 服务器中运行，称为部署 Web 项目。

单击工具栏中的 Deploy MyEclipse J2EE to Server 按钮，在弹出的对话框中，单击 Add 按钮，出现 New Peployment 对话框，在 Server 栏目中选择 Tomcat 8.x，如图 1.36 所示，单击 Finish 按钮。

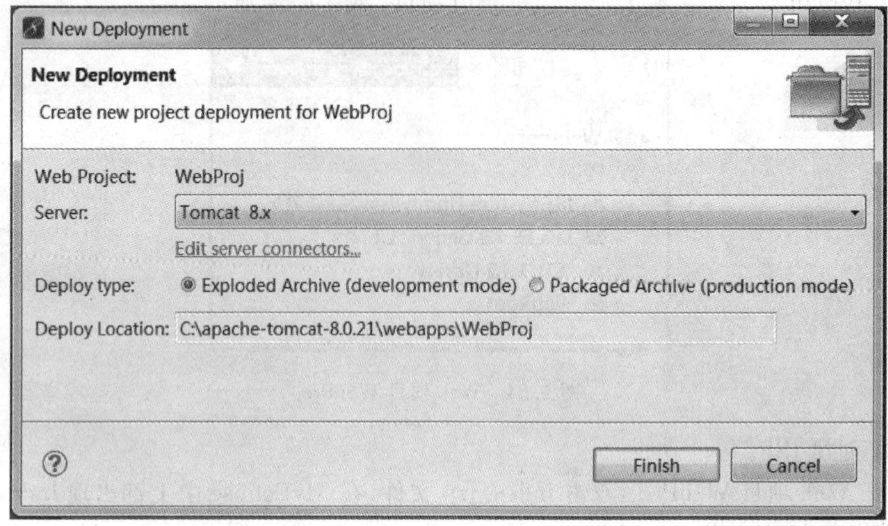

图 1.36 New Deployment 对话框

出现 Project Deployment 对话框，如图 1.37 所示，单击 OK 按钮，部署成功。

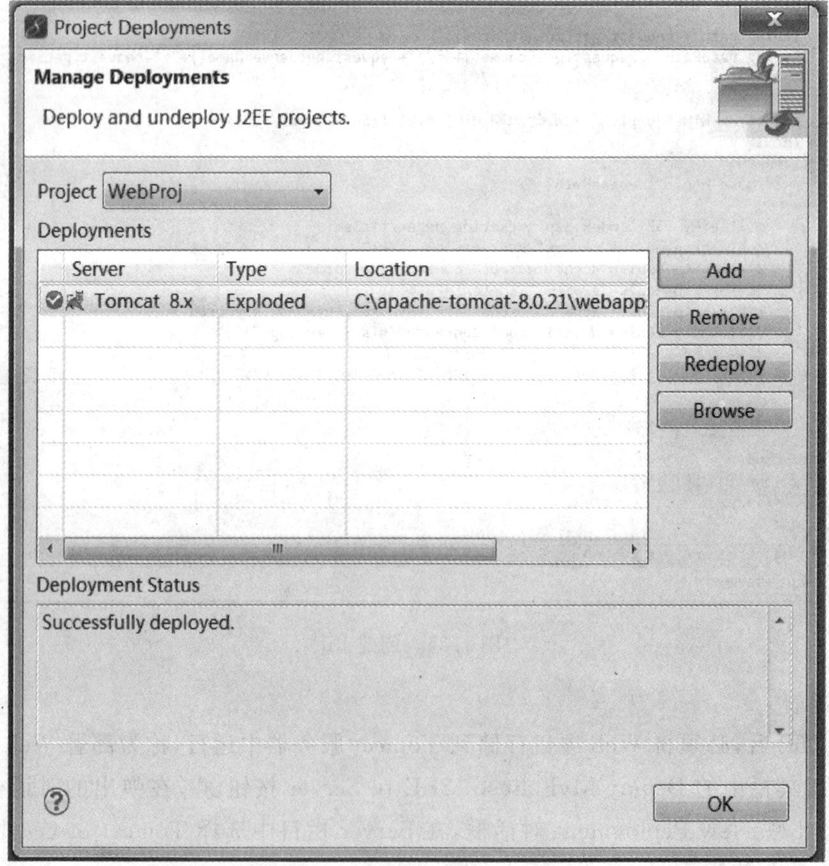

图 1.37 Project Deployments 对话框

在 MyEclipse 中下部，单击 Server 按钮，单击 Tomcat 8.x 左侧下拉箭头，下边一行显示项目 WebProj 已部署到 Tomcat 中，如图 1.38 所示。

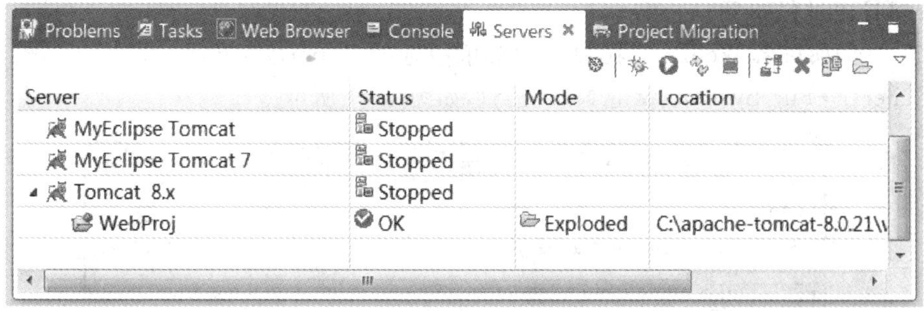

图 1.38　项目 WebProj 已部署到 Tomcat

(4) 运行。

在 MyEclipse 工具栏中，单击 Run/Stop/Restart MyEclipse Servers 按钮的下拉箭头，选择 Tomcat 8.x→Start，在 MyEclipse 中启动 Tomcat，如图 1.39 所示。

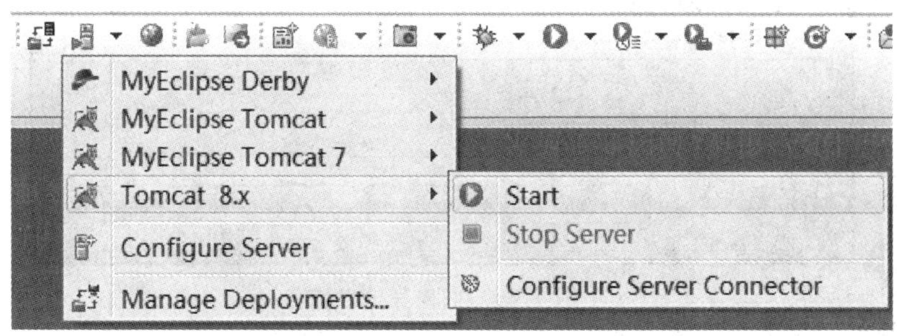

图 1.39　启动 Tomcat

在浏览器中输入 localhost:8080/WebProj/，按 Enter 键后，出现图 1.40 所示的运行结果 Hello JSP!。

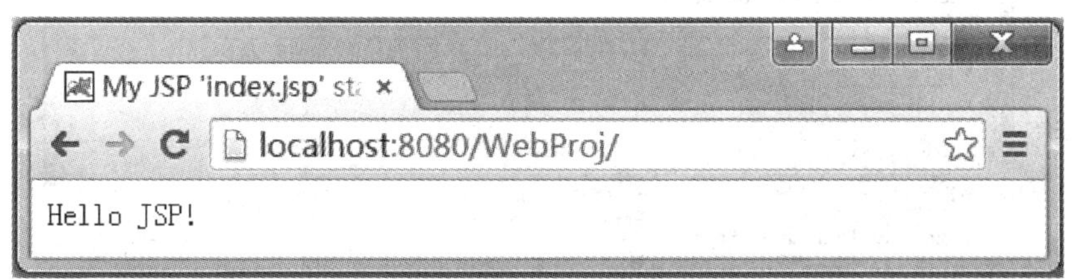

图 1.40　Web 项目 WebProj 的运行结果

1.6.3　项目的导出和导入

从事 Java EE 项目开发，时常需要将已完成的项目从 MyEclipse 工作区备份到其他机器上，也常常需要借鉴别人已开发好的项目，因此，项目的导出、导入和移除在开发工作中是重要的基本操作。

1. 导出项目

【例 1.3】 导出 Web 项目 WebProj。

项目导出过程如下。

(1) 右击项目名 WebProj,在弹出的菜单中选择 Export 菜单项,出现 Export 对话框,选择 General→File System,单击 Next 按钮,如图 1.41 所示。

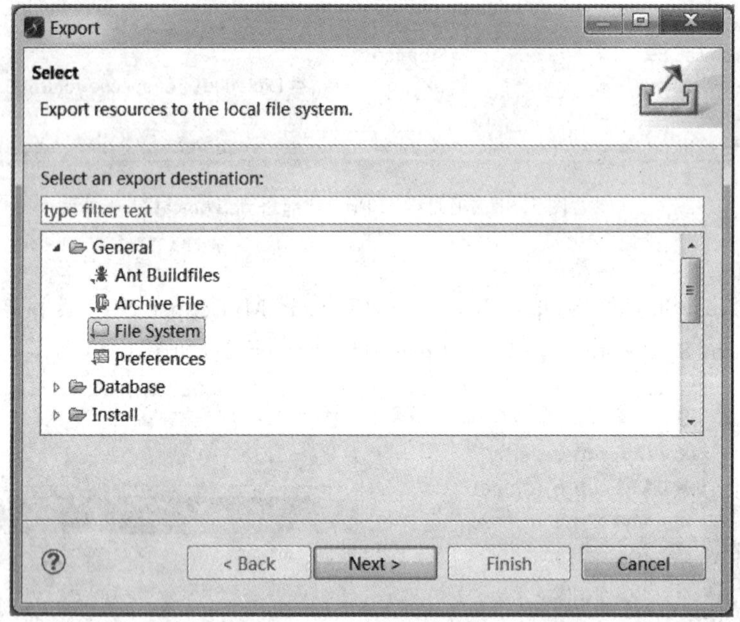

图 1.41 选择导出目标

(2) 单击 Browse 按钮,选择存盘路径,这里是 E:\SrcJavaEE\SrcJ1,如图 1.42 所示。

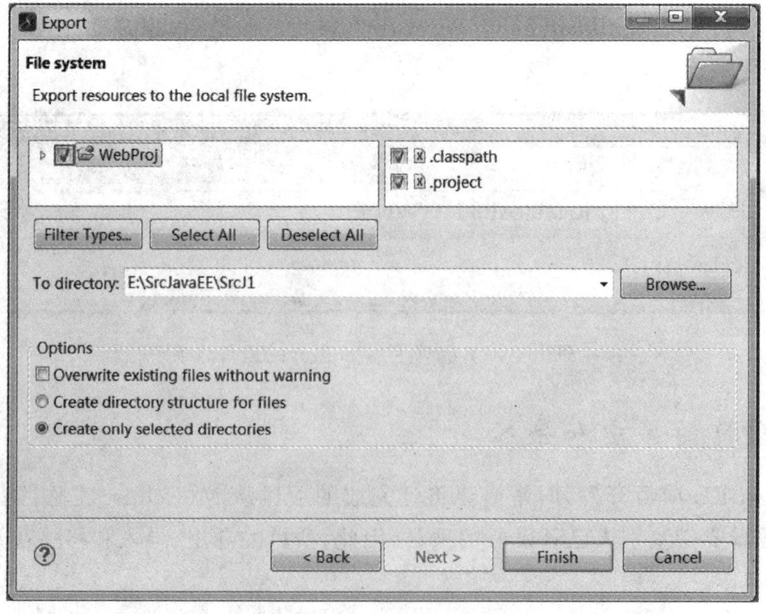

图 1.42 选择导出文件夹

单击 Finish 按钮，导出完成，可在该路径下找到导出的项目。

2. 移除项目

【例 1.4】 移除 Web 项目 WebProj。

项目移除过程如下。

(1) 右击项目名 WebProj，在弹出的菜单中选择 Delete 菜单项，出现 Delete Resources 对话框，单击 OK 按钮，如图 1.43 所示。此时，MyEclipse 右侧项目目录树中的项目 WebProj 消失，表明已被移除。

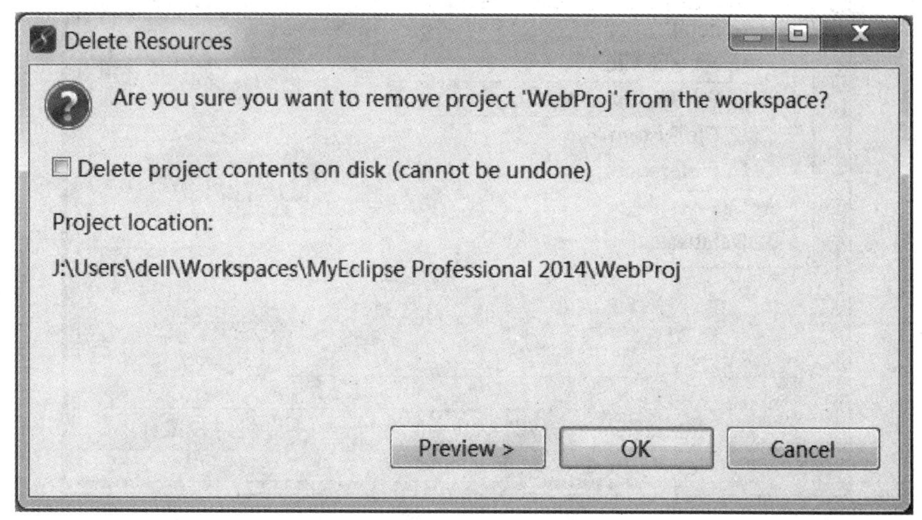

图 1.43 确认移除项目

注意：移除之后的项目文件仍然存储于工作区目录下，需要时可重新导入。

(2) 若要彻底删除项目，只需要在图 1.43 中选中 Delete project contents on disk (cannot be undone)复选框，单击 OK 按钮，即将该项目的源文件一并删除。

问题：项目的导出、导入和移除在开发工作中的重要意义是什么？

3. 导入项目

【例 1.5】 导入 Web 项目 WebProj。

项目导入过程如下。

(1) 在 MyEclipse 主菜单选择 File→Import，出现 Import 对话框，选择 General→Existing Projects into Workspace，单击 Next 按钮，如图 1.44 所示。

(2) 出现 Import 对话框，单击 Browse 按钮，选择要导入的项目，出现“浏览文件夹”对话框，这里选择导入项目 WebProj，如图 1.45 所示，单击“确定”按钮。

(3) 出现图 1.46 所示的对话框，单击 Finish 按钮，完成导入工作。

导入完成后，可在 MyEclipse 左侧项目目录树中找到导入的项目。

图 1.44　导入已存在的项目

图 1.45　导入项目 WebProj

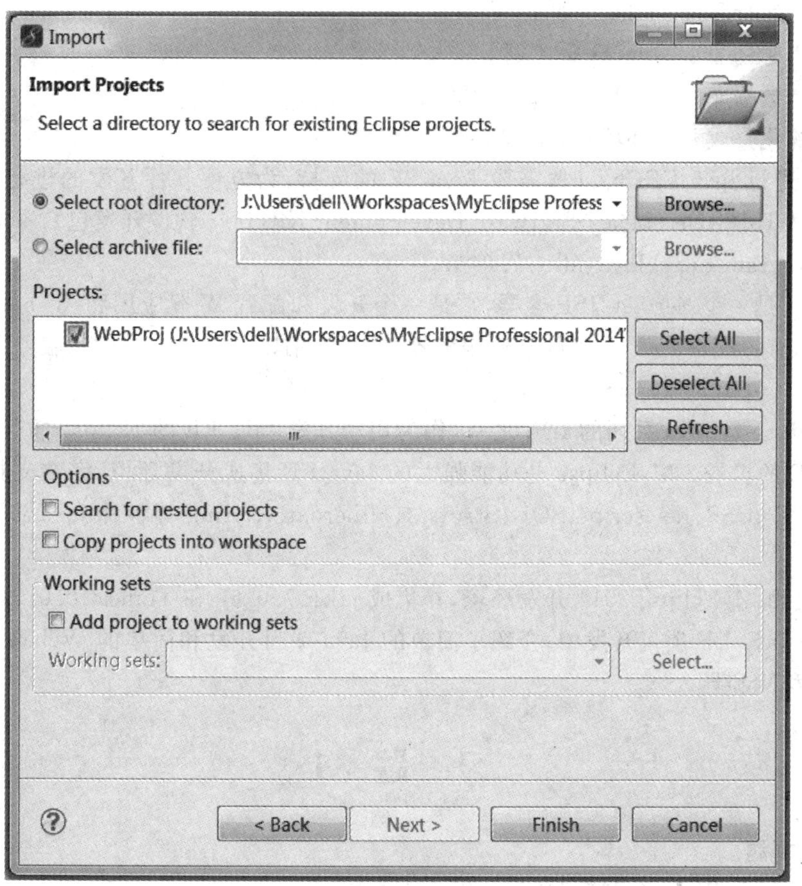

图 1.46　完成导入

答案：在项目开发工作中，经常需要将已完成的项目从 MyEclipse 工作区备份到其他机器上，也时常需要从其他机器上将项目借鉴到工作区，因此，项目的导出、导入和移除是重要的基本操作，读者应及时移除暂时不运行的项目，养成"运行一个，导入一个，运行完即移除，需要时再导入"的良好习惯。

1.7 小　　结

本章主要介绍了以下内容。

(1) Java 语言根据应用领域划分为 3 个平台：Java SE，Java 平台标准版，用于开发台式机、便携机应用程序；Java EE，Java 平台企业版，用于开发服务器端程序和企业级的软件系统；Java ME，Java 平台微型版，用于开发手机、掌上电脑等移动设备使用的嵌入式系统。

(2) Java EE 开发有两种主要方式：Java 传统开发和 Java 框架开发，Java 框架开发包括轻量级 Java EE 开发平台和经典企业级 Java EE 开发平台。

本书采用轻量级 Java EE 开发平台，搭建的开发环境如下。

- 底层运行环境：jdk1.7.0_67 和 jre7。
- Web 服务器：Tomcat 8.0.21。
- 后台数据库：SQL Server 2008/2012。
- 可视化集成开发环境：MyEclipse 2014。

(3) 在进行 Java EE 开发时，需要 Java SE 的支持，为方便软件开发的进行，需要安装 Java SE 开发环境 JDK(Java 2 Software Development Kit，Java 软件开发包)，本书的安装目录是 C:\Program Files\Java\jdk1.7.0_67。

Tomcat 是一个 Servlet/JSP 容器，它是一个开发和配置 Web 应用和 Web 服务的有用平台。Tomcat 是 Java EE 系列的软件服务器之一，本书以 Tomcat 8.0.21 服务器为例进行介绍。

MyEclipse 是 Java 系列的 IDE 之一，作为用于开发 Java EE 的 Eclipse 插件集合，它是 Eclipse IDE 的扩展。MyEclipse 是功能强大的 Java EE 集成开发环境，完整支持 HTML/XHTML、JSP、CSS、Javascript、SQL、Struts 2、Hibernate、Spring 等各种 Java EE 的标准和框架。

本书使用 MyEclipse 2014 开发环境，并集成 jdk1.7.0_67 和 Tomcat 8.0.21。

(4) 在 Java EE 项目开发中，介绍了简单的 Java 项目开发和简单的 Web 项目开发，项目的导出、移除和导入。

习　题　1

一、选择题

1. 目前开发 Web 应用流行的三大平台不包括________。

   A. ASP.NET　　B. PHP　　C. Java EE　　D. Web Services

2. Java EE 三大主流框架不包括________。

   A. Struts　　B. Hibernate　　C. JSF　　D. Spring

二、填空题

1. Java 语言可划分的 3 个平台是________、________和________。
2. Java 传统开发的核心技术是________。
3. 轻量级 Java EE 采用________整合框架。
4. 传统开发的缺点是________、________。
5. Java EE 三大主流框架是________、________和________。
6. 彻底删除和移除的区别是________。

三、应用题

1. 分别下载、安装和配置 JDK 1.7、Tomcat 8.0、MyEclipse 2014，搭建 MyEclipse 集成环境。
2. 开发一个简单的 Java 项目和一个简单的 Web 项目。
3. 进行项目的导入、导出和移除等上机实验。

第2章 Java EE 数据库开发基础

本章要点

- 数据库的基本概念
- SQL Server 2008 安装、配置和开发工具
- 创建数据库
- 创建表
- 操作表数据
- 数据查询

在 Java EE 项目开发中，前台使用的程序开发环境为 Java EE，后台使用的数据库平台有 SQL Server、Oracle 和 MySQL 等，本章仅对上述数据库中的 SQL Server 2008 数据库进行介绍。

2.1 数据库概述

本节将介绍数据库基础，层次模型、网状模型和关系模型，关系数据库，SQL 和 T-SQL 等内容。

2.1.1 数据库基础

1. 数据库

1）数据

数据(Data)是事物的符号表示，数据的种类有数字、文字、图像和声音等，可以用数字化后的二进制形式存储到计算机进行处理。

在日常生活中人们直接用自然语言描述事务，在计算机中，就要抽象出事物的特征组成一个记录来描述，例如，一个学生记录数据如下所示：

1001	李贤友	男	1991-12-30	通信	52

数据的含义称为信息，数据是信息的载体，信息是数据的内涵，是对数据的语义解释。

2）数据库

数据库(Database，DB)是长期存储在计算机内的、有组织的、可共享的数据集合，数据库中的数据按一定的数据模型组织、描述和储存，具有尽可能小的冗余度、较高的数据独立

性和易扩张性。

数据库具有以下特性。

- 共享性，数据库中的数据能被多个应用程序的用户所使用。
- 独立性，提高了数据和程序的独立性，有专门的语言支持。
- 完整性，指数据库中数据的正确性、一致性和有效性。
- 减少数据冗余。

数据库包含了以下含义。

- 建立数据库的目的是为应用服务。
- 数据存储在计算机的存储介质中。
- 数据结构比较复杂，有专门理论支持。

2. 数据库管理系统

数据库管理系统（Data Base Management System，DBMS）是数据库系统的核心组成部分，它是在操作系统支持下的系统软件，用于对数据进行统一的控制和管理。

- 数据定义功能：提供数据定义语言定义数据库和数据库对象。
- 数据操纵功能：提供数据操纵语言对数据库中的数据进行查询、插入、修改和删除等操作。
- 数据控制功能：提供数据控制语言进行数据控制，即提供数据的安全性、完整性和并发控制等功能。
- 数据库建立维护功能：包括数据库初始数据的装入、转储、恢复和系统性能监视、分析等功能。

3. 数据库系统

数据库系统（Database System，DBS）是在计算机系统中引入数据库后的系统构成，数据库系统由数据库、操作系统、数据库管理系统、应用程序、用户和数据库管理员（DataBase Administrator，DBA）组成，如图 2.1 所示。

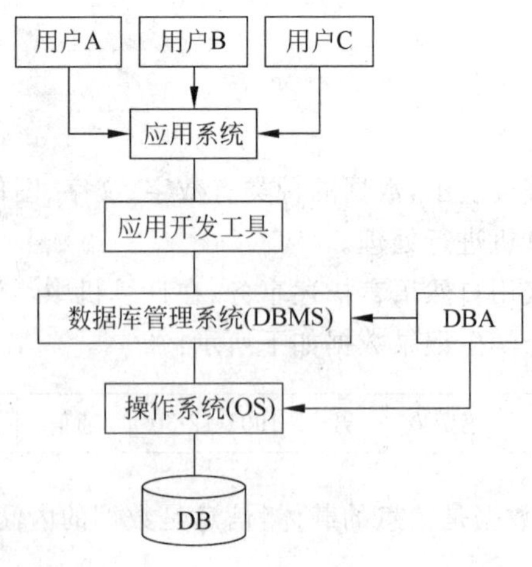

图 2.1 数据库系统

数据库系统分为客户-服务器模式(C/S)和三层客户-服务器(B/S)模式。

1) C/S 模式

应用程序直接与用户打交道,数据库管理系统不直接与用户打交道,因此,应用程序称为前台,数据库管理系统称为后台。因为应用程序向数据库管理系统提出服务请求,所以称为客户程序(Client),而数据库管理系统向应用程序提供服务,所以称为服务器程序(Server),上述操作数据库的模式称为客户-服务器模式(C/S),如图 2.2 所示。

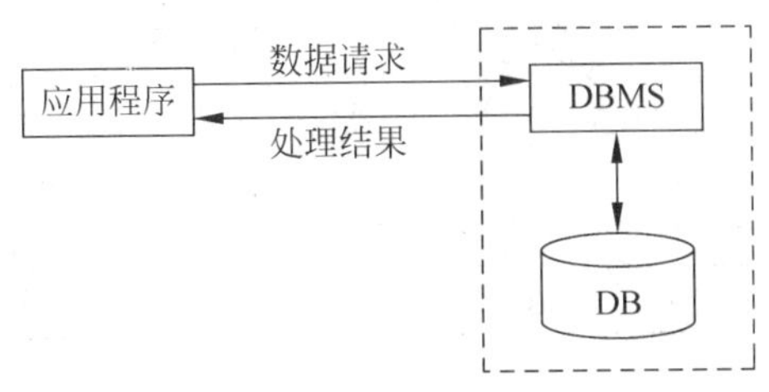

图 2.2　C/S 模式

2) B/S 模式

基于 Web 的数据库应用采用的是三层客户-服务器模式(B/S),第一层为浏览器,第二层为 Web 服务器,第三层为数据库服务器,如图 2.3 所示。

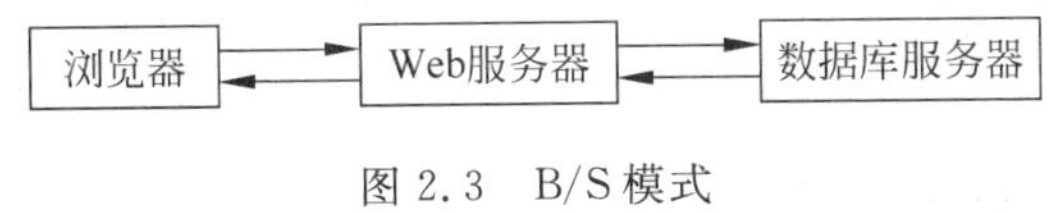

图 2.3　B/S 模式

2.1.2　层次模型、网状模型和关系模型

数据模型是现实世界的模拟,它是按计算机的观点对数据建立模型,包含数据结构、数据操作和数据完整性这三要素,数据库常用的数据模型有层次模型、网状模型、关系模型。

1. 层次模型

用树状层次结构组织数据,树状结构每一个结点表示一个记录类型,记录类型之间的联系是一对多的联系。层次模型有且仅有一个根结点,位于树状结构顶部,其他结点有且仅有一个父结点。某大学按层次模型组织数据的示例如图 2.4 所示。

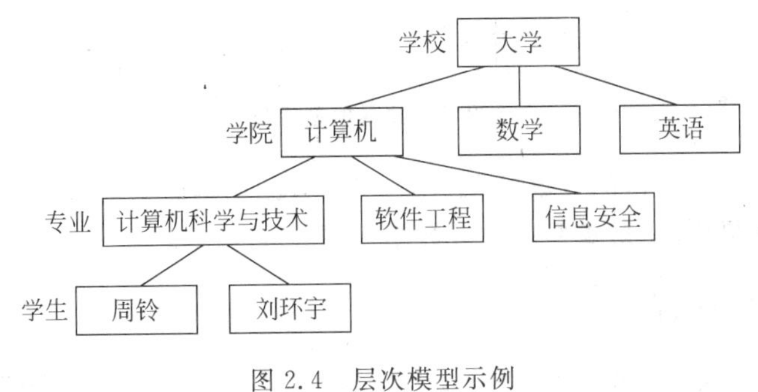

图 2.4　层次模型示例

层次模型简单易用，但现实世界很多联系是非层次性的，如多对多联系等，表达起来比较笨拙且不直观。

2. 网状模型

采用网状结构组织数据，网状结构每一个结点表示一个记录类型，记录类型之间可以有多种联系，按网状模型组织数据的示例如图 2.5 所示。

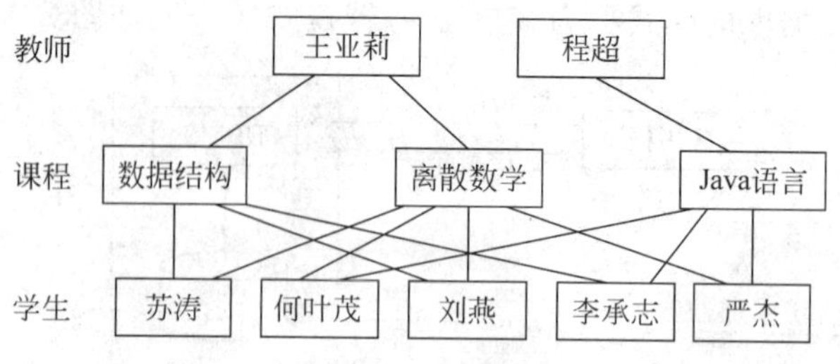

图 2.5　网状模型示例

网状模型可以更直接地描述现实世界，层次模型是网状模型特例，但网状模型结构复杂，用户不易掌握。

3. 关系模型

采用关系的形式组织数据，一个关系就是一张二维表，二维表由行和列组成，按关系模型组织数据的示例如图 2.6 所示。

学生关系框架

学号	姓名	性别	出生日期	专业	总学分

成绩关系框架

学号	课程号	分数

学生关系

学号	姓名	性别	出生日期	专业	总学分
1001	李贤友	男	1991-12-30	通信	52
1002	周映雪	女	1993-01-12	通信	49

成绩关系

学号	课程号	分数
1001	205	91
1001	801	94
1002	801	73

图 2.6　关系模型示例

关系模型是建立在严格的数学概念基础上的，数据结构简单清晰，用户易懂、易用，关系数据库是目前应用最广泛、最重要的一种数学模型。

2.1.3　关系数据库

关系数据库采用关系模型组织数据，关系数据库是目前最流行的数据库，关系数据库管理系统(Relational Database Management System，RDBMS)是支持关系模型的数据库管理系统。

1. 关系数据库基本概念

- 关系：关系就是表(Table)，在关系数据库中，一个关系存储为一个数据表。
- 元组：表中一行(Row)为一个元组(Tuple)，一个元组对应数据表中的一条记录(Record)，元组的各个分量对应于关系的各个属性。
- 属性：表中的列(Column)称为属性(Property)，对应数据表中的字段(Field)。
- 域：属性的取值范围。
- 关系模式：对关系的描述称为关系模式，格式如下：

  关系名(属性名 1,属性名 2,…,属性名 *n*)

- 候选码：属性或属性组，其值可唯一标识其对应元组。
- 主关键字(主键)：在候选码中选择一个作为主键(Primary Key)。
- 外关键字(外键)：在一个关系中的属性或属性组不是该关系的主键，但它是另一个关系的主键，称为外键(Foreign Key)。

在图 2.6 中，学生的关系模式为：

学生(学号,姓名,性别,出生日期,专业,总学分)

主键为学号。

成绩的关系模式为：

成绩(学号,课程号,成绩)

2. 关系运算

关系数据操作称为关系运算，投影、选择、连接是最重要的关系运算，关系数据库管理系统支持关系数据库和投影、选择、连接运算。

1) 选择

选择(Selection)指选出满足给定条件的记录，它是从行的角度进行的单目运算，运算对象是一个表，运算结果形成一个新表。

从学生表中选择专业为计算机且总学分在 50 分以上的行进行选择运算，选择所得的新表如表 2.1 所示。

表 2.1 选择后的新表

学号	姓名	性别	出生日期	专业	总学分
1001	李强	男	2011-12-30	计算机	52

2) 投影

投影(Projection)是选择表中满足条件的列，它是从列的角度进行的单目运算。

从学生表中选取姓名、性别、专业进行投影运算，投影所得的新表如表 2.2 所示。

表 2.2 投影后的新表

姓　　名	性　　别	专　　业
李强	男	计算机
周燕	女	计算机

3）连接

连接(Join)是将两个表中的行按照一定的条件横向结合生成的新表。选择和投影都是单目运算，其操作对象只是一个表，而连接是双目运算，其操作对象是两个表。

学生表与成绩表通过学号相等的连接条件进行连接运算，连接所得的新表如表 2.3 所示。

表 2.3　连接后的新表

学号	姓名	性别	出生日期	专业	总学分	学号	课程号	成绩
1001	李强	男	2011-12-30	计算机	52	1001	206	94
1001	李强	男	2011-12-30	计算机	52	1001	801	93
1002	周燕	女	2013-01-12	计算机	49	1002	801	73

2.1.4 SQL 和 T-SQL

SQL(Structured Query Language)语言是目前主流的关系型数据库上执行数据操作、数据检索以及数据库维护所需要的标准语言，是用户与数据库之间进行交流的接口，许多关系型数据库管理系统都支持 SQL 语言，但不同的数据库管理系统之间的 SQL 语言不能完全通用，T-SQL(Transact-SQL)语言是 Microsoft SQL Server 在 SQL 语言基础上增加控制语句和系统函数的扩展。

1. SQL 语言

SQL 语言是应用于数据库的结构化查询语言，是一种非过程性语言，本身不能脱离数据库而存在。一般高级语言存取数据库时要按照程序顺序处理许多动作，使用 SQL 语言只需要简单的几行命令，由数据库系统来完成具体的内部操作。

1）SQL 语言分类

通常将 SQL 语言分为以下 4 类。

(1) 数据定义语言(Data Definition Language，DDL)：用于定义数据库对象，对数据库、数据库中的表、视图、索引等数据库对象进行建立和删除，DDL 包括 CREATE、ALTER、DROP 等语句。

(2) 数据操纵语言(Data Manipulation Language，DML)：用于对数据库中的数据进行插入、修改、删除等操作，DML 包括 INSERT、UPDATE、DELETE 等语句。

(3) 数据查询语言(Data Query Language，DQL)：用于对数据库中的数据进行查询操作，例如用 SELECT 语句进行查询操作。

(4) 数据控制语言(Data Control Language，DCL)：用于控制用户对数据库的操作权限，DCL 包括 GRANT、REVOKE 等语句。

2）SQL 语言的特点

SQL 语言具有高度非过程化、应用于数据库的语言、面向集合的操作方式、既是自含式语言又是嵌入式语言、综合统一、语言简洁和易学易用等特点。

(1) 高度非过程化。SQL 语言是非过程化语言，进行数据操作，只要提出“做什么”，而无须指明“怎么做”，因此无须说明具体处理过程和存取路径，处理过程和存取路径由系统自动完成。

(2) 应用于数据库的语言。SQL 语言本身不能独立于数据库而存在，它是应用于数据库和表的语言，使用 SQL 语言，应熟悉数据库中的表结构和样本数据。

(3) 面向集合的操作方式。SQL 语言采用集合操作方式，不仅操作对象、查找结果可以是记录的集合，而且一次插入、删除、更新操作的对象也可以是记录的集合。

(4) 既是自含式语言，又是嵌入式语言。SQL 语言作为自含式语言，它能够用于联机交互的使用方式，用户可以在终端键盘上直接输入 SQL 命令对数据库进行操作；作为嵌入式语言，SQL 语句能够嵌入到高级语言（例如 C、C++、Java）程序中，供程序员设计程序时使用。在两种不同的使用方式下，SQL 语言的语法结构基本上是一致的，提供了极大的灵活性与方便性。

(5) 综合统一。SQL 语言集数据查询(Data Query)、数据操纵(Data Manipulation)、数据定义(Data Definition)和数据控制(Data Control)功能于一体。

(6) 语言简洁，易学易用。SQL 语言接近英语口语，易学易用，功能很强，由于设计巧妙，语言简洁，完成核心功能只用了 9 个动词，如表 2.4 所示。

表 2.4　SQL 语言的动词

SQL 语言的功能	动　词
数据定义	CREATE，ALTER，DROP
数据操纵	INSERT，UPDATE，DELETE
数据查询	SELECT
数据控制	GRANT，REVOKE

2. T-SQL 语言的语法约定

T-SQL 语言的语法约定如表 2.5 所示，T-SQL 语言不区分大写和小写。

表 2.5　T-SQL 语言的基本语法约定

语 法 约 定	说　明
大写	Transact-SQL 关键字
|	分隔括号或大括号中的语法项，只能选择其中一项
[ ]	可选项
{ }	必选项
[,…n]	指示前面的项可以重复 n 次，各项由逗号分隔
[…n]	指示前面的项可以重复 n 次，各项由空格分隔
<label>::=	语法块的名称。此约定用于对可在语句中的多个位置使用的过长语法段或语法单元进行分组和标记。可使用的语法块的每个位置由括在尖括号内的标签指示：<label>

2.2 SQL Server 2008

SQL Server 2008 是 Microsoft 公司在 SQL Server 2005 基础上进行开发，在 2008 年正式发布。

SQL Server 2008 具有以下特性。

- 数据库引擎：SQL Server 2008 新增的数据库引擎功能，可以提高设计、开发和维护数据存储系统的架构师、开发人员和管理员的工作效率和能力。
- 分析服务：在多维数据库方面引入了聚合设计的改进、多维数据集设计的改进、维度设计的改进、备份和还原的改进、分析服务个性化扩展等新功能和增强功能；在数据挖掘方面引入了创建维持测试集、筛选模型事例、多个挖掘模型的交叉验证、支持 Office 2007 数据挖掘外接程序等新功能和增强功能。
- 集成服务：在组件、数据管理以及性能和故障排除方面都增加了新功能。
- 复制：对等复制的可用性和可管理性方面进行了重大改进。
- 报表服务：在报表制作、报表处理、报表可编程性、服务器体系结构和工具中增加了新功能。

SQL Server 2008 只能运行在 Windows 操作系统上。

2.2.1 SQL Server 2008 的安装

1. 安装要求

1) 硬件要求

- CPU：推荐使用 2GHz 的处理器。
- 内存：推荐 1GB 或者更大的内存。
- 硬盘空间：完全安装 SQL Server 需要 1GB 以上的硬盘空间。

2) 操作系统要求

- PC：可在 Windows XP、Windows Vista、Windows 7 及更高版本上运行。
- 服务器：可在 Windows Server 2003 SP2、Windows Server 2008 的 64 位版本上服务器端运行。

2. SQL Server 2008 安装步骤

SQL Server 2008 安装步骤如下。

(1) 进入“安装中心”窗口。

双击 SQL Server 2008 安装文件夹中的 setup.exe 应用程序，屏幕出现“SQL Server 安装中心”窗口，单击“安装”选项卡，出现图 2.7 所示的界面，单击“全新 SQL Server 独立安装或向现有安装添加功能”选项。

(2) “安装程序支持规则”窗口。

进入“安装程序支持规则”窗口，只有通过安装程序支持规则，安装程序才能继续进行，如图 2.8 所示，单击“下一步”按钮。

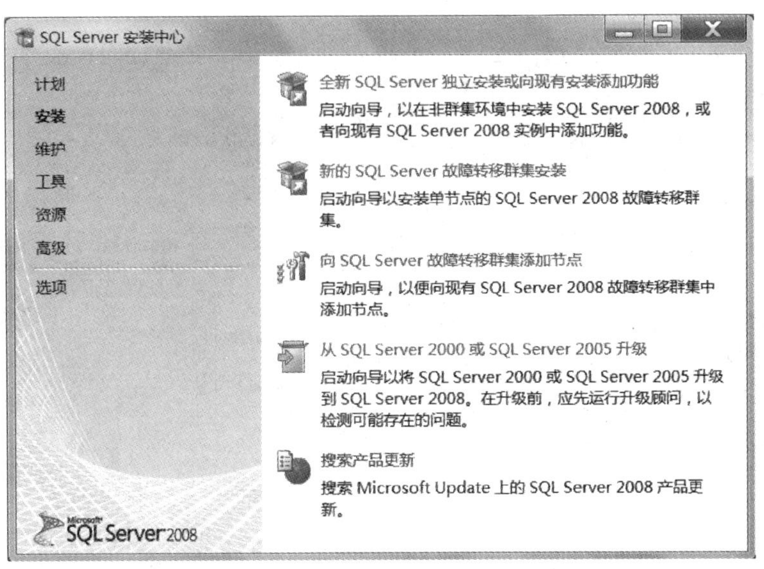

图 2.7 “安装中心”窗口

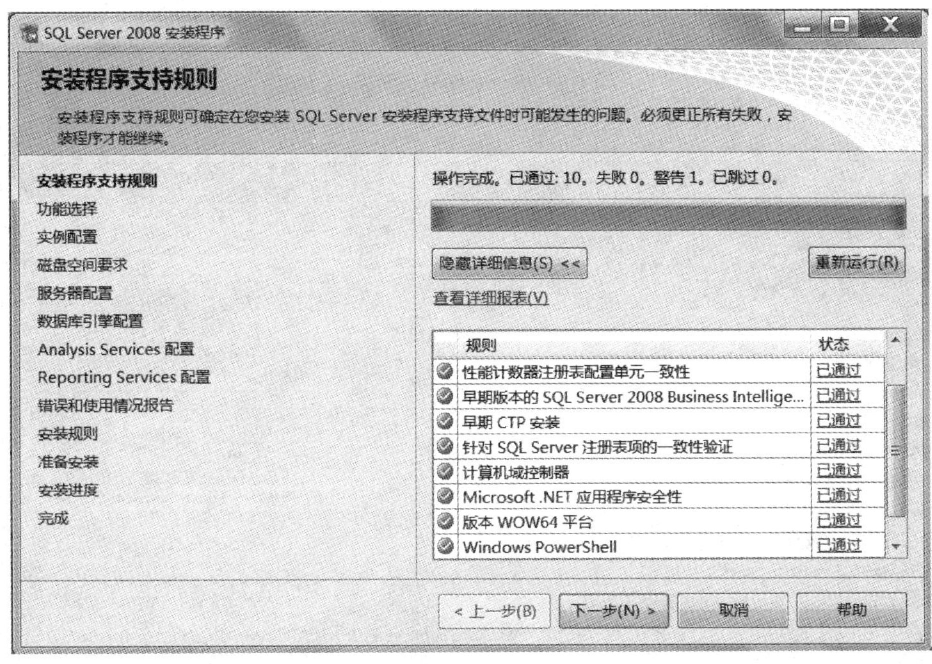

图 2.8 “安装程序支持规则”窗口

(3) “功能选择”窗口。

进入“功能选择”窗口后，选择“全选”按钮，如图 2.9 所示。

(4) “实例配置”窗口。

单击“下一步”按钮，进入“实例配置”窗口，选择“默认实例”，在“实例 ID”文本框中已自动填入 MSSQLSERVER，如图 2.10 所示，单击“下一步”按钮。

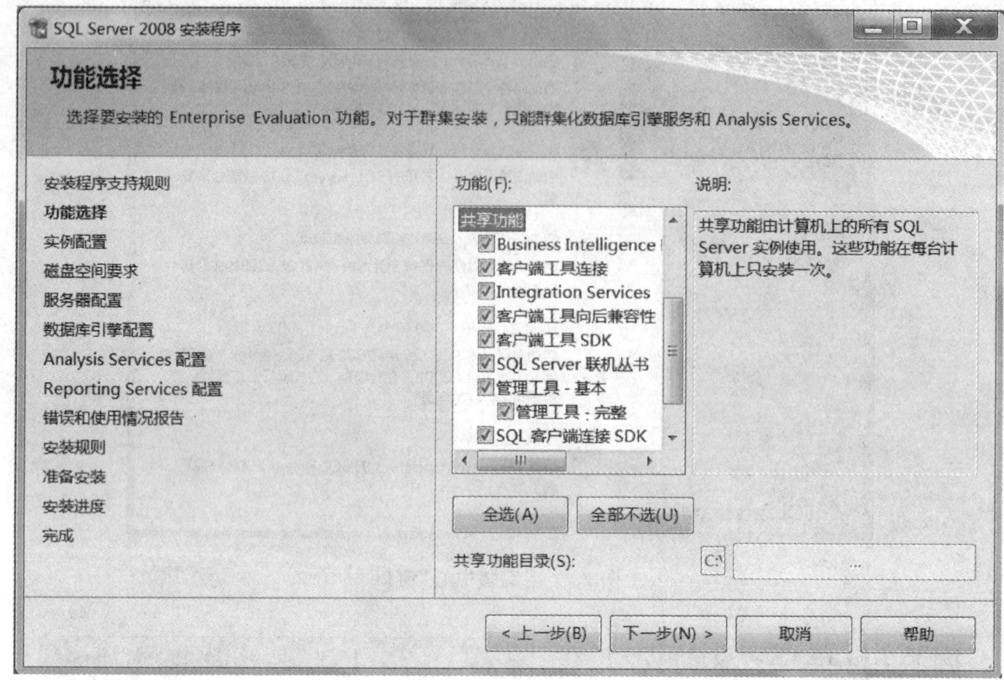

图 2.9 “功能选择”窗口

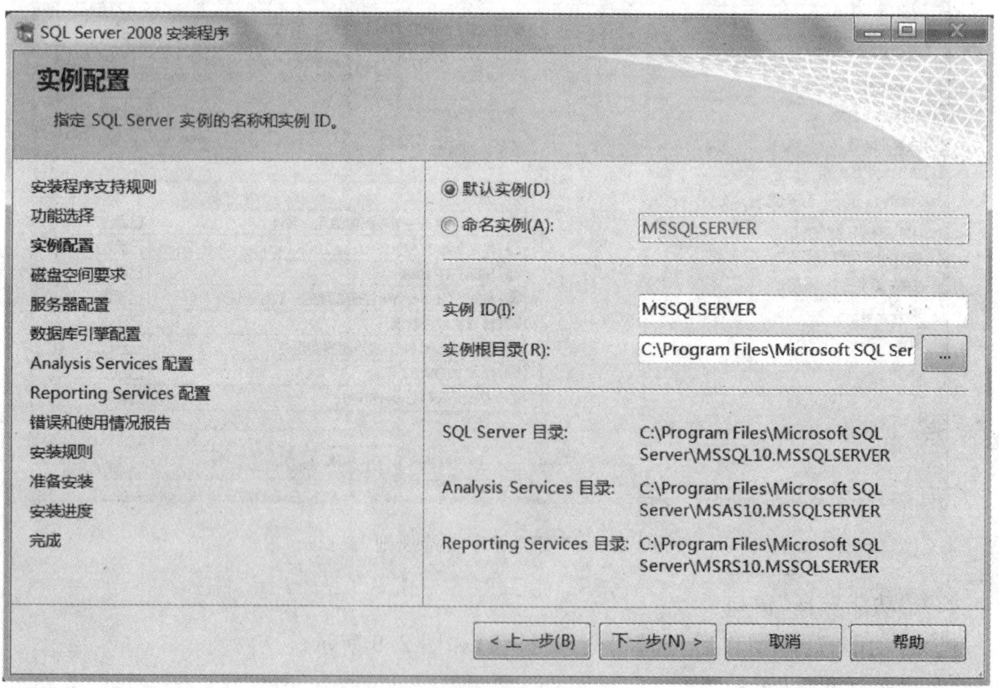

图 2.10 “实例配置”窗口

(5) “服务器配置”窗口。

选择“对所有 SQL Server 服务使用相同的帐户”，出现一个新窗口，在“帐户名”文本框中输入 NT AUTHORITY\SYSTEM，单击“确定”按钮，出现图 2.11 所示的窗口。

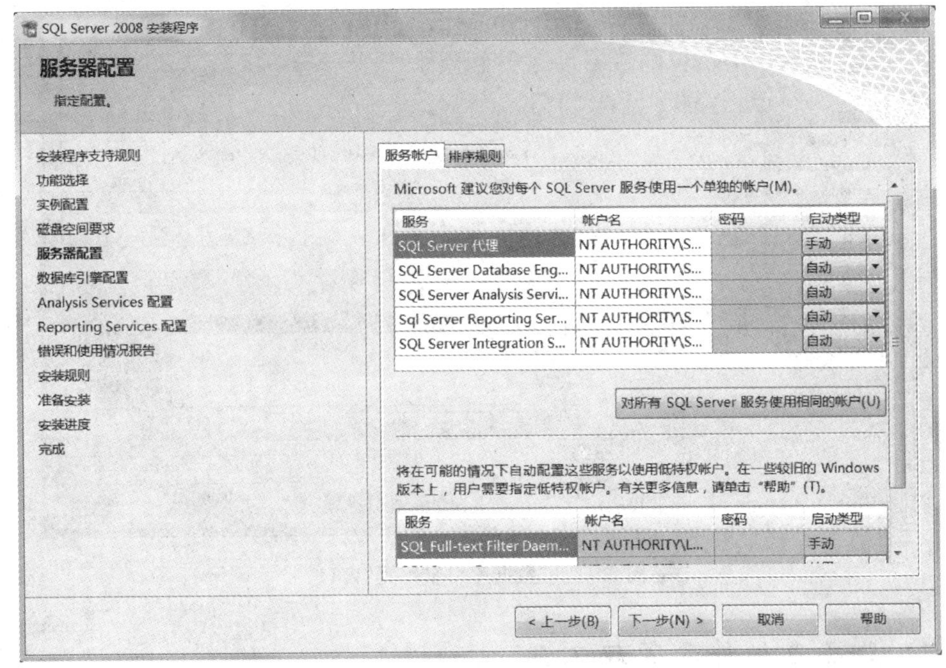

图 2.11 “服务器配置”窗口

(6) “数据库引擎配置”窗口。

单击“下一步”按钮，进入“数据库引擎配置”窗口，选择“混合模式”，单击“添加当前用户”按钮，在“指定 SQL Server 管理员”框中自动填入 dell-PC\dell(dell)，在“输入密码”和“确认密码”文本框中设置密码为 123456，如图 2.12 所示。

(7) “Analysis Services 配置”窗口。

单击“下一步”按钮，进入“Analysis Services 配置”窗口，单击“添加当前用户”按钮，在“指定那些用户具有对 Analysis Services 的管理权限”框中自动填入 dell-PC\dell(dell)，单击“下一步”按钮。

(8) “安装规则”窗口。

在“Reporting Services 配置”窗口、“错误和使用情况报告”窗口中单击“下一步”按钮，进入“安装规则”窗口，单击“下一步”按钮。

(9) “安装进度”窗口。

进入“准备安装”窗口，单击“安装”按钮，进入“安装进度”窗口，单击“下一步”按钮，进入安装过程，安装过程完成后，单击“下一步”按钮。

(10) “完成”窗口。

进入“完成”窗口，单击“关闭”按钮，完成全部安装过程。

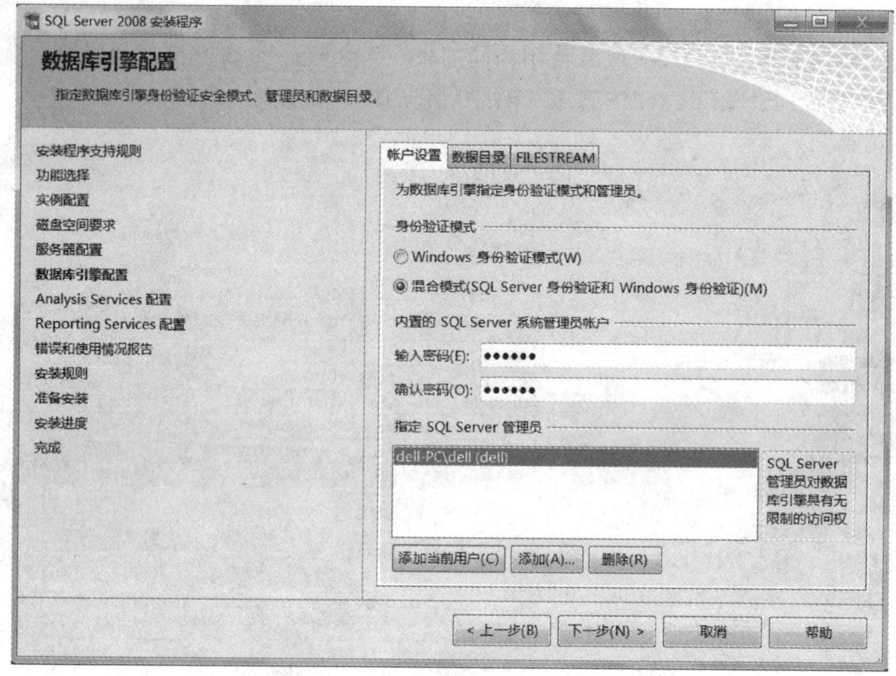

图 2.12 “数据库引擎配置”窗口

2.2.2 服务器组件和管理工具

1. 服务器组件

SQL Server 2008 服务器组件包括数据库引擎、分析服务、报表服务和集成服务等。

1) 数据库引擎(Database Engine)

数据库引擎用于存储、处理和保护数据的核心服务,例如,创建数据库、创建表和视图、数据查询、可控访问权限、快速事务处理等。

实例(Instances)即 SQL Server 2008 服务器(Server),同一台计算机上可以同时安装多个 SQL Server 数据库引擎实例,例如,可在同一台计算机上安装两个 SQL Server 数据库引擎实例,分别管理学生成绩数据和教师上课数据,两者互不影响。实例分为默认实例和命名实例两种类型,安装 SQL Server 2008 数据库通常选择默认实例进行安装。

- 默认实例:默认实例由运行该实例的计算机的名称唯一标识,SQL Server 2008 默认实例的服务名称为 MSSQLSERVER,一台计算机上只能有一个默认实例。
- 命名实例:命名实例可在安装过程中用指定的实例名标识,命名实例格式为:计算机名\实例名,命名实例的服务名称即为指定的实例名。

2) 分析服务(SQL Server Analysis Services,SSAS)

分析服务为商业智能应用程序提供联机分析处理(OLAP)和数据挖掘功能。

3) 报表服务(SQL Server Reporting Services,SSRS)

报表服务是基于服务器的报表平台,可以用来创建和管理包含关系数据源和多维数据源中的数据的表格、矩阵报表、图形报表、自由格式报表等。

4）集成服务(SQL Server Integration Services,SSIS)

集成服务主要用于清理、聚合、合并、复制数据的转换以及管理 SSIS 包,提供生产并调试 SSIS 包的图形向导工具,执行 FTP、电子邮件消息传递等项操作。

2. 管理工具

安装完成后,选择"开始"→"所有程序",单击 Microsoft SQL Server 2008,即可查看 SQL Server 2008 管理工具,如图 2.13 所示。

图 2.13　SQL Server 2008 管理工具

- SQL Server Management Studio：为数据库管理员和开发人员提供图形化和集成开发环境。
- SQL Server Business Intelligence Development Studio：用于 Analysis Services、Reporting Services、Integration Services 项目在内的商业解决方案的集成开发环境。
- SQL Server 配置管理器：用于管理与 SQL Server 2008 相关联的服务,管理服务器和客户端网络配置设置。

选择"开始"→"所有程序"→Microsoft SQL Server 2008→"配置工具",单击"SQL Server 配置管理器",出现 Sql Server Configuration Manager 窗口,如图 2.14 所示。

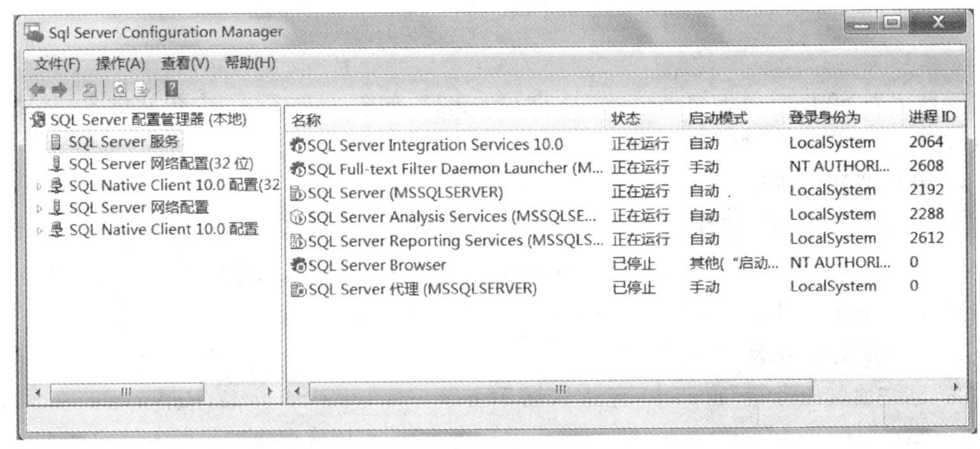

图 2.14　Sql Server Configuration Manager 窗口

- SQL Server 安装中心：安装、升级、更改 SQL Server 2008 实例中的组件。
- Reporting Services 配置管理器：提供报表服务器配置的统一的查看、设置和管理方式。
- SQL Server Profiler：提供用于监视 SQL Server 数据库引擎实例或 Analysis Services 实例的图形用户界面。
- 数据库引擎优化顾问：它是一个性能优化工具，可以协助创建索引、索引视图和分区的最佳组合。

2.2.3 SQL Server Management Studio 环境

启动 SQL Server Management Studio 的操作步骤如下。

选择"开始"→"所有程序"→SQL Server 2008，单击 SQL Server Management Studio，出现"连接到服务器"窗口，在"服务器名称"框中选择(local)，在"身份验证"框中选择 SQL Server 身份验证，在"登录名"框中选择 sa，在"密码"框中输入 123456（此为安装过程中设置的密码），如图 2.15 所示，单击"连接"按钮，即可以混合模式启动 SQL Server Management Studio，并连接到 SQL Server 服务器。

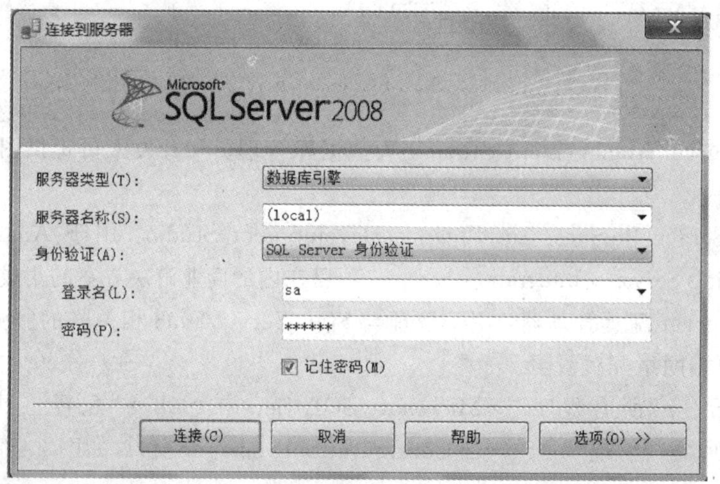

图 2.15 "连接到服务器"窗口

屏幕出现 SQL Server Management Studio 窗口，如图 2.16 所示，它包括对象资源管理器、已注册的服务器、模板资源管理器等。

1. 对象资源管理器

在"对象资源管理器"窗口中，包括数据库、安全性、服务器对象、复制、管理和 SQL Server 代理等对象。选择"数据库"→"系统数据库"→master，即展开为表、视图、同义词、可编程性、存储和安全性等子对象，如图 2.17 所示。

2. 已注册的服务器

在"已注册的服务器"窗口中，包括数据库引擎、Analysis Services、Reporting Services、Integration Services 和 SQL Server Compact5 种服务类型，可用该窗口工具栏中的按钮切换。

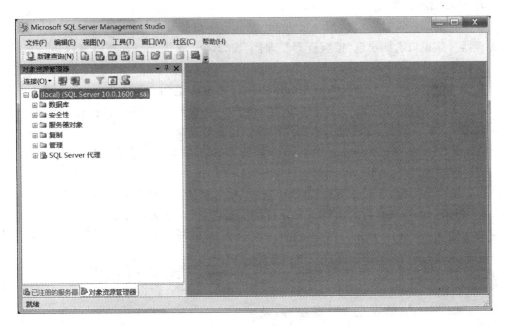

图 2.16 SQL Server Management Studio 窗口

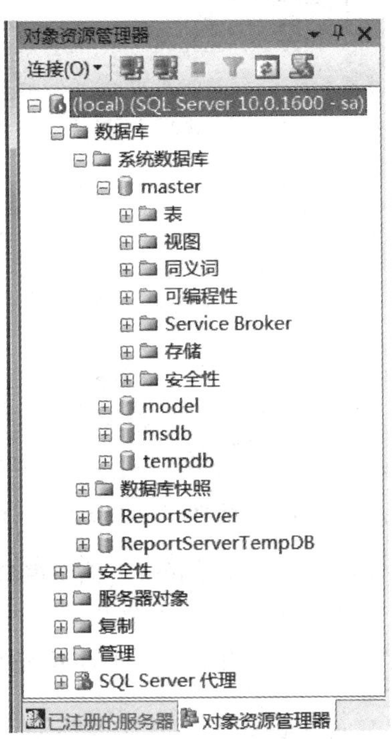

图 2.17 "对象资源管理器"窗口

3. 模板资源管理器

在 Microsoft SQL Server Management Studio 窗口的菜单栏中，选择“视图”→“模板资源管理器”，该窗口右侧出现“模板资源管理器”窗口，在“模板资源管理器”窗口中可以找到 100 多个对象。

4. 在 SQL Server Management Studio 中执行 T-SQL 语句

在 SQL Server Management Studio 中，用户可在查询分析器编辑窗口中输入或粘贴 T-SQL 语句、执行语句，在查询分析器结果窗口中查看结果。

在 SQL Server Management Studio 中执行 T-SQL 语句的步骤如下。

(1) 启动 SQL Server Management Studio。

(2) 在左侧“对象资源管理器”窗口中选中“数据库”结点，单击 stsc 数据库，单击左上方工具栏“新建查询”按钮，右侧出现查询分析器编辑窗口，可输入或粘贴 T-SQL 语句，例如，在窗口中输入 select * from student 命令，如图 2.18 所示。

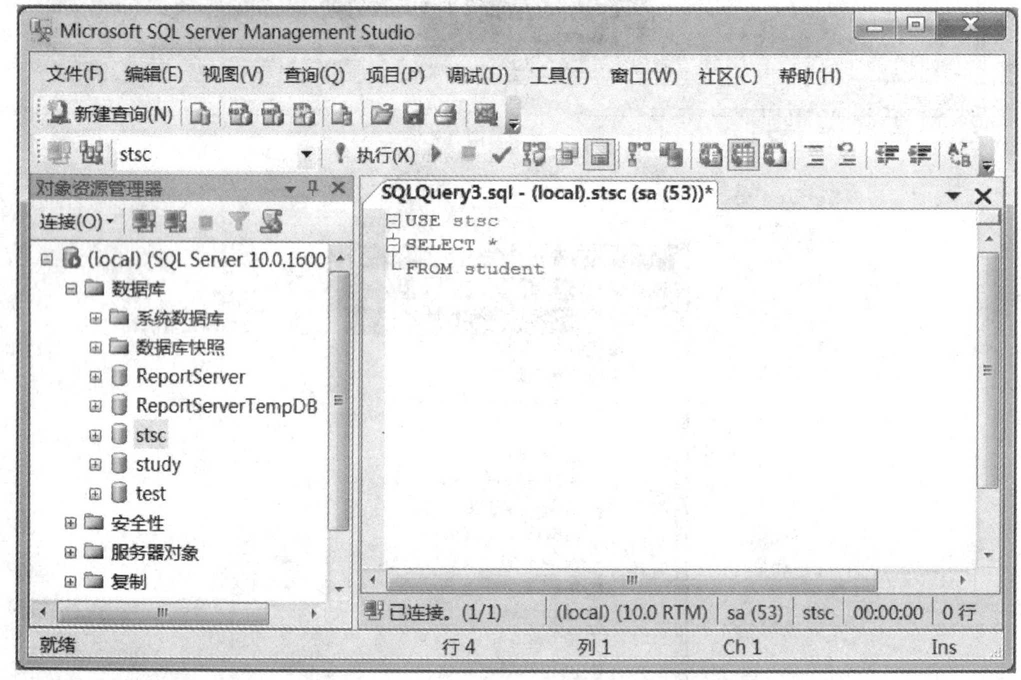

图 2.18　SQL Server 2008 查询分析器编辑窗口

(3) 单击左上方工具栏 ! 执行(X) 按钮或按 F5 键，编辑窗口一分为二，上半部分仍为编辑窗口，下半部分出现结果窗口，结果窗口有两个选项卡，“结果”选项卡用于显示 T-SQL 语句执行结果，如图 2.19 所示，“消息”选项卡用于显示 T-SQL 语句执行情况。

提示： 在查询分析器编辑窗口中执行 T-SQL 语句命令的方法有按 F5 键、单击工具栏中的 ! 执行(X) 按钮、在编辑窗口右击 ! 执行(X) 按钮。

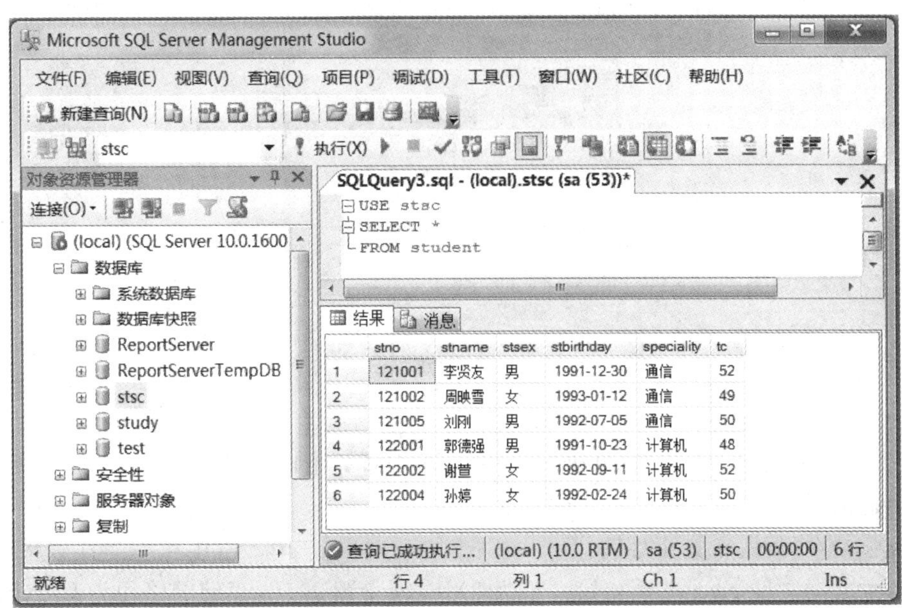

图 2.19　SQL Server 2008 查询分析器编辑窗口和结果窗口

2.3　创建数据库

SQL Server 2008 提供两种方法创建 SQL Server 数据库，一种方法是使用 SQL Server Management Studio 的图形用户界面创建 SQL Server 数据库，另一种方法是使用 T-SQL 语句创建 SQL Server 数据库。

创建 SQL Server 数据库包括创建数据库、修改数据库、删除数据库等内容，下面分别介绍。

2.3.1　使用 SQL Server Management Studio 创建数据库

1. 创建数据库

在使用数据库以前，首先需要创建数据库。在学生成绩管理系统中，以创建名称为 stsc 的学生成绩数据库为例，说明创建数据库的步骤。

【例 2.1】 使用 SQL Server Management Studio 创建 stsc 数据库。

创建 stsc 数据库的操作步骤如下。

(1) 选择"开始"→"所有程序"→SQL Server 2008，单击 SQL Server Management Studio，出现"连接到服务器"窗口，在"服务器名称"框中选择(local)，在"身份验证"框中选择 SQL Server 身份验证，在"登录名"框中选择 sa，在"密码"框中输入 123456，单击"连接"按钮，连接到 SQL Server 服务器。

(2) 屏幕出现 SQL Server Management Studio 窗口，在左侧"对象资源管理器"窗口中选中"数据库"结点，右击，在弹出的快捷菜单中选择"新建数据库"命令，如图 2.20 所示。

图 2.20　选择“新建数据库”命令

(3) 进入“新建数据库”窗口，在“新建数据库”窗口的左上方有 3 个选项卡：“常规”选项卡、“选项”选项卡和“文件组”选项卡，“常规”选项卡首先出现。

在“数据库名称”文本框中输入创建的数据库名称 stsc，“所有者”文本框使用系统默认值，系统自动在“数据库文件”列表中生成一个主数据文件 stsc.mdf 和一个日志文件 stsc_log.ldf，主数据文件 stsc.mdf 初始大小为 3MB，增量为 1MB，存储的路径为 C:\Program Files\Microsoft SQL Server\MSSQL10.MSSQLSERVER\MSSQL\DATA，日志文件 stsc_log.ldf 初始大小为 1MB，增量为 10%，存储的路径与主数据文件的路径相同，如图 2.21 所示。

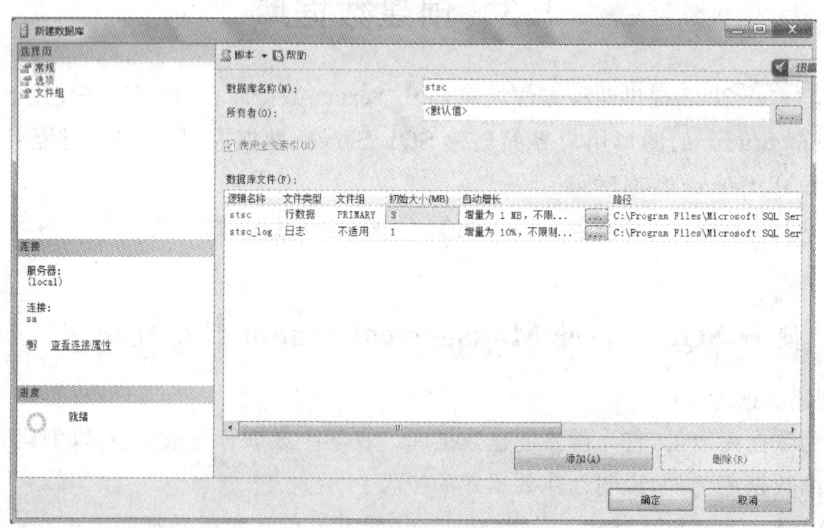

图 2.21　“新建数据库”窗口

这里只配置“常规”选项卡，其他选项卡采用系统默认设置。

(4) 单击“确定”按钮，stsc 数据库创建完成，在 C:\Program Files\Microsoft SQL Server\MSSQL10.MSSQLSERVER\MSSQL\DATA 文件夹中，增加了两个数据文件 stsc.mdf 和 stsc_log.ldf。

问题：使用图形用户界面创建 stsc 数据库最简单的步骤是什么？

2. 修改数据库

在数据库创建后,用户可以根据需要对数据库进行如下修改。

- 增加或删除数据文件,改变数据文件的大小和增长方式。
- 增加或删除日志文件,改变日志文件的大小和增长方式。
- 增加或删除文件组。

【例 2.2】 在 abc 数据库(已创建)中增加数据文件 abcbk.ndf 和日志文件 abcbk_log.ldf。

操作步骤如下。

(1) 启动 SQL Server Management Studio,在左侧“对象资源管理器”窗口中展开“数据库”结点,选中数据库 abc,右击,在弹出的快捷菜单中选择“属性”命令。

(2) 出现“数据库属性-abc”窗口,单击“选择页”中的“文件”选项,进入文件设置页面,如图 2.22 所示。通过本窗口可增加数据文件和日志文件。

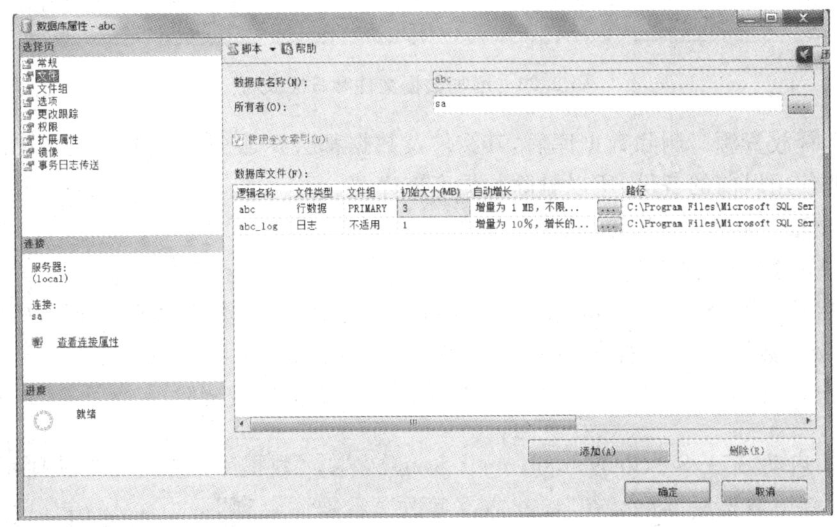

图 2.22 “数据库属性”窗口“文件”选项卡

(3) 增加数据文件。单击“添加”按钮,在“数据库文件”列表中出现一个新的文件位置,单击“逻辑名称”文本框并输入名称 abcbk,单击“初始大小”文本框,通过该框后的微调按钮将大小设置为 3,“文件类型”文本框、“文件组”文本框、“自动增长”文本框和“路径”文本框都选择默认值。

(4) 增加日志文件。单击“添加”按钮,在“数据库文件”列表中出现一个新的文件位置,单击“逻辑名称”文本框并输入名称 abcbk_log,单击“文件类型”文本框,通过该框后的下拉箭头设置为“日志”,“初始大小”文本框、“文件组”文本框、“自动增长”文本框和“路径”文本框都选择默认值,如图 2.23 所示,单击“确定”按钮。

在 C:\Program Files\Microsoft SQL Server\MSSQL10.MSSQLSERVER\MSSQL\DATA 文件夹中,增加了辅助数据文件 abcbk.ndf 和日志文件 abcbk_log.ldf。

3. 删除数据库

数据库运行后,需要消耗资源,往往会降低系统运行效率,通常可将不再需要的数据库

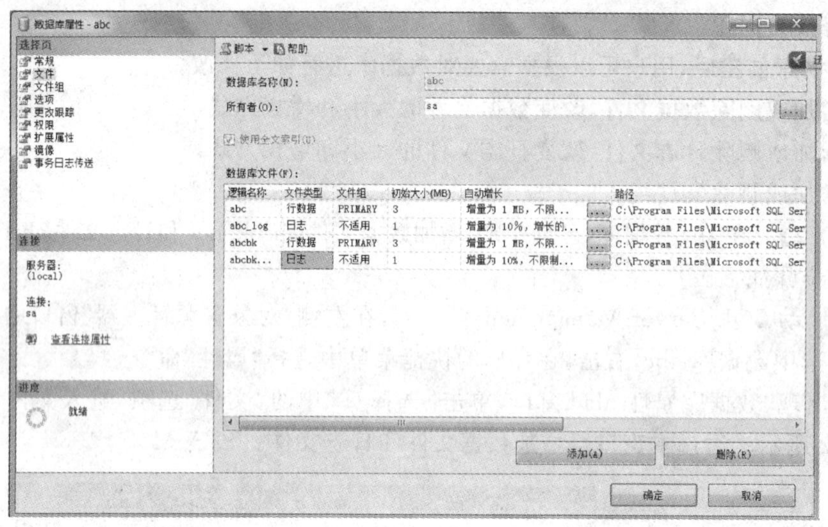

图 2.23　增加数据文件和日志文件

进行删除，释放资源。删除数据库后，其文件及数据都会从服务器上的磁盘中删除，并永久删除，除非使用以前的备份，所以删除数据库应谨慎。

【例 2.3】 删除 abc 数据库。

删除 abc 数据库操作步骤如下。

(1) 启动 SQL Server Management Studio，在左侧“对象资源管理器”窗口中展开“数据库”结点，选中数据库 abc，右击，在弹出的快捷菜单中选择“删除”命令。

(2) 出现“删除对象”窗口，单击“确定”按钮，abc 数据库被删除。

答案：启动 SQL Server Management Studio，右击“数据库”，在弹出的快捷菜单中选择“新建数据库”命令，在“新建数据库”的“数据库名称”框中输入 stsc，单击“确定”按钮即可。

2.3.2 使用 T-SQL 语句创建数据库

使用 T-SQL 的数据定义语言(DDL)中的 CREATE、ALTER、DROP 等语句，可分别对数据库进行创建、修改和删除操作。

1. 创建数据库

创建数据库使用 CREATE DATABASE 语句，下面介绍创建数据库的简化语法格式。

语法格式：

```
CREATE DATABASE database_name
[  [ON  [filespec] ]
   [LOG ON [filespec] ]
]
```

```
<filespec>::=
{(
 NAME = logical_file_name,
 FILENAME = 'os_file_name'
 [,SIZE = size]
 [,MAXSIZE = {max_size | UNLIMITED }]
 [,FILEGROWTH = growth_increment [ KB | MB | GB | TB | % ]] )
}
```

说明：

- database_name：创建的数据库名称，命名须唯一且符合 SQL Server 2008 的命名规则，最多为 128 个字符。
- ON 子句：指定数据库文件和文件组属性。
- LOG ON 子句：指定日志文件属性。
- filespec：指定数据文件的属性，给出文件的逻辑名、存储路径、大小及增长特性。
- NAME 为 filespec 定义的文件指定逻辑文件名。
- FILENAME 为 filespec 定义的文件指定操作系统文件名，指出定义物理文件时使用的路径和文件名。
- SIZE 子句：指定 filespec 定义的文件的初始大小。
- MAXSIZE 子句：指定 filespec 定义的文件的最大大小。
- FILEGROWTH 子句：指定 filespec 定义的文件的增长增量。

当仅使用 CREATE DATABASE database_name 语句而不带参数，创建的数据库大小将与 model 数据库的大小相等。

【例 2.4】 使用 T-SQL 语句，创建 test 数据库。

在 SQL Server 2008 查询分析器中输入以下语句：

```
CREATE DATABASE test
ON
(
  NAME = 'test',
  FILENAME = 'C:\Program Files\Microsoft SQL Server\MSSQL10.MSSQLSERVER\MSSQL\DATA\test.mdf',
  SIZE = 3MB,
  MAXSIZE = 30MB,
  FILEGROWTH = 1MB
)
LOG ON
(
  NAME = 'test_log',
  FILENAME = 'C:\Program Files\Microsoft SQL Server\MSSQL10.MSSQLSERVER\MSSQL\DATA\test_log.ldf',
  SIZE = 1MB,
  MAXSIZE = 10MB,
```

```
  FILEGROWTH = 10 %
);
```


在查询分析器编辑窗口中单击“执行”按钮或按 F5 键，系统提示“命令已成功完成”，test 数据库创建完毕。

问题：创建 test 数据库最简单的 T-SQL 语句是什么？

2. 修改数据库

修改数据库使用 ALTER DATABASE 语句，下面介绍修改数据库的简化语法格式。

语法格式：

```
ALTER DATABASE database
{ ADD FILE filespec
| ADD LOG FILE filespec
| REMOVE FILE logical_file_name
| MODIFY FILE filespec
| MODIFY NAME = new_dbname
}
```

说明：

- database：需要更改的数据库名称。
- ADD FILE 子句：指定要增加的数据文件。
- ADD LOG FILE 子句：指定要增加的日志文件。
- REMOVE FILE 子句：指定要删除的数据文件。
- MODIFY FILE 子句：指定要更改的文件属性。
- MODIFY NAME 子句：重命名数据库。

【例 2.5】 在 test 数据库中，增加一个数据文件 testadd，大小为 10MB，最大为 40MB。

```
ALTER DATABASE test
ADD FILE
(
  NAME = 'testadd',
  FILENAME = 'C:\Program Files\Microsoft SQL Server\MSSQL10.MSSQLSERVER\MSSQL\DATA\testadd.ndf',
  SIZE = 10MB,
  MAXSIZE = 50MB,
  FILEGROWTH = 5MB
)
```

答案：CREATE DATABASE test

3. 使用数据库

使用数据库需要用到 USE 语句。

语法格式：

```
USE database_name
```

其中，database_name 是使用的数据库名称。

说明： USE 语句只在第一次打开数据库时使用，后续都是作用在该数据库中。如果要使用另一数据库，需要重新使用 USE 语句打开另一数据库。

4. 删除数据库

删除数据库使用 DROP 语句。

语法格式：

```
DROP DATABASE database_name
```

其中，database_name 是要删除的数据库名称。

【例 2.6】 使用 T-SQL 语句删除 test 数据库。

```
DROP DATABASE test
```

2.4 创　建　表

创建 SQL Server 表包括创建表、修改表、删除表等内容，下面分别介绍使用 SQL Server Management Studio 和 T-SQL 语句创建 SQL Server 表。

2.4.1 使用 SQL Server Management Studio 创建表

1. 创建表

表是 SQL Server 中最基本的数据库对象，用于存储数据的一种逻辑结构，由行和列组成，它又称为二维表。

例如，在学生成绩管理系统中，student（学生表）如表 2.6 所示。

表 2.6　student（学生表）

学　　号	姓　　名	性　　别	出生日期	专　　业	总　学　分
121001	李贤友	男	1991-12-30	通信	52
121002	周映雪	女	1993-01-12	通信	49
121005	刘刚	男	1992-07-05	通信	50
122001	郭德强	男	1991-10-23	计算机	48
122002	谢萱	女	1992-09-11	计算机	52
122004	孙婷	女	1992-02-24	计算机	50

student 的表结构如表 2.7 所示。

表 2.7　student(学生表)的表结构

列　　名	数 据 类 型	允许 null 值	是 否 主 键	说　　明
stno	char(6)		主键	学号
stname	char(8)			姓名
stsex	char(2)			性别
stbirthday	date			出生日期
speciality	char(12)	√		专业
tc	int	√		总学分

使用 SQL Server Management Studio 的图形用户界面创建表举例如下。

【例 2.7】 在 stsc 数据库中创建 student 表(学生表)。

操作步骤如下。

(1) 启动 SQL Server Management Studio,在“对象资源管理器”中展开“数据库”结点,选中 stsc 数据库,展开该数据库,选中表,右击,在弹出的快捷菜单中,选择“新建表”命令。

(2) 屏幕出现表设计器窗口,根据已经设计好的 student 的表结构分别输入或选择各列的列名、数据类型、长度、允许 Null 值,根据需要,可以在每列的“列属性”表格填入相应内容,输入完成后的结果如图 2.24 所示。

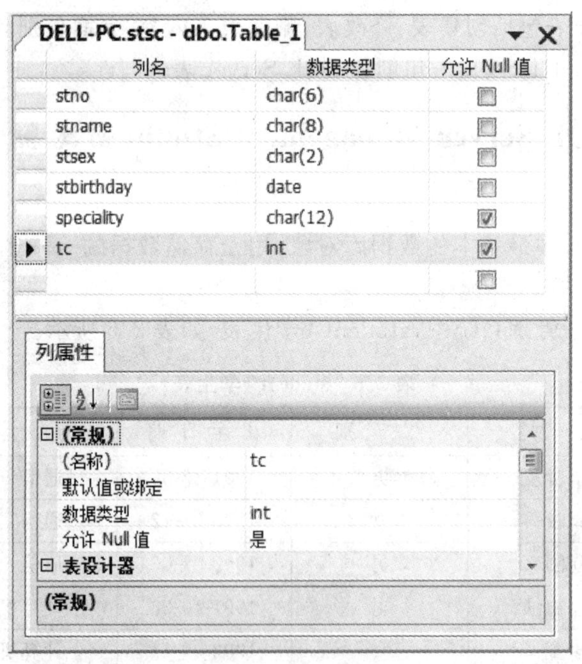

图 2.24　输入或选择各列的数据类型、长度、允许 Null 值

(3) 在 stno 行上右击,在弹出的快捷菜单中选择“设置主键”命令,如图 2.25 所示,此时,stno 左侧会出现一个钥匙图标。

图 2.25　选择"设置主键"命令

注意：如果主键由两个或两个以上的列组成，需要按住 Ctrl 键选择多个列，之后在右键快捷菜单中选择"设置主键"命令。

(4) 单击工具栏中的"保存"按钮，出现"选择名称"对话框，输入表名 student，如图 2.26 所示，单击"确定"按钮即可创建 student 表，如图 2.27 所示。

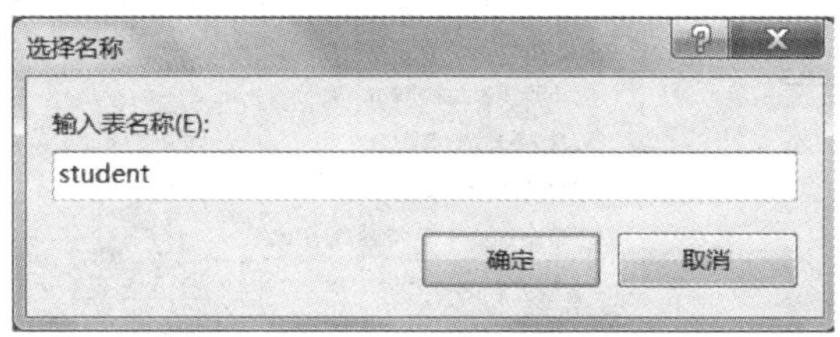

图 2.26　设置表的名称

2. 修改表

在 SQL Server 2008 中，当用户使用 SQL Server Management Studio 修改表的结构(如增加列、删除列、修改已有列的属性等)，必须要删除原表，再创建新表才能完成表的更改。如果强行更改会弹出不允许保存更改对话框。

为了在进行表的修改时不出现此对话框，需要进行的操作如下。

在 SQL Server Management Studio 面板中单击"工具"主菜单，选择"选项"子菜单，在出现的"选项"窗口中展开 Designers，选择"表设计器和数据库设计器"选项卡，取消选中窗口右侧"阻止保存要求重新创建表的更改"复选框，如图 2.28 所示，单击"确定"按钮，就可进

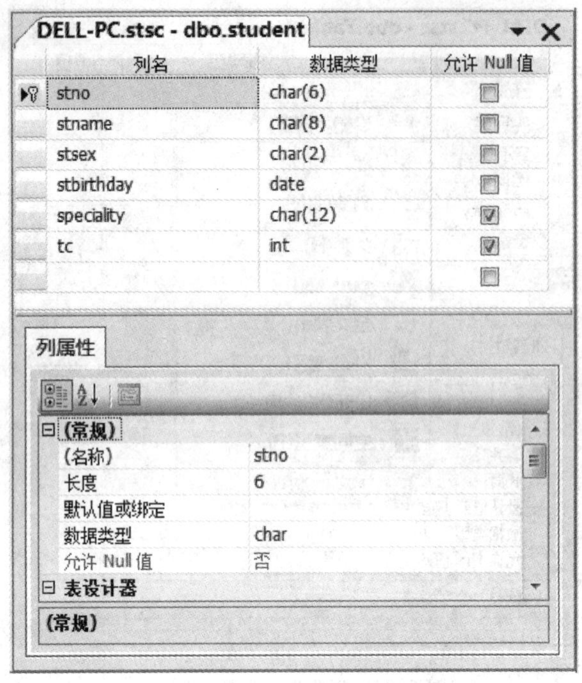

图 2.27 创建 student 表

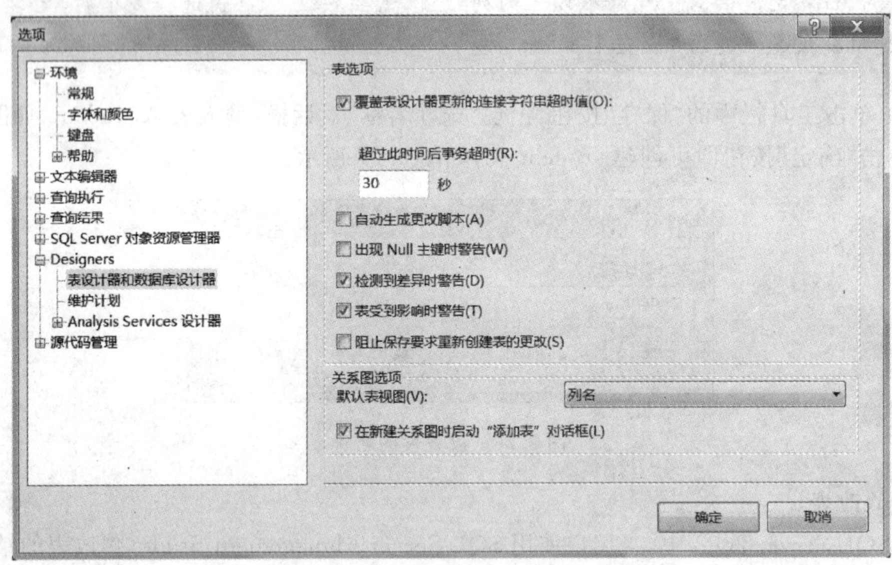

图 2.28 解除阻止保存的选项

行表的修改了。

【例 2.8】 在 student 表中 tc 列之前增加一列 stclass(班级),然后删除该列。

(1) 启动 SQL Server Management Studio,在"对象资源管理器"中展开"数据库"结点,选中 stsc 数据库,展开该数据库,选中表,将其展开,选中表 dbo.student,右击,在弹出的快捷菜单中选择"设计"命令，打开"表设计器"窗口，为在 tc 列之前加入新列，右击该列，在弹出的快捷菜单中选择"插入列"命令，如图 2.29 所示。

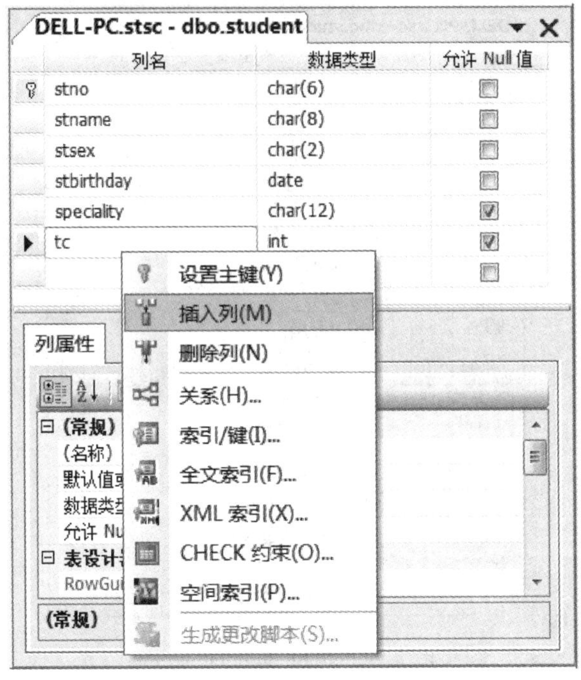

图 2.29　选择"插入列"命令

(2) 在"表设计器"窗口中的 tc 列前出现空白行，输入列名 stclass，选择数据类型 char(6)，允许空，如图 2.30 所示，完成插入新列操作。

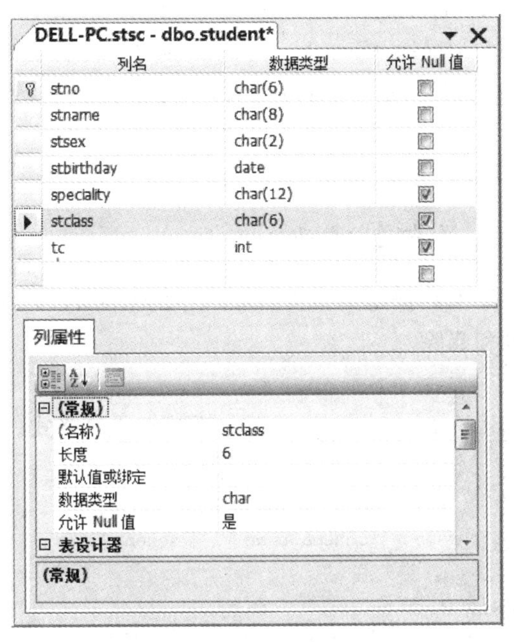

图 2.30　插入新列

(3) 在“表设计器”窗口中选择需删除的 stclass 列，右击，在弹出的快捷菜单中选择“删除列”命令，该列即被删除，如图 2.31 所示。

图 2.31　选择“删除列”命令

3. 删除表

删除表时，表的结构定义、表中的所有数据以及表的索引、触发器、约束等都被删除掉，删除表操作时一定要谨慎小心。

【例 2.9】 删除 xyz 表(已创建)。

(1) 启动 SQL Server Management Studio，在“对象资源管理器”中展开“数据库”结点，选中 stsc 数据库，展开该数据库，选中表，将其展开，选中表 dbo. xyz，右击，在弹出的快捷菜单中选择“删除”命令。

(2) 系统弹出“删除对象”窗口，单击“确定”按钮，即可删除 xyz 表。

2.4.2 使用 T-SQL 语句创建表

下面介绍使用 T-SQL 的数据定义语言(DDL)中的 CREATE、ALTER、DROP 等语句，分别对表进行创建、修改和删除。

1. 创建表

使用 CREATE TABLE 语句创建表，下面介绍基本语法格式。

语法格式：

```
CREATE TABLE  [ database_name . [ schema_name ] . | schema_name . ] table_name
(
 {     <column_definition>
      | column_name AS computed_column_expression [PERSISTED [NOT NULL]]
```

```
    }
    [ <table_constraint> ] [ ,…n ]
)
[ ON { partition_scheme_name ( partition_column_name ) | filegroup | "default" } ]
 [ { TEXTIMAGE_ON { filegroup | "default" } ]
[ FILESTREAM_ON { partition_scheme_name | filegroup | "default" } ]
 [ WITH ( <table_option> [ ,…n ] ) ]
[ ; ]

<column_definition>::=
column_name data_type
    [ FILESTREAM ]
    [ COLLATE collation_name ]
    [ NULL | NOT NULL ]
    [
        [ CONSTRAINT constraint_name ]
        DEFAULT constant_expression ]
      | [ IDENTITY [ ( seed,increment ) ] [ NOT FOR REPLICATION ]
    ]
   [ ROWGUIDCOL ]
[ <column_constraint> [ …n ] ]
      [ SPARSE ]
```

说明：

(1) database_name 是数据库名，schema_name 是表所属架构名，table_name 是表名。如果省略数据库名则默认在当前数据库中创建表，如果省略架构名，则默认是 dbo。

(2) <column_definition>列定义如下。

- column_name 为列名，data_type 为列的数据类型。
- FILESTREAM 是 SQL Server 2008 引进的一项新特性，允许以独立文件的形式存储大对象数据。
- NULL | NOT NULL：确定列是否可取空值。
- DEFAULT constant_expression：为所在列指定默认值。
- IDENTITY：表示该列是标识符列。
- ROWGUIDCOL：表示新列是行的全局唯一标识符列。
- <column_constraint>：列的完整性约束，指定主键、外键等。
- SPARSE：指定列为稀疏列。

(3) column_name AS computed_column_expression [PERSISTED [NOT NULL]]：用于定义计算字段。

(4) <table_constraint>：表的完整性约束。

(5) ON 子句：filegroup | "default"：指定存储表的文件组。

(6) TEXTIMAGE_ON {filegroup | "default"}：TEXTIMAGE_ON 指定存储 text、ntext、image、xml、varchar(MAX)、nvarchar(MAX)、varbinary(MAX)和 CLR 用户定义类型数据的文件组。

(7) FILESTREAM_ON 子句：filegroup | "default"指定存储 FILESTREAM 数据的文件组。

【例 2.10】 使用 T-SQL 语句，在 stsc 数据库中创建 student 表。

在 stsc 数据库中创建 student 表语句如下：

```
USE stsc
CREATE TABLE student
(
    stno char(6) NOT NULL PRIMARY KEY,
    stname char(8) NOT NULL,
    stsex char(2) NOT NULL,
    stbirthday date NOT NULL,
    speciality char(12) NULL,
    tc int NULL
)
GO
```

上面的 T-SQL 语句首先指定 stsc 数据库为当前数据库，然后使用 CREATE TABLE 语句在 stsc 数据库中创建 student 表。

上述语句中的 GO 命令不是 Transact-SQL 语句，它是由 SQL Server Management Studio 代码编辑器识别的命令。SQL Server 实用工具将 GO 解释为应该向 SQL Server 实例发送当前批 Transact-SQL 语句的信号。当前批语句由上一条 GO 命令后输入的所有语句组成，如果是第一条 GO 命令，则由会话或脚本开始后输入的所有语句组成。GO 命令和 Transact-SQL 语句不能在同一行中，但在 GO 命令行中可包含注释。

注意：SQL Server 应用程序可以将多个 Transact-SQL 语句作为一个批发送到 SQL Server 的实例来执行。然后，该批中的语句被编译成一个执行计划。程序员在 SQL Server 实用工具中执行特殊语句，或生成 Transact-SQL 语句的脚本在 SQL Server 实用工具中运行时，使用 GO 作为批结束的信号。

提示：由一条或多条 T-SQL 语句组成一个程序，通常以.sql 为扩展名存储，称为 sql 脚本。双击 sql 脚本文件，其 T-SQL 语句即出现在查询分析器编辑窗口内。查询分析器编辑窗口内的 T-SQL 语句，可用“文件”菜单中的“另存为”命令命名并存入指定目录。

【例 2.11】 在 test 数据库中创建 clients 表。

```
USE test
CREATE TABLE clients
(
  cid int,
  cname char(8),
```

```
  csex char(2),
  address char(40)
)
```

2. 修改表

使用 ALTER TABLE 语句用来修改表的结构，基本语法格式如下：

语法格式：

```
ALTER TABLE table_name
{
 ALTER COLUMN column_name
 {
        new_data_type [ (precision,[,scale])] [NULL | NOT NULL]
        | {ADD | DROP } { ROWGUIDCOL | PERSISTED | NOT FOR REPLICATION | SPARSE }
 }/
 | ADD {[<colume_definition>]}[,…n]
 | DROP {[CONSTRAINT] constraint_name | COLUMN column}[,…n]
}
```

说明：

(1) table_name 为表名。

(2) ALTER COLUMN 子句：修改表中指定列的属性。

(3) ADD 子句：增加表中的列。

(4) DROP 子句：删除表中的列或约束。

【例 2.12】 在 stsc 数据库 student1 表(已创建)中新增加一列 remakes。

```
USE stsc
ALTER TABLE student1 ADD remarks char(10)
```

3. 删除表

使用 DROP TABLE 语句删除表。

语法格式：

```
DROP TABLE table_name
```

其中，table_name 是要删除的表的名称。

【例 2.13】 删除 stsc 数据库中 student1 表。

```
USE stsc
DROP TABLE student1
```

2.5 操作表数据

操作表数据，包括表的记录的插入、删除和修改，可以采用 T-SQL 语句或 SQL Server Management Studio。

2.5.1 使用 SQL Server Management Studio 操作表数据

1. 插入记录

向表中插入记录举例如下。

【例 2.14】 插入 stsc 数据库中 student 表的有关记录。

(1) 启动 SQL Server Management Studio，在“对象资源管理器”中展开“数据库”结点，选中 stsc 数据库，展开该数据库，选中表，将其展开，选中表 dbo. student，右击，在弹出的快捷菜单中选择“编辑前 200 行”命令。

(2) 屏幕出现“dbo. student 表编辑”窗口，可在各个字段输入或编辑有关数据，这里插入 student 表的 6 个记录，如图 2.32 所示。

DELL-PC.stsc - dbo.student

stno	stname	stsex	stbirthday	speciality	tc
121001	李贤友	男	1991-12-30	通信	52
121002	周映雪	女	1993-01-12	通信	49
121005	刘刚	男	1992-07-05	通信	50
122001	郭德强	男	1991-10-23	计算机	48
122002	谢萱	女	1992-09-11	计算机	52
122004	孙婷	女	1992-02-24	计算机	50
NULL	NULL	NULL	NULL	NULL	NULL

1 / 6

图 2.32 student 表的记录

2. 删除和修改记录

在表中删除和修改记录举例如下。

【例 2.15】 在 student 表中删除记录和修改记录。

(1) 在“dbo. student 表编辑”窗口中，选择需要删除的记录，右击，在弹出的快捷菜单中选择“删除”命令，如图 2.33 所示。

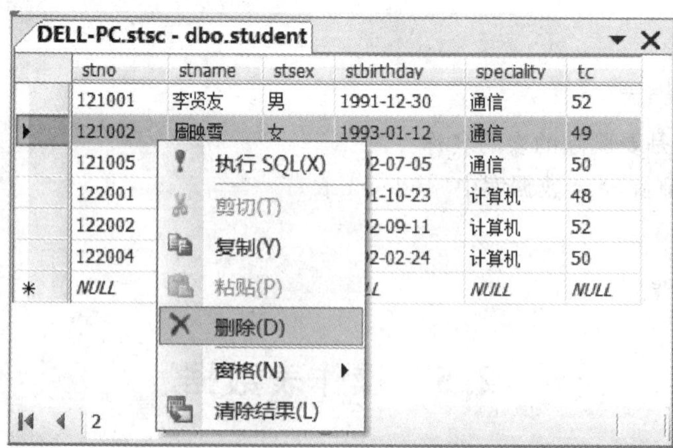

图 2.33 删除记录

(2) 此时出现一个确认对话框，单击“是”按钮，即删除该记录。

(3) 定位到需要修改的字段，对该字段进行修改，然后将光标移到下一个字段即可保存修改的内容。

2.5.2 使用 T-SQL 语句操作表数据

数据操纵语言 DML 中的 INSERT、UPDATE 和 DELETE 等语句，分别用于向表中插入记录、修改记录和删除记录。

1. 插入语句

INSERT 语句用于向数据表或视图中插入由 VALUES 指定的各列值的行，它的语法格式如下。

语法格式：

```
INSERT [ TOP ( expression ) [ PERCENT ] ]
  [ INTO ]
{  table_name                              /* 表名 */
   | view_name                             /* 视图名 */
   | rowset_function_limited               /* 可以是 OPENQUERY 或 OPENROWSET 函数 */
  [WITH (<table_hint_limited>[ … n])]      /* 指定表提示，可省略 */
}
{
  [ ( column_list ) ]                      /* 列名表 */
  {     VALUES ( ( { DEFAULT | NULL | expression } [ ,… n ] ) [ ,… n ] )
                                           /* 指定列值的 VALUE 子句 */
       | derived_table                     /* 结果集 */
       | execute_statement                 /* 有效的 EXECUTE 语句 */
       | DEFAULT VALUES                    /* 强制新行包含为每个列定义的默认值 */
  }
}
```

说明：

- table_name：被操作的表名。
- view_name：视图名。
- column_list：列名表，包含了新插入数据行的各列的名称。如果只给出表的部分列插入数据时，需要用 column_list 指出这些列。
- VALUES 子句：包含各列需要插入的数据，数据的顺序要与列的顺序相对应。若省略 colume_list，则 VALUES 子句给出每一列(除 IDENTITY 属性和 timestamp 类型以外的列)的值。VALUES 子句中的值有以下 3 种。

① DEFAULT：指定为该列的默认值，这要求定义表时必须指定该列的默认值。

② NULL：指定该列为空值。

③ expression：可以是一个常量、变量或一个表达式，其值的数据类型要与列的数据类型一致。注意表达式中不能有 SELECT 及 EXECUTE 语句。

【例 2.16】 向 clients 表中插入一个客户记录(1,'李君','男','东大街 10 号')。

```
USE test
INSERT INTO clients values(1,'李君','男','上东大街 10 号')
```

由于插入的数据包含各列的值并按表中各列的顺序列出这些值,所以省略列名表(colume_list)。

【例 2.17】 向 student 表插入各行数据。

向 student 表插入各行数据的语句如下。

```
USE stsc
INSERT INTO student values('121001','李贤友','男','1991-12-30','通信',52),
  ('121002','周映雪','女','1993-01-12','通信',49),
  ('121005','刘刚','男','1992-07-05','通信',50),
  ('122001','郭德强','男','1991-10-23','计算机',48),
  ('122002','谢萱','女','1992-09-11','计算机',52),
  ('122004','孙婷','女','1992-02-24','计算机',50);
GO
```

注意:将多行数据插入表,由于提供了所有列的值并按表中各列的顺序列出这些值,因此不必在 column_list. 中指定列名,VALUES 子句后所接多行的值用逗号隔开。

2. 修改语句

UPDATE 语句用于修改数据表或视图中特定记录或列的数据,它的基本语法格式如下。

语法格式:

```
UPDATE { table_name | view_name }
  SET column_name = {expression | DEFAULT | NULL } [, …n]
  [WHERE <search_condition>]
```

该语句的功能是:将 table_name 指定的表或 view_name 指定的视图中满足<search_condition>条件的记录中由 SET 指定的各列的列值设置为 SET 指定的新值,如果不使用 WHERE 子句,则更新所有记录的指定列值。

【例 2.18】 在 clients 表中将 cid 为 1 的客户的 address 修改为北大街 120 号。

```
USE test
UPDATE clients
  SET address = '北大街 120 号'
  WHERE cid = 1
```

3. 删除语句

DELETE 语句用于删除表或视图中的一行或多行记录,它的基本语法格式如下。

语法格式:

```
DELETE [FROM] { table_name | view_name }
```

```
[WHERE <search_condition>]
```

该语句的功能为从 table_name 指定的表或 view_name 所指定的视图中删除满足<search_condition>条件的行，若省略该条件，则删除所有行。

【例 2.19】 删除学号为"122004"的学生记录。

```
USE stsc
DELETE student
  WHERE stno = '122004'
```

2.6 数据查询

T-SQL 语言中最重要的部分是它的查询功能，查询语言用来对已经存储于数据库中的数据按照特定的行、列、条件表达式或者一定次序进行检索。

T-SQL 对数据库的查询使用 SELECT 语句，SELECT 语句具有灵活的使用方式和强大的功能，SELECT 语句的基本语法格式如下：

语法格式：

```
SELECT select_list                                  /* 指定要选择的列 */
  FROM table_source                                 /* FROM 子句，指定表或视图 */
  [ WHERE search_condition ]                        /* WHERE 子句，指定查询条件 */
  [ GROUP BY group_by_expression ]                  /* GROUP BY 子句，指定分组表达式 */
  [ HAVING search_condition ]                       /* HAVING 子句，指定分组统计条件 */
  [ ORDER BY order_expression [ ASC | DESC ]]       /* ORDER BY 子句，指定排序表达式和顺序 */
```

2.6.1 投影查询

投影查询通过 SELECT 语句的 SELECT 子句来表示，由选择表中的部分或全部列组成结果表，下面是 SELECT 子句的语法格式。

语法格式：

```
SELECT [ ALL | DISTINCT ] [ TOP n [ PERCENT ] [ WITH TIES ] ] <select_list>
```

select_list 指出了结果的形式，其格式为：

```
{    *                                              /* 选择当前表或视图的所有列 */
  | { table_name | view_name | table_alias } . *    /* 选择指定的表或视图的所有列 */
  | { colume_name | expression | $ IDENTITY | $ ROWGUID }
      /* 选择指定的列并更改列标题，为列指定别名，还可用于为表达式结果指定名称 */
      [ [ AS ] column_alias ]
  | column_alias = expression
} [ ,… n ]
```

1. 投影指定的列

使用 SELECT 语句可选择表中的一个列或多个列，如果是多个列，各列名中间要用逗号分开。

语法格式：

```
SELECT column_name [ ,column_name… ]
  FROM table_name
  WHERE search_condition
```

其中，FROM 子句用于指定表，WHERE 在该表中检索符合 search_condition 条件的列。

【例 2.20】 查询 student 表中所有学生的学号、姓名和专业。

```
USE stsc
  SELECT stno,stname,speciality
  FROM student
```

查询结果：

```
stno    stname  speciality
-----   ------  ---------
121001  李贤友  通信
121002  周映雪  通信
121005  刘刚    通信
122001  郭德强  计算机
122002  谢萱    计算机
122004  孙婷    计算机
```

2. 投影全部列

在 SELECT 子句指定列的位置上使用 * 号时，则为查询表中所有列。

【例 2.21】 查询 student 表中所有列。

```
USE stsc
  SELECT *
  FROM student
```

该语句与下面语句等价：

```
USE stsc
  SELECT stno,stname,stsex,stbirthday,speciality,tc
  FROM student
```

查询结果：

```
stno    stname  stsex  stbirthday   speciality  tc
-----   ------  -----  ----------   ---------   ----
121001  李贤友  男     1991-12-30   通信        52
121002  周映雪  女     1993-01-12   通信        49
121005  刘刚    男     1992-07-05   通信        50
122001  郭德强  男     1991-10-23   计算机      48
122002  谢萱    女     1992-09-11   计算机      52
122004  孙婷    女     1992-02-24   计算机      50
```

3. 修改查询结果的列标题

为了改变查询结果中显示的列标题，可以在列名后使用AS子句，语法格式如下：

```
AS column_alias
```

其中column_alias是指定显示的列标题，AS可省略。

【例2.22】 查询student表中通信专业学生的stno、stname、tc，并将结果中各列的标题分别修改为学号、姓名、总学分。

```
USE stsc
SELECT stno AS '学号',stname AS '姓名',tc AS '总学分'
  FROM student
```

查询结果：

```
学号     姓名     总学分
-----   ------   ------
121001  李贤友    52
121002  周映雪    49
121005  刘刚      50
122001  郭德强    48
122002  谢萱      52
122004  孙婷      50
```

4. 去掉重复行

去掉结果集中的重复行可使用DISTINCT关键字，其语法格式是：

```
SELECT DISTINCT column_name [ ,column_name… ]
```

【例2.23】 查询student表中speciality列，消除结果中的重复行。

```
USE stsc
SELECT DISTINCT speciality
  FROM student
```

查询结果：

```
speciality
---------
计算机
通信
```

2.6.2 选择查询

选择查询通过WHERE子句实现，WHERE子句给出查询条件，该子句必须紧跟FROM子句之后。

语法格式：

```
WHERE <search_condition>
```

其中 search_condition 为查询条件，<search_condition>语法格式为：

```
{ [ NOT ] < precdicate > | (< search_condition > ) }
    [ { AND | OR } [ NOT ] { < predicate > | (< search_condition >) } ]
} [ ,…n ]
```

其中 predicate 为判定运算，<predicate>语法格式为：

```
{ expression { = | < | <= | > | >= | <> | != | !< | !> } expression    /* 比较运算 */
  | string_expression [ NOT ] LIKE string_expression [ ESCAPE 'escape_character' ]
                                                                     /* 字符串模式匹配 */
  | expression [ NOT ] BETWEEN expression AND expression              /* 指定范围 */
  | expression IS [ NOT ] NULL                                        /* 是否空值判断 */
  | CONTAINS ( { column | * },'< contains_search_condition >')        /* 包含式查询 */
  | FREETEXT ({ column | * },'freetext_string')                       /* 自由式查询 */
  | expression [ NOT ] IN ( subquery | expression [,…n] )             /* IN 子句 */
  | expression { = | < | <= | > | >= | <> | != | !< | !> } { ALL | SOME | ANY } ( subquery )
                                                                     /* 比较子查询 */
  | EXIST ( subquery )                                                /* EXIST 子查询 */
}
```

现将 WHERE 子句的常用查询条件列于表 2.8 中，以使读者更清楚地了解查询条件。

表 2.8　查询条件

查 询 条 件	谓　　词
比较	<=、<、=、>=、>、! =、<>、! >、! <
指定范围	BETWEEN AND、NOT BETWEEN AND、IN
确定集合	IN、NOT IN
字符匹配	LIKE、NOT LIKE
空值	IS NULL、IS NOT NULL
多重条件	AND、OR

注意：在 SQL 中，返回逻辑值的运算符或关键字都称为谓词。

1. 表达式比较

比较运算符用于比较两个表达式值，比较运算的语法格式如下：

```
expression { = | < | <= | > | >= | <> | != | !< | !> } expression
```

其中 expression 是除 text、ntext 和 image 之外类型的表达式。

【例 2.24】 查询 student 表中专业为计算机或性别为女的学生。

```
USE stsc
SELECT *
  FROM student
  WHERE speciality = '计算机' or stsex = '女'
```

查询结果：

```
stno    stname  stsex   stbirthday    speciality  tc
-----   ------  -----   ----------    ----------  ---
121002  周映雪   女      1993-01-12   通信         49
122001  郭德强   男      1991-10-23   计算机       48
122002  谢萱     女      1992-09-11   计算机       52
122004  孙婷     女      1992-02-24   计算机       50
```

2. 范围比较

BETWEEN、NOT BETWEEN、IN 是用于范围比较的 3 个关键字，用于查找字段值在(或不在)指定范围的行。

【例 2.25】 查询 score 表成绩为 82、91、95 的记录。

```
USE stsc
  SELECT *
  FROM score
  WHERE grade in (82,91,95)
```

查询结果：

```
stno    cno   grade
-----   ----  ------
121001  205   91
121005  801   82
122002  801   95
```

3. 模式匹配

字符串模式匹配使用 LIKE 谓词，LIKE 谓词表达式的语法格式如下：

```
string_expression [ NOT ] LIKE string_expression [ ESCAPE 'escape_character']
```

其含义是查找指定列值与匹配串相匹配的行，匹配串(即 string_expression)可以是一个完整的字符串，也可以含有通配符。通配符有以下两种。

%：代表 0 或多个字符。

_：代表一个字符。

LIKE 匹配中使用通配符的查询也称为模糊查询。

【例 2.26】 查询 student 表中姓孙的学生情况。

```
USE stsc
SELECT *
  FROM student
  WHERE stname LIKE '孙%'
```

查询结果：

```
stno    stname   stsex  stbirthday    speciality  tc
-----   -------  ----   ----------    ----------  ------
122004  孙婷      女     1992-02-24   计算机       50
```

4. 空值使用

空值是未知的值，判定一个表达式的值是否为空值时，使用 IS NULL 关键字，语法格式如下：

```
expression IS [ NOT ] NULL
```

【例 2.27】 查询已选课但未参加考试的学生情况。

```
USE stsc
SELECT *
  FROM score
  WHERE grade IS null
```

查询结果：

```
stno    cno   grade
-----  ----  -------
122001  801   NULL
```

2.6.3 统计计算

检索数据常常需要进行统计或计算，本节介绍使用聚合函数、GROUP BY 子句、HAVING 子句进行统计或计算的方法。

1. 聚合函数

聚合函数实现数据统计或计算，用于计算表中的数据，返回单个计算结果。除 COUNT 函数外，聚合函数忽略空值。

SQL Server 2008 所提供常用的聚合函数如表 2.9 所示。

表 2.9 聚合函数

函 数 名	功 能
AVG	求组中数值的平均值
COUNT	求组中项数
MAX	求最大值
MIN	求最小值
SUM	返回表达式中数值总和
STDEV	返回给定表达式中所有数值的统计标准偏差
STDEVP	返回给定表达式中所有数值的填充统计标准偏差
VAR	返回给定表达式中所有数值的统计方差
VARP	返回给定表达式中所有数值的填充的统计方差

聚合函数一般参数语法格式如下：

```
( [ ALL | DISTINCT ] expression )
```

其中，ALL 表示对所有值进行聚合函数运算，ALL 为默认值，DISTINCT 表示去除重复值，expression 指定进行聚合函数运算的表达式。

【例 2.28】 查询 102 课程的最高分、最低分和平均成绩。

```
USE stsc
  SELECT MAX(grade) AS '最高分',MIN(grade) AS '最低分',AVG(grade) AS '平均成绩'
  FROM score
  WHERE cno = '102'
```

该语句采用 MAX 求最高分、MIN 求最低分和 AVG 求平均成绩。

查询结果:

```
最高分   最低分   平均成绩
-----  ------  ---------
92      72      83
```

【例 2.29】 求学生的总人数。

```
USE stsc
  SELECT COUNT( * ) AS '总人数'
  FROM student
```

该语句采用 COUNT(*)计算总行数,总人数与总行数一致。

查询结果:

```
总人数
----------
6
```

【例 2.30】 查询计算机专业学生的总人数。

```
USE stsc
SELECT COUNT( * ) AS '总人数'
  FROM student
  WHERE speciality = '计算机'
```

该语句采用 COUNT(*)计算总人数,并用 WHERE 子句指定的条件进行限定为计算机专业。

查询结果:

```
总人数
----------
3
```

2. GROUP BY 子句

GROUP BY 子句用于将查询结果表按某一列或多列值进行分组,其语法格式如下:

```
[ GROUP BY [ ALL ] group_by_expression [ , … n]
    [ WITH { CUBE | ROLLUP } ] ]
```

其中,group_by_expression 为分组表达式,通常包含字段名,ALL 显示所有分组,WITH 指定 CUBE 或 ROLLUP 操作符，在查询结果中增加汇总记录。

注意：聚合函数常与 GROUP BY 子句一起使用。

【例 2.31】 查询各门课程的最高分、最低分和平均成绩。

```
USE stsc
SELECT cno AS '课程号',MAX(grade)AS '最高分',MIN (grade)AS '最低分',AVG(grade)AS '平均成绩'
  FROM score
  WHERE NOT grade IS null
  GROUP BY cno
```

该语句采用 MAX、MIN 和 AVG 等聚合函数，并用 GROUP BY 子句对 cno（课程号）进行分组。

查询结果：

```
课程号  最高分   最低分   平均成绩
-----  ------  ------  ---------
102     92      72       83
203     94      81       87
205     91      65       80
801     95      73       86
```

提示：如果 SELECT 子句的列名表包含聚合函数，则该列名表只能包含聚合函数指定的列名和 GROUP BY 子句指定的列名。

【例 2.32】 求选修各门课程的平均成绩和选修人数。

```
USE stsc
SELECT cno AS '课程号',AVG(grade) AS '平均成绩',COUNT( * ) AS '选修人数'
  FROM score
  GROUP BY cno
```

该语句采用 AVG、COUNT 等聚合函数，并用 GROUP BY 子句对 cno（课程号）进行分组。

查询结果：

```
课程号  平均成绩  选修人数
-----  -------  ---------
102     83       3
203     87       2
205     80       3
801     86       6
```

3. HAVING 子句

HAVING 子句用于对分组按指定条件进一步进行筛选，最后只输出满足指定条件的分组，HAVING 子句的格式为：

```
[ HAVING < search_condition > ]
```

其中，search_condition 为查询条件，可以使用聚合函数。

当 WHERE 子句、GROUP BY 子句和 HAVING 子句在一个 SELECT 语句中时，执行顺序如下。

(1) 执行 WHERE 子句，在表中选择行。

(2) 执行 GROUP BY 子句，对选取行进行分组。

(3) 执行聚合函数。

(4) 执行 HAVING 子句，筛选满足条件的分组。

【例 2.33】 查询选修课程两门以上且成绩在 80 分以上的学生的学号。

```
USE stsc
SELECT stno AS '学号',COUNT(cno) AS '选修课程数'
  FROM score
  WHERE grade >= 80
  GROUP BY stno
  HAVING COUNT( * )>= 2
```

该语句采用 COUNT 聚合函数、WHERE 子句、GROUP BY 子句和 HAVING 子句。

查询结果：

```
学号     选修课程数
------  ----------
121001   3
121005   3
122002   2
122004   2
```

【例 2.34】 查询至少有 4 名学生选修且以 8 开头的课程号和平均分数。

```
USE stsc
SELECT cno AS '课程号',AVG (grade) AS '平均分数'
  FROM score
  WHERE cno LIKE '8 % '
  GROUP BY cno
  HAVING COUNT( * )> 4
```

该语句采用 AVG 聚合函数、WHERE 子句、GROUP BY 子句和 HAVING 子句。

查询结果：

```
课程号  平均分数
-----  --------
801     86
```

2.6.4 排序查询

SELECT 语句的 ORDER BY 子句用于对查询结果按升序(默认或 ASC)或降序(DESC)排列行,可按照一个或多个字段的值进行排序,ORDER BY 子句的格式如下。

```
[ ORDER BY { order_by_expression [ ASC | DESC ] } [ ,…n ]
```

其中,order_by_expression 是排序表达式,可以是列名、表达式或一个正整数。

【例 2.35】 将计算机专业的学生按出生时间先后排序。

```
USE stsc
SELECT *
  FROM student
  WHERE speciality = '计算机'
  ORDER BY stbirthday
```

该语句采用 ORDER BY 子句进行排序。

查询结果:

```
stno     stname   stsex  stbirthday    speciality   tc
------   ------   ----   ----------    ----------   ----
122001   郭德强    男     1991-10-23    计算机        48
122004   孙婷      女     1992-02-24    计算机        50
122002   谢萱      女     1992-09-11    计算机        52
```

2.7 在 MyEclipse 中创建对 SQL Server 2008 的连接

下面介绍在 MyEclipse 中,创建对 SQL Server 2008 的连接步骤。

【例 2.36】 创建对 SQL Server 2008 的连接。

(1) 下载 SQL Server 2008 的数据库驱动包 sqljdbc.jar,保存在一个目录下,这里是 G:\DBConn。

(2) 启动 MyEclipse,选择 Window→Open Perspective→MyEclipse Database Explorer 菜单项,打开 MyEclipse Database 浏览器,右击 MyEclipse Derby,如图 2.34 所示。

(3) 选择 New 菜单项,出现图 2.35 所示的数据库驱动对话框,在 Driver name 栏填入连接名称 SQL SERVER 2008,在 Connection URL 栏输入要连接数据库的 URL 为 jdbc:sqlserver://localhost:1433;databaseName=stsc,在 User name 栏输入连接数据库的用户名,这里是 sa,在 Password 栏输入连接数据库的密码,这里是 123456,在 Driver JARs 栏单击 Add JARs 按钮,建立数据库驱动包的存盘路径 G:\DBConn,单击 Finish 按钮。

(4) 在 MyEclipse Database 浏览器中,右击刚创建的 SQL SERVER 2008 数据库连接,选择 Open connection 菜单项,打开该数据连接,如图 2.36 所示。

(5) 出现"打开该数据连接"对话框,在 Username 栏输入用户名 sa,在 Password 栏输入密码 123456,单击 OK 按钮,如图 2.37 所示。

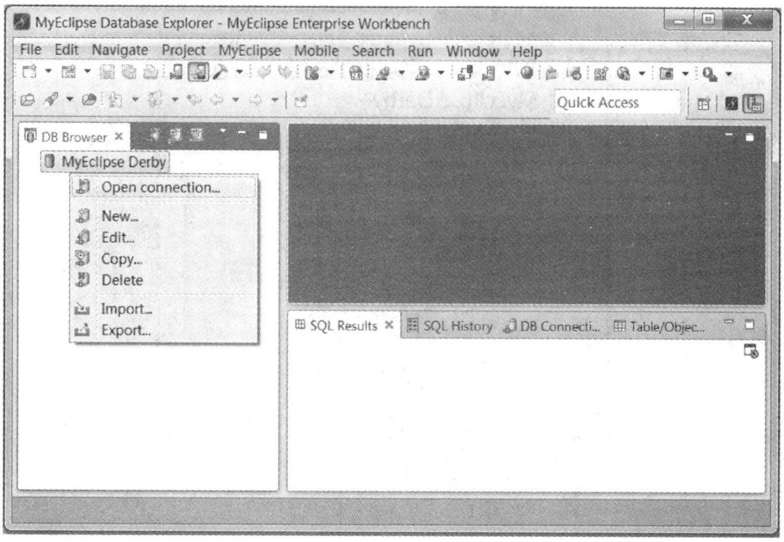

图 2.34　创建一个新连接

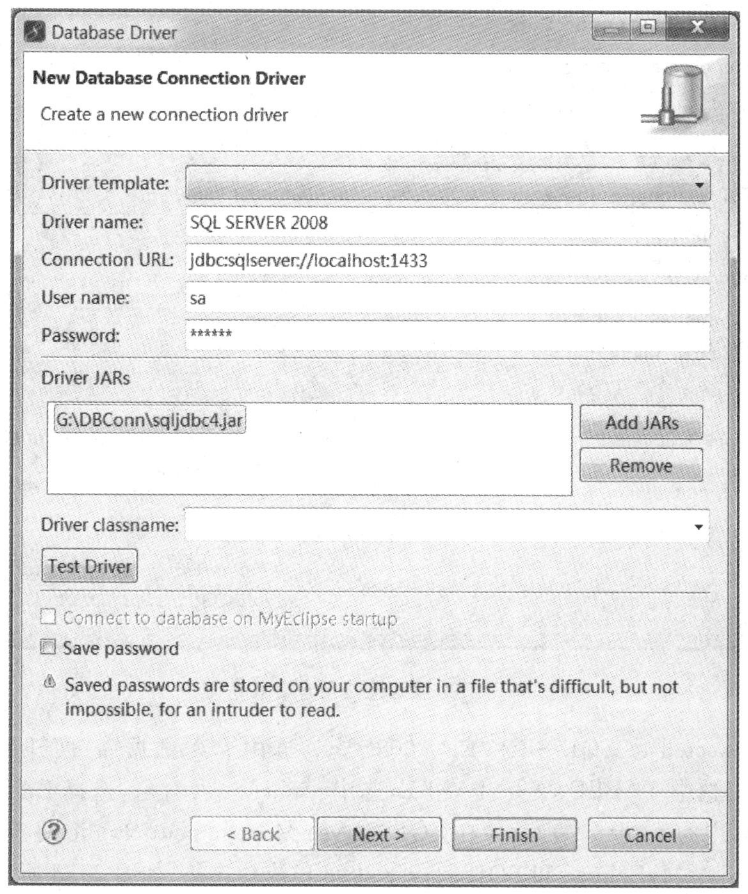

图 2.35　编辑数据库连接驱动

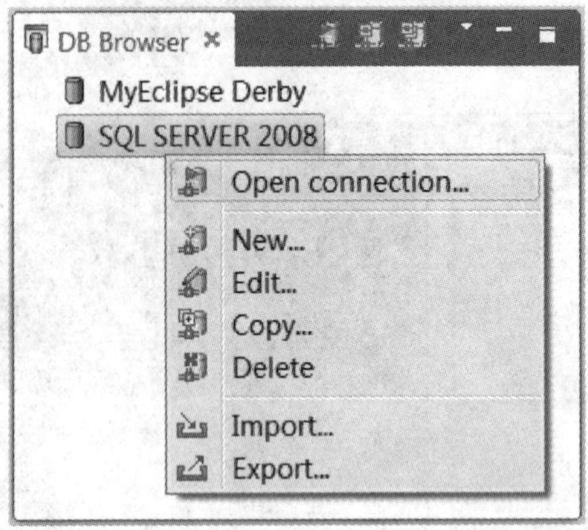

图 2.36　打开数据库连接

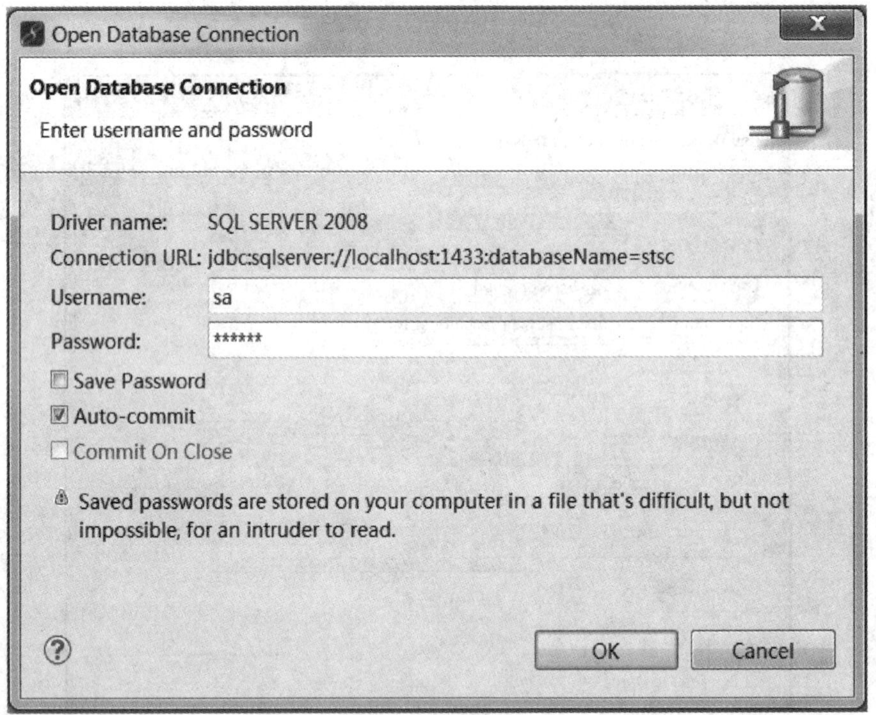

图 2.37　输入连接用户名和密码

展开 Connected to SQL SERVER 2008 结点，选中 stsc 数据库，展开该数据库，选中 dbo，展开 dbo，选中 TABLE，展开 TABLE，选中 student 表，右击，选择 Edit Data 命令，显示 stsc 数据库中的 student 表，就像在 SQL Server Management Studio 对象资源管理器中显示的一样，至此 MyEclipse 和 SQL Server 2008 已成功连接，如图 2.38 所示。

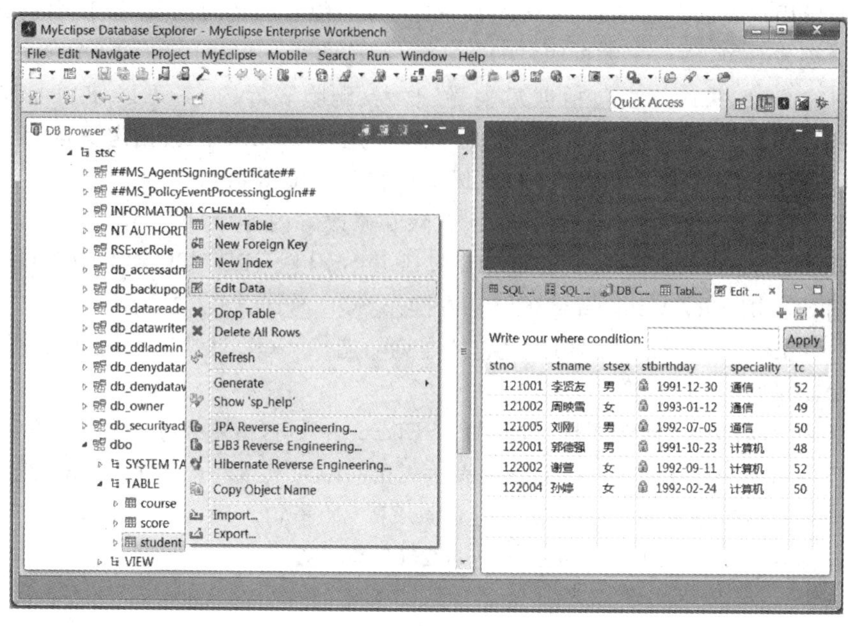

图 2.38　MyEclipse 和 SQL Server 2008 已成功连接

2.8　小　　结

本章主要介绍了以下内容。

(1) 数据库(Database,DB)是长期存储在计算机内的、有组织的、可共享的数据集合,数据库中的数据按一定的数据模型组织、描述和储存,具有尽可能小的冗余度、较高的数据独立性和易扩张性。

数据库管理系统(Data Base Management System,DBMS)是数据库系统的核心组成部分,它是在操作系统支持下的系统软件,用于对数据进行统一的控制和管理。

数据库系统(Database System,DBS)是在计算机系统中引入数据库后的系统构成,数据库系统由数据库、操作系统、数据库管理系统、应用程序、用户和数据库管理员组成。

关系数据库采用关系模型组织数据,关系数据库是目前最流行的数据库,关系数据库管理系统是支持关系模型的数据库管理系统。

(2) SQL(Structured Query Language)语言是目前主流的关系型数据库上执行数据操作、数据检索以及数据库维护所需要的标准语言,T-SQL(Transact-SQL)是 Microsoft SQL Server 在 SQL 基础上增加控制语句和系统函数的扩展。通常将 SQL 语言分为以下 4 类:数据定义语言(DDL)、数据操纵语言(DML)、数据查询语言(DQL)和数据控制语言(DCL)。

(3) SQL Server 2008 的安装要求和安装步骤,SQL Server Management Studio 的组成和操作。

(4) 创建 SQL Server 数据库包括创建数据库、修改数据库和删除数据库等内容,SQL Server 2008 提供两种方法创建 SQL Server 数据库:一种方法是使用 SQL Server Management

Studio 的图形用户界面创建 SQL Server 数据库，另一种方法是使用 T-SQL 中的数据定义语言(DDL)创建 SQL Server 数据库，DDL 包括 CREATE、ALTER 和 DROP 等语句。

(5) 创建 SQL Server 表包括创建表、修改表、删除表等内容，可以使用 SQL Server Management Studio 创建 SQL Server 表，也可以使用 T-SQL 中的数据定义语言(DDL)创建 SQL Server 表，DDL 包括 CREATE、ALTER 和 DROP 等语句。

(6) 操作表数据包括表的记录的插入、删除和修改等内容，可以采用 T-SQL 中的数据操纵语言(DML)操作 SQL Server 表，DML 包括 INSERT、UPDATE 和 DELETE 等语句，也可以采用 SQL Server Management Studio 操作 SQL Server 表。

(7) T-SQL 语言中最重要的部分是它的查询功能，T-SQL 对数据库的查询使用数据查询语言(DQL)的 SELECT 语句。

在 SELECT 语句中，指定要选择的列用 SELECT 子句，指定表或视图用 FROM 子句，指定查询条件用 WHERE 子句，指定分组表达式用 GROUP BY 子句，指定分组统计条件用 HAVING 子句，指定排序表达式和顺序用 ORDER BY 子句。

(8) 在 MyEclipse 中创建对 SQL Server 2008 的连接。

习　题　2

一、选择题

1. 数据库(DB)、数据库系统(DBS)和数据库管理系统(DBMS)三者之间的关系是________。

   A. DBMS 包括 DB 和 DBS　　B. DBS 包括 DB 和 DBMS
   C. DB 包括 DBS 和 DBMS　　D. DBS 就是 DB，也就是 DBMS

2. SQL 是一种________语言。

   A. 人工智能　　B. 函数型　　C. 算法　　D. 关系数据库

3. 通常将 SQL 语言分为 4 类，其中使用最广泛的一类是________。

   A. 数据定义语言　　B. 数据操纵语言
   C. 数据查询语言　　D. 数据控制语言

4. 下面关于主键叙述正确的是________。

   A. 一个表可以没有主键
   B. 只能将一个字段定义为主键
   C. 如果一个表只有一条记录，则主键自动可以为空
   D. 以上选项都是正确的

5. 如果要删除数据库中的表 goods，使用的语句是________。

   A. DELETE TABLE goods　　B. DROP TABLE goods
   C. DELETE goods　　D. DROP goods

6. 在 SQL 语句中，与表达式“成绩 BETWEEN 0 AND 100”功能相同的表达式是________。

   A. 成绩>0 AND 成绩<100　　B. 成绩>=0 OR 成绩<=100

C. 成绩＜＝0 AND 成绩＞＝100　　　　　D. 成绩＞＝0 AND 成绩＜＝100

二、填空题

1. 支持数据库各种操作的软件是________。

2. 数据库常用的数据模型有________、________和________。

3. 通常将 SQL 语言分为________、________、________和________ 4 类。

4. 在 T-SQL 中，插入记录使用________语句，修改记录使用________语句，删除记录使用________语句。

5. 在 SELECT 语句中，指定查询条件用________子句，指定分组表达式用________子句，指定排序表达式和顺序用________子句。

6. 向表 clients 插入记录，请补全下面语句：

```
________ clients VALUES(6,'李莉','女','通顺街 25 号')
```

三、应用题

1. 参照 2.2.1 节，安装 SQL Server 2008 数据库。

2. 参照例 2.1 和例 2.4，创建 stsc 数据库。

3. 查询 student 表中总学分大于或等于 50 分学生的情况。

4. 查找学号为 121005 的学生的 102 课程的成绩。

5. 查询通信专业的学生总人数。

6. 查找 801 课程的最高分、最低分和平均成绩。

7. 将通信专业学生按总学分的高低从高到低排列。

第3章 Java Web 开发

本章要点

- HTML 语言
- JSP 技术
- Servlet 技术
- JDBC 技术
- MVC 设计思想
- 应用实例

Java Web 是 Java EE 传统开发方式，又是学习 Java EE 的基础，本章介绍 Java Web 开发中常用的技术：HTML 语言、JSP 技术、JavaBean 技术、Servlet 技术、JDBC 技术和 MVC 设计思想，并通过应用实例综合本章的知识和培养读者的开发能力。

3.1 HTML 语言

超文本标记语言（Hyper Text Markup Language，HTML）是标准通用型标记语言（Standard Generalized Markup Language，SGML）的一个应用，它用于写出 Web 页面。

HTML 是一种标记语言，它用明确的命令说明文件的格式，通过将标准化的标记命令写在 HTML 文件中，使任何万维网浏览器能够阅读和重新格式化任何 Web 页面。

本节介绍 HTML 语言概述、文本标记和链接标记、创建表格、创建表单和创建框架等内容。

3.1.1 HTML 概述

超文本标记语言 HTML 用于写出 Web 页面，它定义了许多用于排版的命令，这些命令称为标记（Tag），HTML 将这些标记嵌入到 Web 页面中，构成 HTML 文档，它们以 .html 或 .htm 为后缀。

当 Web 浏览器从 Web 服务器读取某一个 Web 页面的 HTML 文档后，就按照 HTML 文档中的多种标记，根据浏览器所使用的显示器尺寸和分辨率大小，重新进行排版并恢复所读取的页面。HTML 不同于高级语言，它的语法比较简单，没有高级语言基础的人也容易学会。

使用文本编辑软件，例如记事本等，可以编辑 HTML 文档。

1. HTML 的标记和结构

1）HTML 的标记

在 HTML 中，所有的标记符均用尖括号括起来，例如<html>。

大多数的标记符都是成对出现的，包括开始标记符和结束标记符，它们定义了标记符所影响的范围，它们的区别是结束标记符比开始标记符多了一个斜线，例如<b>学习</b>将以粗体显示文字“学习”而不影响开始标记符和结束标记符以外的文字。

有一些标记符只有单一的标记符号，例如换行标记符
。

许多标记符包括一些属性，它们对标记符作用的内容进行更详细的控制。如字体标记符的字号属性指定文字的大小，颜色属性指定文字的颜色，例如：

```
<font size = 3 color = green>本行字字体为 3 号字,颜色为绿色.</font>
```

HTML 的标记符不区分大小写。

HTML 的注释由开始标记符<！--和结束标记符-->构成，这两个标记符之间的内容都被浏览器解释为注释，因而不在浏览器中显示。

2）HTML 的文档

一个 Web 页对应一个 HTML 文件，HTML 文件的扩展名为. html 或. htm。

一个 HTML 文档的基本结构由文档开始和结束标记、首部标记、正文标记组成。

（1）文档开始和结束标记<html>和</html>：<html>和</html>是 HTML 文档的第一个和最后一个标记符，HTML 文档的全部内容在这两个标记符之中，这两个标记符告诉浏览器该文件为一个 Web 页。

（2）首部标记<head>和</head>：首部标记<head>和</head>位于 Web 页的开头，但不包括 Web 页的实际内容，用做设置网页的标题（Title）、定义样式表（CSS）或插入脚本（Script）等。

其中，最常用的标记符是标题标记符<title>和</title>，用于定义网页的标题，所定义的标题在浏览器窗口标题栏中显示。

（3）正文标记<body>和</body>：正文标记<body>和</body>包含 Web 页的内容，正文里包含文字、图片、链接和表格等。

【例 3.1】 HTML 文档的基本结构。

以下 HTML 代码的运行效果如图 3.1 所示。

```
html>
  <head>
    <title>
    标题
    </title>
  </head>
  <body>
  正文
  </body>
</html>
```

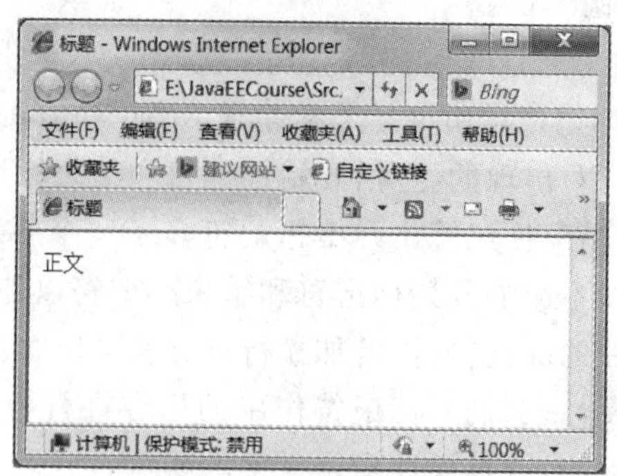

图 3.1　标题和正文

2. HTML 代码的编辑

编辑 HTML 代码,最好是在 Windows 的记事本中进行。编辑 HTML 代码的步骤如下。

(1) 单击"开始"按钮,选择"程序"、"附件"、"记事本"。

(2) 在"记事本"窗口中,编辑 HTML 代码。

(3) 编辑完毕,选择"文件"菜单中的"另存为"命令。

(4) 在"保存类型"中选择"所有文件(*.*)",在"文件"名框中输入文件名,文件名后缀必须是.HTML 或.HTM,单击"保存"按钮,即可生成 HTML 文档。

双击 HTML 文档,可以自动启动 Internet Explorer 浏览器,显示相应的 Web 页面内容。

3.1.2　文本标记和链接标记

在网页中,为取得各种字符格式效果和段落格式效果,需要使用文本标记,为链接到其他页面,需要使用链接标记。

1. 字符标记

1) 字符样式

字符样式有粗体标记<b></b>、斜体标记<i></i>和下标标记等,如表 3.1 所示。

表 3.1　字符样式表

标　记	功　能	标　记	功　能
<b></b>	粗体	<strike></strike>	删除线
<big></big>	大字体		下标
<i></i>	斜体		上标
<s></s>	删除线	<tt></tt>	固定宽度字体
<small></small>	小字体	<u></u>	下划线

【例 3.2】 常用字符样式。

以下 HTML 代码的运行效果如图 3.2 所示。

```
<html>
    <head>
    <title>
    字符样式
    </title>
</head>
<body>
    <P><b>粗体显示文本</b></p>
    <p><I>斜体显示文本</I></p>
    <p><U>显示下划线文本</U></p>
    <p><big>大字体显示文本</big></p>
    <p><small>小字体显示文本</small></p>
    <p>上标示例:a<sup>2</sup>+b<sup>2</sup></p>
  </body>
</html>
```

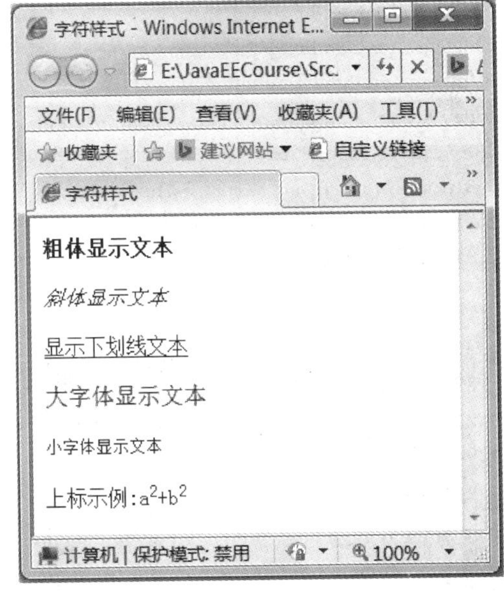

图 3.2　字符样式

2) 字体

<font></font>标记符用于控制字符的字体。<font>标记符具有 3 个常用的属性：size、face 和 color。

(1) size 属性。

size 属性就是字号属性，用于控制字符大小，其设置值为 1、2、3、4、5、6 和 7，3 是默认值，1 为最小，7 为最大，其值越大，字体越大。可以使用“＋”号或“－”号来指定相对字号。

(2) face 属性。

face 属性指字体,常用的中文字体有"宋体"、"黑体"、"楷体"等,常用的英文字体有 Times New Roman、Arial 等。在 FONT 标记符中指定 face 属性,可指定一个或多个(用逗号隔开)。

【例 3.3】 常用中文字体和英文字体。

相应的 HTML 代码的显示结果如图 3.3 所示。

```
<html>
  <head>
    <title>
    字体
    </title>
</head>
<body>
  <p>常用中文字体:</p>
    <font face = "宋体">宋体</font><br>
    <font face = "黑体">黑体</font><br>
    <font face = "楷体_GB2312">楷体</font><br>
    <font face = "隶书">隶书</font><br>
    <font face = "幼圆">幼圆</font><br>
    <p>常用英文字体:</p>
    <font face = "Times New Roman"> Times New Roman </font><br>
    <font face = "Arial"> Arial </font><br>
    <font face = "Arial Black"> Arial Black </font><br>
    <font face = "Courtier New"> Courtier New </font><br>
    <font face = "Comic Sans MS"> Comic Sans MS </font><br>
  </body>
</html>
```

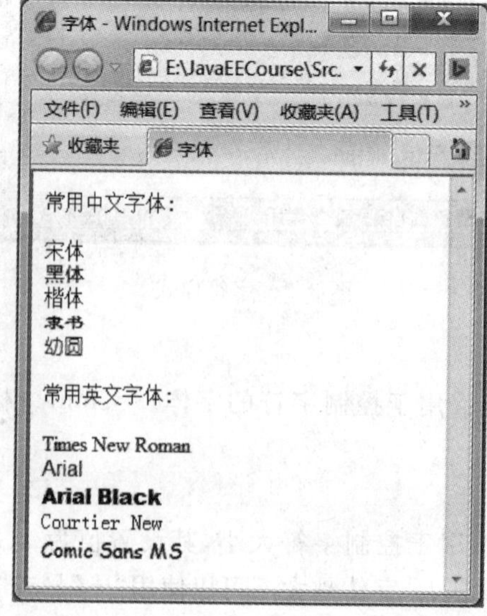

图 3.3 字体

(3) color 属性。

color 用于设定文字的颜色，可以使用颜色名称或用十六进制指定颜色，例如：

```
<font color = "red">文字为红色</font>或<font color = "#FF0000">文字为红色 </font>
```

3) 标题样式

标题有 6 种，<h1>为最大标题，<h6>为最小标题。

【例 3.4】 标题显示。

以下 HTML 代码显示了 1～6 级标题，如图 3.4 所示。

```
<html>
  <head>
    <title>标题样式</title>
  </head>
  <body>
    <h1>这是 H1 标题</h1>
    <h2>这是 H2 标题</h2>
    <h3>这是 H3 标题</h3>
    <h4>这是 H4 标题</h4>
    <h5>这是 H5 标题</h5>
    <h6>这是 H6 标题</h6>
    <p>这是正常文本</p>
  </body>
</html>
```

图 3.4 标题样式

2. 段落标记

1) 分段标记符<p></p>

分段标记符<p></p>用来将文档划分为段落，结束标记符</p>可省略。

2）换行标记符

换行标记符
用于在文档中产生一个空行，它是单标记符。

3）段落对齐

（1）align 属性。

align 属性用于设置段落对齐格式，它的取值包括 left（左对齐）、center（居中）、right（右对齐）和 justify（两端对齐）。

【例 3.5】 段落对齐。

以下 HTML 代码的显示结果如图 3.5 所示。

```
<html>
  <head>
    <title>段落对齐</title>
  </head>
  <body>
    <p align=left>设定文本为左对齐</p>
    <p align=center>设定文本为居中</p>
    <p align=right>设定文本为右对齐</p>
  </body>
</html>
```

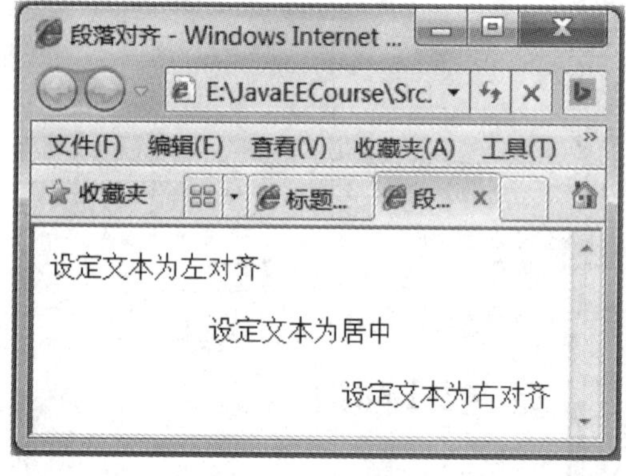

图 3.5　段落对齐

（2）div 标记符。

<div></div>用于文档的分节，以便定义一个块，块中可含多段文本。div 标记需要与 align 属性联合使用。

（3）center 标记符。

<center></center>标记符用于将文档的内容居中。使用<center></center>标记符和使用<div align=center></div>标记符效果完全相同，建议使用后者。

（4）水平线。

<hr>标记符用于添加水平线，分隔文档为不同部分，它是一个单标记符，它包括 size、width、noshadw 和 color 等属性。

• size 属性用于改变水平线粗细的程度，其属性值为一个整数，单位为像素（pixel），粗

细程度的默认值为 2。

- width 属性用于设置水平线的长度，它的设定值以像素为单位表示其长度，也可以为该线所占浏览器窗口宽度的百分比。
- color 属性用于设置水平线的颜色。

3. 链接标记

指向其他页面的页，称为使用了超文本。链接到其他页面的文本字符串，称为超链接。超链接功能是 HTML 语言作为网页设计语言的重要原因。

a 标记符用于创建超链接，它的最基本的属性是 href，用于指定链接到的文件。下面分别介绍指向页面的链接、指向页面中特定部分的链接、指向电子邮件的链接和指向图像的链接。

1）指向页面的链接

指向页面的链接包括指向外部网页的链接和在同一台计算机内部不同页面的链接。

(1) 指向外部网页的链接。

指向外部网页的链接使用绝对 URL，采用完整的地址。例如，在网页中插入一个指向天府热线站点的链接，使用以下 HTML 语句：

```
<p>参见<a href = "http://www.sc.cninfo.net">天府热线站点</a></p>
```

(2) 指向本地网页的链接。

在同一台计算机上将不同页面进行链接时，使用相对 URL，采用相对地址。例如，指向当前目录下的 exam.html 文件，其 HTML 代码为：

```
<p>这是一个<a href = "exam.html">超链接</A></p>
```

2）指向页面中特定部分的链接

可以对同一页面（或不同页面）的不同部分进行链接，这种链接称为锚点链接，方法如下。

(1) 命名链接目标。

使用 a 标记符 name 属性，对需要跳转的位置进行命名，这个位置被称为“锚点”。例如，在页面开始的“本文目录”处命名为 top，其 HTML 语句为：

```
<p><a name = "top">本文目录</p>
```

(2) 设置对目标的链接。

使用 a 标记符 href 属性，设置对目标的链接，例如，单击“返回目录”时，即跳转到“本文目录”处，其 HTML 语句如下：

```
<p><a href = "#top">返回目录</a></p>
```

3）指向电子邮件的链接

不仅可以创建指向页面或页面不同部分的链接，还可创建指向电子邮件的链接。指向电子邮件的链接举例如下：

```
<p>请与以下 E-mail 地址联系<a href = mailto:zm@163.com></a></p>
```

当用户浏览到该网页并单击了指向电子邮件的链接后，系统将自动启动电子邮件客户软件(例如 Outlook Express)，并将该电子邮件地址自动填入“收件人”，方便用户编辑和发送邮件。

4) 指向图像的链接和使用图像作为链接源

(1) 指向图像的链接。

超链接的对象，可以是网页，也可以是图像、声音或视频。例如，下面 HTML 语句中的 a 标记符 href 属性指定了一个图像文件名，单击“这里”后，即可显示该图像。

```
<p>请单击<a href = "image/jitalert.gif">这里</a>即显示图像.</p>
```

(2) 使用图像作为链接源。

用 a 标记符将图形用 img 标记符包围起来，可使该图像成为链接源，参见以下 HTML 语句，当用户单击该图像，可链接到指定位置。

```
<a href = "exam.html"><img src = "image/picture.gif" ALT = "pctlogo"></a>
```

4. 页面背景

1) 背景颜色

在<body>标记符中使用 bgcolor 属性可为网页设置背景颜色，如表 3.2 所示。

表 3.2　16 种标准颜色

颜　色　名	十六进制值	颜　色　名	十六进制值
aqua(冰蓝色)	#00FFFF	navy(藏青色)	#000080
black(黑色)	#000000	olive(茶青色)	#808000
blue(蓝色)	#0000FF	purple(紫色)	#800080
fuchsia(樱桃色)	#FF00FF	red(红色)	#FF000
gray(灰色)	#808080	silver(银色)	#C0C0C0
green(绿色)	#008000	teal(茶色)	#008080
line(橙色)	#00FF00	white(白色)	#FFFFFF
maroon(褐红色)	#800000	yellow(黄色)	#FF0000

2) 背景图案

网页背景采用一种颜色显得单调，可选择一些淡色图案作为背景，采用 body 标记符的 background 属性即可实现。当图形 picture.gif 在当前目录时，HTML 语句为：

```
<body background = "image/picture.gif">
```

当图形 picture.jpg 在当前目录的 image 子目录下时，其语句为：

```
<body background = "image/picture.jpg">
```

3) 字符和链接的颜色

为和网页背景相适应，需要设计正文字符和链接的颜色，可以使用 body 标记符的 text、link、vlink 和 alink 属性进行设置。

- text 属性：设置正文的颜色。

- link 属性：设置未被访问的链接的颜色。
- vlink 属性：设置已被访问过的链接的颜色。
- alink 属性：设置活动链接(即当前选择的链接)的颜色。

例如，在黑色背景下显示白色字符，用不同程度灰色显示不同的链接的 HTML 语句为：

```
<body bgcolor="#000000" text="#FFFFFF" link="#999999" vlink="#CCCCCC" alink="# 666666">
```

如果不进行以上设置，则浏览器采用默认设置：采用白色或灰色作为默认的 bgcolor，采用黑色作为默认的 text 色，采用蓝色作为默认的 link 色，采用紫色作为默认的 vlink 色，采用红色作为默认的 alink 色。

3.1.3 表单

网页不仅可以用于在网上发布信息，还可用于在网上收集反馈的数据和信息。为实现信息的交互，需要在网页上创建表单。

1. 表单概述

表单是实现网上信息交流的重要手段，它包含一个由用户输入或选择信息的区域，并将信息返回给网页制作者。表单广泛应用于情况调查、用户意见收集、在线购物、网上开户和在线交易等。

1) form 标记符

在网页中创建表单，需要在文档中添加<form></form>标记符，其基本语法为：

```
<form method="get/post" action="URL" enctype="type">
  <!--form 标记符内是表单元素(包括控件)的定义-->
</form>
```

form 标记符是包含控件的容器，它的属性 method 和 action 确定了表单的提交和处理表单数据的方法。

2) 表单的提交与处理

表单是提供服务器与客户端(浏览器)双向交互的手段。

处理用户在表单中输入的数据，通常是通过通用网关接口(Common Gateway Interface, CGI)或交互式服务器端网页(Active Server Page, ASP)来实现的。CGI 和 ASP 是在服务器端编写的脚本程序，负责客户端与 WWW 服务器的沟通。

当用户填写完表单数据后，单击“提交”按钮可将表单数据提交，提交表单数据和处理表单数据的方法由 form 标记符中的 method 和 action 属性确定。

(1) method 属性。

method 属性用来设置将表单数据提交给 CGI 或 ASP 的方法，有以下两种方法。

① get 方法。

```
method="get"
```

采用 get 方法时，表单数据被附加在 URL 之后由客户端直接发送至服务器，因此速度比 POST 方法快，但数据长度不能太长，get 方法为默认值。

② post 方法。

```
method = "post"
```

采用 post 方法，表单数据与 URL 分开发送，客户端会通知服务器来取数据，所以没有数据长度的限制，但速度较慢。

(2) action 属性。

action 属性用来设置表单数据处理方法，提供表单脚本的地址，有以下两种类型。

① CGI 或 JSP 的 URL。

```
action = "validate.jsp"
```

② 该电子邮件的 URL。

```
action = mailto:username@popserver
```

3) 控件

控件是表单中用于接收用户输入或处理的元素，控件通常位于 form 标记符内。

控件包括按钮、单选框、复选框、文本输入框和选项菜单框等。

2. 创建表单元素和表单

创建表单元素和表单包括创建输入型表单元素及其表单、创建按钮、创建选项菜单及其表单和多行文本框及其表单等，下面分别进行介绍。

1) 创建输入型表单元素及其表单

使用 input 标记符可以创建单行文本框、口令框、单选框、复选框、提交按钮和质量按钮等，这个标记符只有开始标记<input>，没有结束标记。

(1) 单行文本框。

单行文本框用于输入单行文本，创建单行文本框的语法如下：

```
< input type = "text" NAME = "" value = "" size = number maxlength = number >
```

type 属性指定为 text(此即该属性默认值)；name 属性要求输入文本框的名称，脚本在处理该控件时要引用该名称；value 属性指定控件的初始值；size 属性指定文本框的宽度，以字符为单位；maxlength 属性指定最大文本输入的字符数。

(2) 口令框。

口令框与文本框类似，但输入的文本显示都是星号(*)。

创建口令框的语法如下：

```
< input type = "password" name = "" value = "" size = number maxlength =  number >
```

type 属性指定为 password；name 属性要求输入口令框名称，脚本处理该控件时要引用该名称；value 属性为该域最初设置值；size 属性是口令框的长度；maxlength 属性指定了在口令框输入的最长文本字符数。

【例 3.6】 创建具有文本框和口令框的表单。

以下 HTML 代码的显示效果如图 3.6 所示。

```
<html>
  <head>
    <title>文本框和口令框</title>
  </head>
  <body>
    <h2 align = center>文本框和口令框</h2><hr>
    <form method = post action = "query.asp">
      请输入姓名:<input type = "text" name = "fullname" size = 20 value = ""><p>
      请输入口令:<input type = "password" name = "pd" size = 20 value = ""><p>
      <input type = "submit" name = "sm" value = "提交">
      <input type = "reset" name = "rt" value = "重置">
    </form>
    <hr>
  </body>
</html>
```

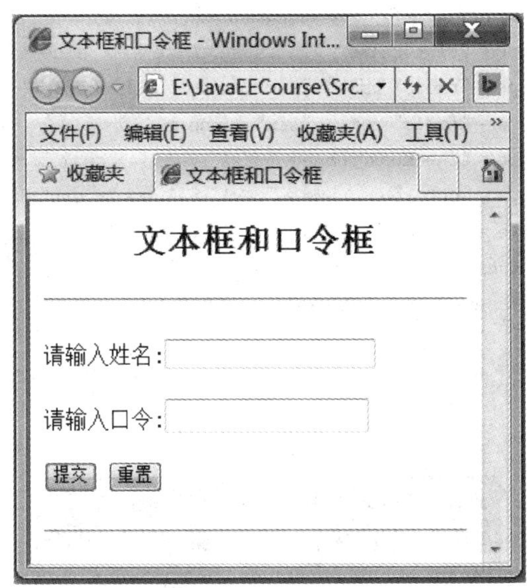

图 3.6　创建具有文本框和口令框的表单

(3) 单选框。

单选框用于从具有同一名称的多个单选框中，选择且只能选择其中的一个，创建单选框的基本语法如下：

```
<input type = "radio" name = "" value = ""(checked)>选项文本
```

type 属性指定为 radio；name 属性指定了单选框名称，其值供脚本处理单选框时引用；value 属性为单选框被选定后的设定值；checked 属性是可选的，当浏览器第一次显示时该单选框显示为“被选中状态”。

(4) 复选框。

复选框用于从多个具有同一名称的复选框中，选择一个或多个，创建复选框的基本语法如下：

```
<input type = "checkbox" name = "" value = ""(checked)>选项文本
```

type 属性指定为 checkbox；name 属性指定了复选框名称，其值供脚本处理复选框时引用；value 属性为该复选框被选中后的设定值；checked 可选，当浏览器第一次显示时该复选框显示为"被选中状态"。

【例 3.7】 创建具有单选框和复选框的表单。

相应的 HTML 代码的执行结果如图 3.7 所示。

```
<html>
  <head>
     <title>单选框和复选框</title>
  </head>
  <body>
    <h2 align = center>单选框和复选框</h2><hr>
    <form method = post action = "query.asp">
      姓名:<input type = "text" name = "fullname" size = 20 value = ""><p>
      性别:<input type = "radio" name = "sex" value = 0 checked>男
           <input type = "radio" name = "sex" value = 1>女<p>
      爱好:<input type = "checkbox" name = "yes1" value = "music" checked>音乐
           <input type = "checkbox" name = "yes1" value = "sport">运动
           <input type = "checkbox" name = "yes1" value = "literature">文学<p>
      <input type = "submit" name = "sm" value = "提交">
      <input type = "reset" name = "rt" value = "重置">
    </form>
    <hr>
  </body>
</html>
```

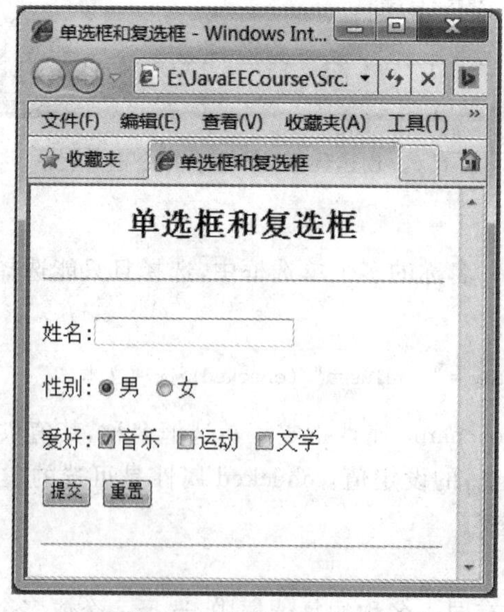

图 3.7 创建具有单选框和复选框的表单

(5)“提交”按钮。

“提交”按钮用于发送表单，当用户单击此按钮时，表单数据将从客户端发送到服务器。

创建“提交”按钮的语法如下：

```
< input type = "submit"name = "" value = "">
```

type 属性指定为 submit；name 属性的值用于引用此控件；value 属性的值用于指定显示在“提交”按钮上的文字。

(6)“重置”按钮。

“重置”按钮用于取消输入表单的内容，当用户单击此按钮将清除已输入的内容，恢复到输入表单数据之前的状态。

创建“重置”按钮的语法如下：

```
< input type = "reset" name = "" value = "">
```

type 属性指定为 reset，name 属性、value 属性的含义与“提交”按钮类似。

2）创建按钮

创建按钮可使用 input 标记符，也可用 button 标记符，但使用 button 标记符创建的按钮有更强的表现力，例如，可以在按钮上显示图片的同时显示文本，只需要将相关信息包含在<button>和</button>中。

使用 button 标记符创建按钮的语法如下：

```
< button name = "" value = "" type = "submit|reset|button">
```

name 属性指定按钮名称；value 属性指定按钮初始值；type 属性指定创建按钮的类型，该属性取值可以是以下 3 种之一。

- submit：创建一个“提交”按钮(默认值)。
- reset：创建一个“重置”按钮。
- button：创建一个“普通”按钮。

3）创建选项菜单及其表单

选项菜单用于从多个选项中选取信息。创建选项菜单，应在 form 标记中插入 select 标记，并将每一可独立选用项用一个 option 标记标出来，其基本语法如下：

```
< select >
    < option >
    < option >
    …
</select >
```

(1) select 标记符。

name 属性用于指定选项菜单名；size 属性指定选项菜单一次显示的行数；multiple 属性用于控制是否可以选择多个选项。

(2) option 标记符。

value 属性用于确定选项值，selected 属性用于确定初始选择值。

【例 3.8】 创建具有选项菜单的表单。

其相应的 HTML 代码的显示效果如图 3.8 所示。

```
<html>
  <head>
    <title>选项菜单</title>
  </head>
  <body>
    <h2 align = center>选项菜单</h2><hr>
    <form method = post action = "query.asp">
      姓名:<input type = "text" name = "fullname" size = 20 value = ""><p>
      文化程度:<select name = "edu">
                <option value = 1>小学</option>
                <option value = 2>初中</option>
                <option value = 3>高中</option>
                <option value = 4>大学</option>
                <option value = 5>硕士</option>
                <option value = 6 selected>博士</option>
              </select><p>
      <input type = "submit" name = "sm" value = "提交">
      <input type = "reset" name = "rt" value = "重置">
    </form>
    <hr>
  </body>
</html>
```

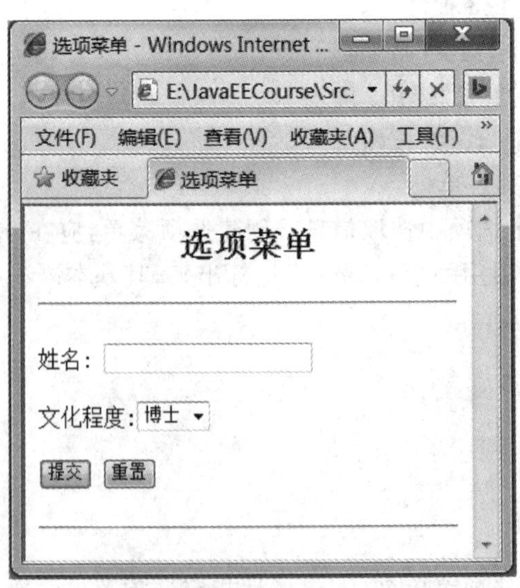

图 3.8 创建具有选项菜单的表单

4) 创建具有多行文本框的表单

多行文本框用于输入和显示多于一行的文本，创建多行文本框使用 textarea 标记符，其基本语法如下：

```
<textarea name="" rows=number cols=number>提示文本</textarea>
```

name 属性用于指定多行文本框名；rows 属性用于指定多行文本框的行数；cols 属性用于指定多行文本框的列数。

【例 3.9】 创建具有多行文本框的表单。

以下 HTML 代码的执行结果如图 3.9 所示。

```
<html>
  <head>
    <title>多行文本框</title>
  </head>
  <body>
    <h2 align=center>多行文本框</h2><hr>
    <form method=post action="query.asp">
      请输入姓名：<input type="text" name="fullname" size=20 value=""><p>
      请在下框中输入宝贵意见:<p>
      <textarea name="opinion" rows=4 cols=50>
      </textarea><p>
      <input type="submit" name="sm" value="提交">
      <input type="reset" name="rt" value="重置">
    </form>
    <hr>
  </body>
</html>
```

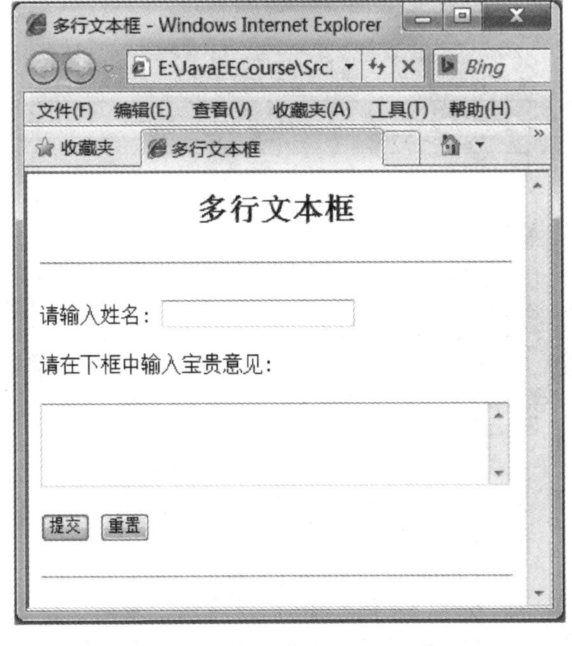

图 3.9 创建具有多行文本框的表单

【例 3.10】 创建学生信息录入表单 inp.html。

以下 HTML 代码的执行结果如图 3.10 所示。

```
<html>
  <head>
    <title>学生信息录入</title>
  </head>
  <body>
    <h2 align = "left">学生信息录入</h2>
    <hr align = "left" size = "2" width = "160">
    <form action = "" method = "post">
      姓名：<input type = "text" name = "stname" maxlength = "10"><br>
      密码：<input type = "password" name = "pwd"><br>
      性别：<input name = "stsex" type = "radio" checked>男
            <input name = "stsex" type = "radio">女<br>
      兴趣：<input name = "interest" type = "checkbox" checked>音乐
            <input name = "interest" type = "checkbox">电影电视
            <input name = "interest" type = "checkbox">运动<br>
      专业：<select name = "speciality" size = "2" multiple>
              <option value = "计算机">计算机</option>
              <option value = "通信">通信</option>
            </select><br>
      <input type = "submit" value = "提交"/>
      <input type =  "reset" value = "重置"/>
    </form>
  </body>
</html>
```

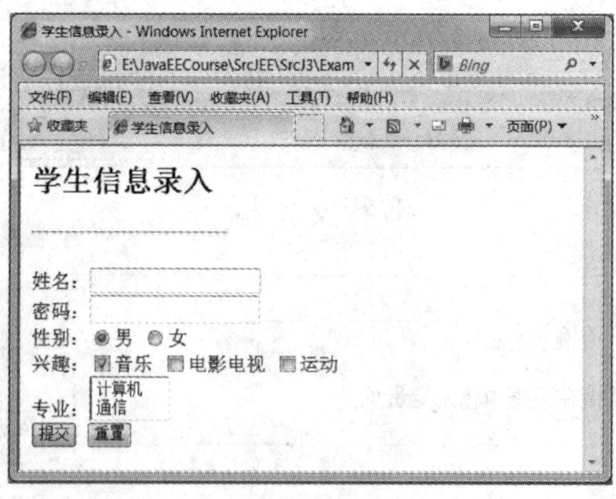

图 3.10　学生信息录入表单

3.1.4　表格

在日常工作和生活中以及在网页制作中，广泛应用了表格。在 HTML 中，表格不仅用于组织信息，更重要的是，它是一种重要的页面布局工具，它能创建出内容丰富、结构复杂的网页布局。

1. 表格的基本形式

将一定的内容按特定的行、列规则进行排列就构成了表格。HTML 表格模型可将文本、图像、表单、链接以及其他表格排成行和列，从而获得网页布局效果。

首先介绍一个基本的表格形式。

【例 3.11】 基本的表格形式。

以下 HTML 代码的运行结果为一个简单的表格，效果如图 3.11 所示。

```
<html>
  <head>
    <title>表格</title>
  </head>
  <body>
    <table border>
    <caption>表格标题</caption>
      <tr>
          <th>表头项 1 </th><th>表头项 2 </th><th>表头项 3 </th>
      </tr>
      <tr>
          <td>表项 1 </td><td>表项 2 </td><td>表项 3 </td>
      </tr>
      <tr>
          <td>表项 4 </td><td>表项 5 </td><td>表项 6 </td>
      </tr>
    </table>
  </body>
</html>
```

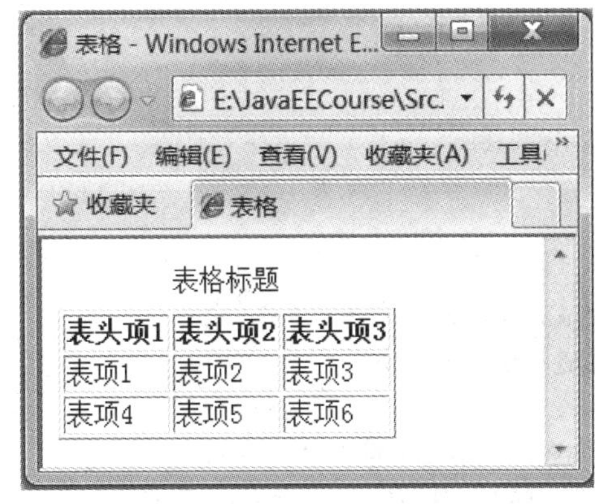

图 3.11 基本的表格形式

1) 表格标记符<table>

表格标记符<table></table>用于定义表格，表格的全部内容均放在表格开始标记<table>和表格结束标记</table>之间。

2）表格标题标记符<caption>

表格标题标记符<caption></caption>用来给表格加标题，它使用 align 属性定义标题的位置。<caption>紧接在<table>之后，一个表格只能有一个标题。

align 属性取值有 4 个：top(标题放在表格上部)、bottom(标题放在表格下部)、left(标题放在表格上部左侧)、right(标题放在表格上部右侧)，默认情况下使用 top。

3）表头标记符<th>

表头即表格的行标题或列标题，表头标记符<th></th>用来加表头(结束标记</th>可省略)，表头加在表的第一行或第一列。

4）表格行标记符<tr>和列标记符<td>

表格行标记符<tr></tr>用来定义一行，<tr>表示一行的开始，</tr>表示一行的结束(可省略)。表格列标记符<td></td>用来定义一列，数据写在<td>和</td>之间(</td>可省略)。在<td><th>标记内使用 rowspan 和 colspan 属性可以进行行、列合并。

(1) 行合并。

在<td>和<th>标记内使用 rowspan 属性可进行行合并，格式为：

```
<td rowspan = x>表项</td>
```

其中，x 表示垂直方向上合并的行数。

(2) 列合并。

在<td>和<th>标记内使用 colspan 属性可进行列合并，格式为：

```
<td colspan = y>表项</td>
```

其中，y 为水平方向上合并的列数。

【例 3.12】 用表格显示学生信息的 HTML 文档 disp.html。

disp.html 代码如下，其运行结果如图 3.12 所示。

```
<html>
  <head>
    <title>学生信息显示</title>
  </head>
  <body>
    <center>
    <table border = "1" width = "400">
    <caption>学生信息显示</caption>
      <tr>
          <th>学号</th><th>姓名</th><th>性别</th>
          <th>出生日期</th><th>专业</th><th>总学分</th>
      </tr>
      <tr>
          <td>121001</td><td>李贤友</td><td>男</td>
          <td>1991-12-30</td><td>通信</td><td align = "right">52</td>
      </tr>
```

```
            <tr>
                <td>121002</td><td>周映雪</td><td>女</td>
                <td>1993-01-12</td><td>通信</td><td align="right">49</td>
            </tr>
            <tr>
                <td>121005</td><td>刘刚</td><td>男</td>
                <td>1992-07-05</td><td>通信</td><td align="right">50</td>
            </tr>
            <tr>
                <td>122001</td><td>郭德强</td><td>男</td>
                <td>1991-10-23</td><td>计算机</td><td align="right">48</td>
            </tr>
            <tr>
                <td>122002</td><td>谢萱</td><td>女</td>
                <td>1992-09-11</td><td>计算机</td><td align="right">52</td>
            </tr>
            <tr>
                <td>122004</td><td>孙婷</td><td>女</td>
                <td>1992-02-24</td><td>计算机</td><td align="right">50</td>
            </tr>
        </table>
        </center>
    </body>
</html>
```

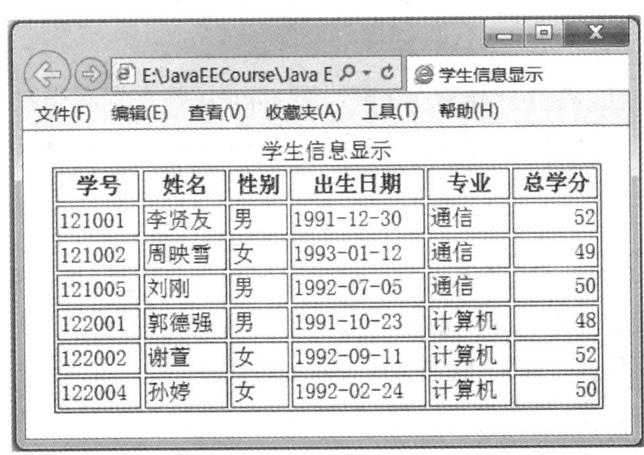

图 3.12 显示学生信息表

2. 表格属性

使用表格属性可以设置表格边框和单元格之间的分隔线，设置表格的对齐和单元格空白。

1）边框和分隔线

在<table>标记内使用 frame、rules 和 border 属性可以设置表格的边框和单元格分隔线。

(1) frame 属性。

frame 属性用于设置表格的边框，其值为 void(无边框)、above(仅有顶框)、below(仅有底框)、hsides(仅有顶框和底框)、vsides(仅有左、右侧框)、lhs(仅有左侧框)、rhs(仅有右侧框)、box(包含全部 4 个边框)和 border(包含全部 4 个边框)。void 是默认值，即默认时不显示边框。

(2) rules 属性。

rules 属性用于设置单元格之间的分隔线，其值为 none(无分隔线)、rows(仅有行分隔线)、cols(仅有列分隔线)和 all(包括所有分隔线)。none 是默认值，即默认时不显示单元格之间的分隔线。

(3) border 属性。

border 属性用于设置边框的宽度，其值为像素。

设置 border＝"0"，意味着 frame＝"void"、rules＝"none"。设置 border 为其他值，意味着 frame＝"border"、rules＝"all"。在＜table＞中使用单独一个"border"，相当于 frame＝"border"、rules＝"all"，Border 属性为某个非零值。

2) 表格的对齐

(1) 表格的页面对齐。

在 table 标记符中使用 align 属性，属性值为 left(页面左边对齐)、center(居中对齐)和 right(页面右边对齐)。默认情况下为页面左边对齐。

(2) 表格的单元格内容对齐。

包括数据项在水平方向上的对齐和垂直方向上的对齐。

① 水平对齐。

在表格标记＜td＞、＜th＞和＜tr＞中使用 align 属性设置水平对齐，其取值为 center(单元格内容居中对齐)、left(左对齐)、right(右对齐)、justify(两端对齐)和 char(按特定字符对齐)。默认为左对齐。

② 垂直对齐。

设置垂直方向上的对齐应在相应标记符中使用 valign 属性，其取值为 top(数据靠单元格顶部)、bottom(数据靠单元格底部)、middle(数据在单元格垂直方向上居中)和 baseline(同行单元格中数据位置一致)。默认为居中对齐。

3) 控制单元格空白

使用 table 标记符的 cellspacing 属性设置单元格之间的空白，使用 cellpadding 属性设置表格分隔线和数据之间的距离。这两个属性值均采用像素数。

使用表格进行页面布局设计，上述控制单元格空白的方法经常使用。

3. 使用表格设计网页布局

表格作为一种基本的布局方法，能获得准确、整齐的页面定位效果，在页面设计中应用广泛。

上面介绍的有关表格的内容都可应用于布局。例如，依据布局的构想设计好表格后，可以设置边框和表格线为无，既得到准确的分隔效果，又无表格线的干扰，还可以设置单元格间或单元格内的空白，控制文本或图像在表格单元格中的显示间距。

【例 3.13】 使用表格进行页面布局，创建学生信息录入的 HTML 文档 ld.html。

ld.html 代码如下，其运行结果如图 3.13 所示。

```
<html>
  <head>
    <title>学生信息录入</title>
  </head>
  <body>
    <h2 align = "center">学生信息录入</h2>
    <hr align = "center" size = "2" width = "300">
    <center>
    <form action = "" method = "post">
    <table border = "1" width = "400" cellpadding = "1" cellspacing = "1">
      <tr>
          <td>姓名：</td><td><input type = "text" name = "stname" maxlength = "10" size =
"20"></td>
      </tr>
      <tr>
          <td>密码：</td><td><input type = "password" name = "pwd" size = "20"></td>
      </tr>
      <tr>
          <td>性别：</td><td><input name = "stsex" type = "radio" checked>男
          <input name = "stsex" type = "radio">女</td>
      </tr>
      <tr>
          <td>兴趣：</td><td><input name = "interest" type = "checkbox" checked>音乐
          <input name = "interest" type = "checkbox">电影电视
          <input name = "interest" type = "checkbox">运动</td>
      </tr>
      <tr>
          <td>专业：</td><td><select name = "speciality" size = "2" multiple>
          <option value = "计算机">计算机</option>
          <option value = "通信">通信</option>
          </select></td>
      </tr>
      <tr>
          <td><input type = "submit" value = "提交"/></td>
          <td><input type =  "reset" value = "重置"/></td>
      </tr>
    </table>
    </form>
```

```
    </center>
  </body>
</html>
```


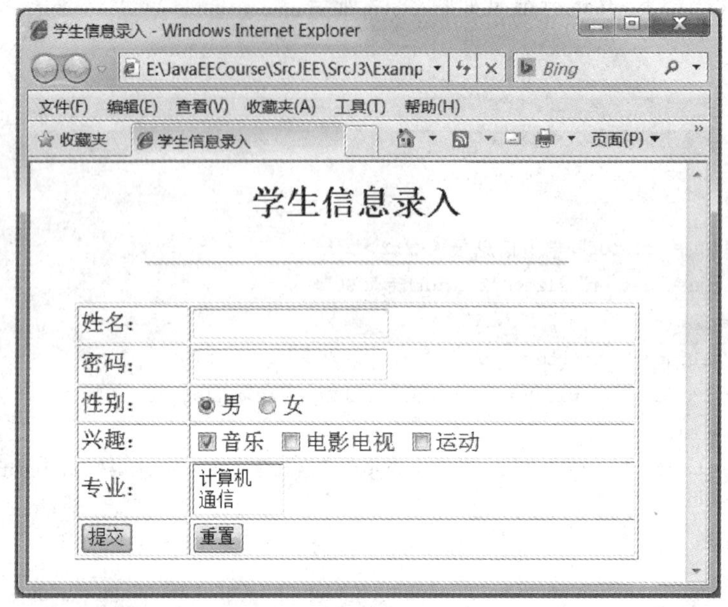

图 3.13　使用表格进行页面布局设计学生信息录入

3.1.5　框架

通过框架(又名“帧”),可以在一个浏览器窗口中同时显示不同页面,从而取得交互式效果。

1. 框架的建立

1) 框架的基本概念

框架与表格类似的地方是都以行和列的方式组织页面信息；不同的是在框架结构中包含超链接,单击有关超链接,可以改变自身或其他框架的内容。

框架的通常用法是在一个或多个框架中包含固定信息,很多固定信息带有超链接,在另一个框架中显示页面主要的内容,单击固定信息的超链接,可以不断改变主框架中内容的显示。

2) 框架集和框架

框架集是一个框架容器,它将窗口分成长方形的子区域,即框架。框架是一个框架条中的长方形区域。

使用框架集标记符<frameset></frameset>和框架标记符<frame>构造框架基本格式为:

```
<frameset>
    <frame>
```

```
    <frame>
    …
</frameset>
```

在 HTML 文档中，如果包含了 frameset 标记符，则不能包含 body 标记符，反过来也是如此。

(1) frameset 参数设置。

frameset 标记符 rows 属性和 cols 属性分别用于构造横向分隔框架和纵向分隔框架，下面分别进行介绍。

- rows 属性：横向切割窗口，即将窗口上下分开，属性值为像素数、%(百分数)、*(占用余下的区域)。

例如<frameset rows="100，*，30%">，将窗口上下分开为 3 个框架：第 1 个框架高度为 100 像素，第 2 个框架高度为分配完第 1 个框架及第 3 个框架后剩下的区域，第 3 个框架高度为窗口高度的 30%。

- cols 属性：纵向切割窗口，即将窗口左右分开，属性值同上。

(2) frame 参数设置。

- name 属性：设定框架名称。框架名由字母打头，以下划线开始的框架名无效。
- src 属性：设定要显示的网页文件名，可以使用相对 URL，也可以使用绝对 URL。
- frameborder 属性：设定框架的边框，取值为 0 或 1，0 表示不要边框，1 表示显示边框(此为默认值)。
- framespaceing 属性：表示框架与框架间保留空白的距离。
- scrolling 属性：设定是否在框架内加入滚动条，“yes”表示要加垂直滚动条和水平滚动条，“no”表示不加滚动条，“auto”表示需要时加滚动条，此值为默认值。
- marginwidth 属性：设定框架内容和左、右边框的空白。
- marginheight 属性：设定框架内容和框架上下边框的空白。

2. 创建框架

一个简单的目录式框架，包括标题框架、目录框架和主框架 3 个框架。

标题框架为固定标题；目录框架为固定的目录，在这些目录中要设置超链接；主框架显示变动的页面内容，即初始内容和各个目录链接的目标文件的内容。

当用户单击目录框架各个目录的超链接时，在主框架(目标框架)中显示链接的目标文件的内容。

指定超链接的目标框架用 A 标记的 target 属性，格式如下：

```
<A href = "目标文件名"target = 目标框架名>超链接文本的内容</A>
```

【例 3.14】 学生成绩管理系统的框架文档包括框架集、顶部框架、左框架和右框架文档，其实现代码如下，运行结果如图 3.14、图 3.15、图 3.16 所示。

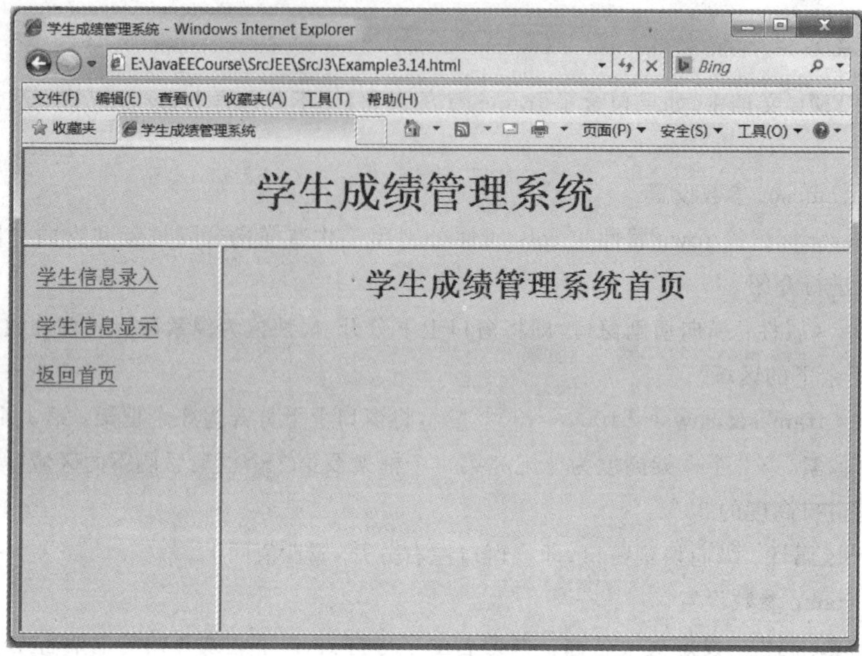

图 3.14 学生成绩管理系统的主界面

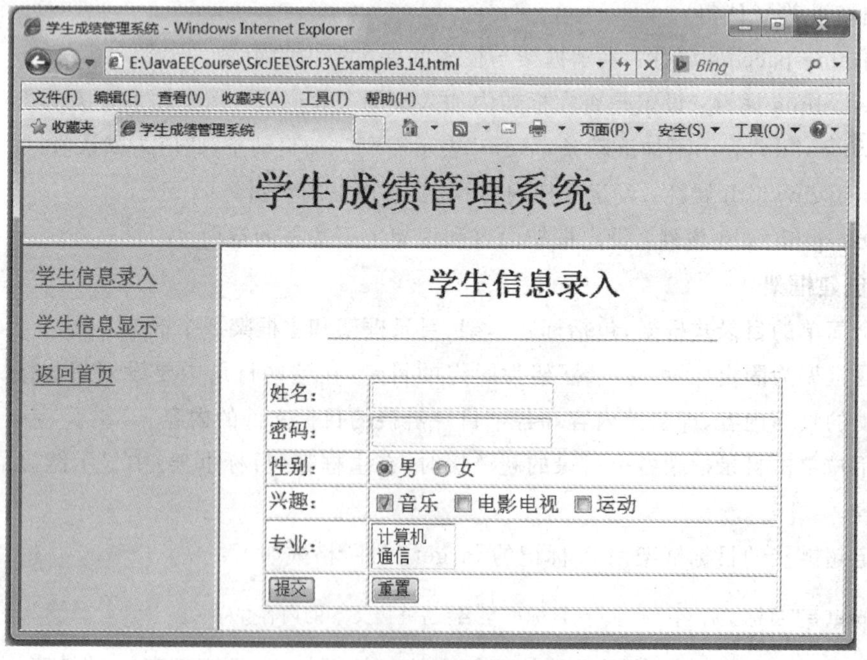

图 3.15 学生信息录入界面

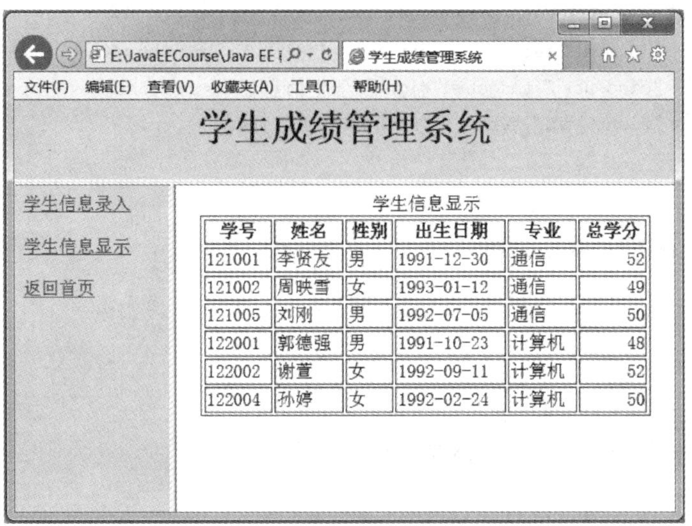

学号	姓名	性别	出生日期	专业	总学分
121001	李贤友	男	1991-12-30	通信	52
121002	周映雪	女	1993-01-12	通信	49
121005	刘刚	男	1992-07-05	通信	50
122001	郭德强	男	1991-10-23	计算机	48
122002	谢萱	女	1992-09-11	计算机	52
122004	孙婷	女	1992-02-24	计算机	50

图 3.16 学生信息显示界面

(1) studentframe.html（框架集文档）。

```
<html>
  <head>
    <title>学生成绩管理系统</title>
  </head>
  <frameset rows = "70, * ">
    <frame src  = "top.html" name  = "top">
    <frameset cols  = "24 % , * ">
      <frame src  = "left.html" name  = "left">
      <frame src  = "right.html" name  = "right">
    </frameset>
  </frameset>
</html>
```

(2) top.html（顶部框架文档）。

```
<html>
  <head>
  </head>
  <body bgcolor = " # E3E3E3">
    <center><h1>学生成绩管理系统</h1></center>
  </body>
</html>
```

(3) lefe.html（左框架文档）。

```
<html>
  <head>
  </head>
```

```
    <body bgcolor = "# E3E3E3">
      <a href = "ld.html" target = "right">学生信息录入<br><br>
      <a href = "disp.html" target = "right">学生信息显示<br><br>
      <a href = "right.html" target = "right">返回首页<br><br>
    </body>
</html>
```

(4) right.html (右框架文档)。

```
<html>
    <head>
    </head>
    <body bgcolor = "#e3e3e3">
      <h2 align = "center">学生成绩管理系统首页</h2>
    </body>
</html>
```

3.2 JSP 技术

JSP(Java Server Pages)是基于 Java 的动态页面技术,它运行于服务器端,能够处理用户提交的请求并向客户端输送 HTML 页面。

JSP 页面的内容由两部分组成:静态部分与静态 HTML 页面相同,包括 HTML 标记及页面内容等;动态部分受 Java 程序控制,包括 JSP 标记及 Java 程序段等。

- JSP 文件必须在 JSP 服务器内运行。
- JSP 页面的访问者可以不需要 Java 运行环境,因为 JSP 页面输送到客户端的是标准的 HTML 页面。

问题:什么是 JSP?

3.2.1 JSP 基本语法

JSP 页面的 4 种基本语法如下:

- JSP 声明;
- JSP 程序块;
- JSP 表达式;
- JSP 注释。

编写 JSP 页面可在静态 HTML 页面中插入以上 4 种基本语法的一种或多种,为静态页面增加动态内容。

1. JSP 声明

1) 声明变量

用＜%! 和%＞可以定义一个或多个变量。

语法格式：

```
<%! 变量声明 %>
```

例如：

```
<%!
  int i = 1;
  String s = "good";
 %>
```

声明变量举例如下。

【例 3.15】 使用 JSP 声明变量向客户端输出循环变量的值。

创建项目 BasicGrammar，在该项目中创建 JSP 文件 loop_v.jsp，项目完成后的目录树如图 3.17 所示。

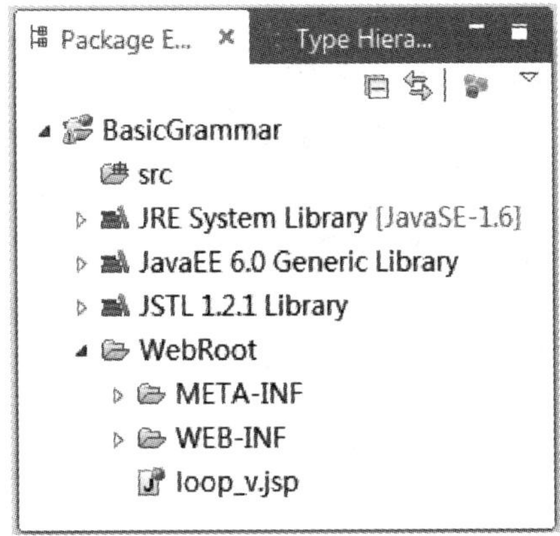

图 3.17 项目 BasicGrammar 的目录树

loop_v.jsp 代码如下：

```
<%@ page language = "java" pageEncoding = "gb2312" %>
<html>
  <head>
    <title>JSP 声明</title>
  </head>
  <body>
    <!-- 下面是 JSP 变量声明 -->
    <%! int i = 1; %>
    <!-- 下面是 JSP 程序块 -->
    <%
      while(i <= 6){
         out.println("i = " + i + "<br>");
         i++;
      }
     %>
  </body>
```

```
</html>
```

部署运行项目，在浏览器中输入 http://localhost:8080/BasicGrammar/loop_v.jsp，运行结果如图 3.18 所示。

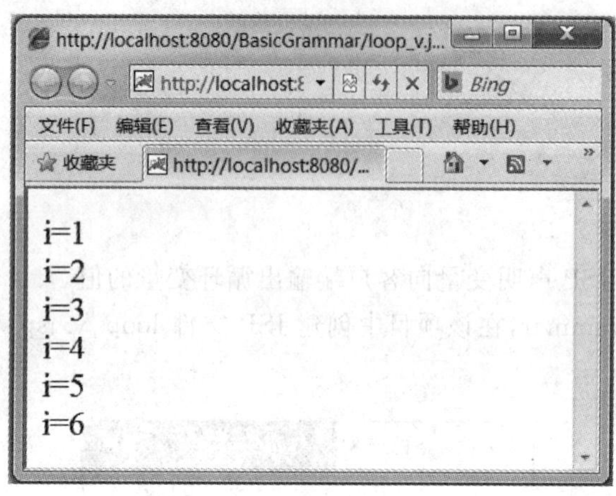

图 3.18　使用 JSP 声明变量

2）声明方法

在 JSP 中可以用<%！和%>声明方法。

语法格式：

```
<%! 方法声明 %>
```

例如：

```
<%!
  public String speak(){
    return "Hello";
  }
%>
```

2. JSP 程序块

在<%与%>之间，可以插入 Java 代码片断，还可以定义变量。

语法格式：

```
<% Java代码 %>
```

下面是使用 JSP 程序块的例题。

【例 3.16】 将例 3.15 改为使用 JSP 程序块向客户端输出循环变量的值。

选择已创建的项目 BasicGrammar 的 WebRoot 文件夹，右击，选择 New→JSP (Advanced Templates)，如图 3.19 所示。

出现 Create a new JSP page 对话框，在 File Name 文本框中输入文件名 loop_b.jsp，单击 Finish 按钮，如图 3.20 所示，项目完成后的目录树如图 3.21 所示。

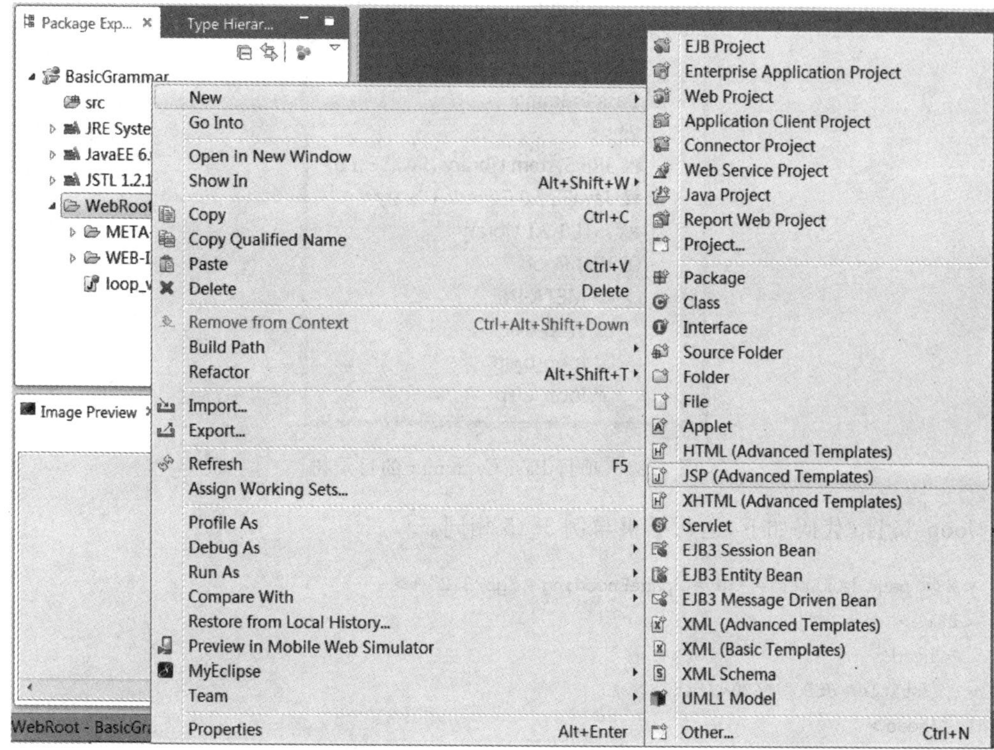

图 3.19 选择 New→JSP(Advanced Templates)

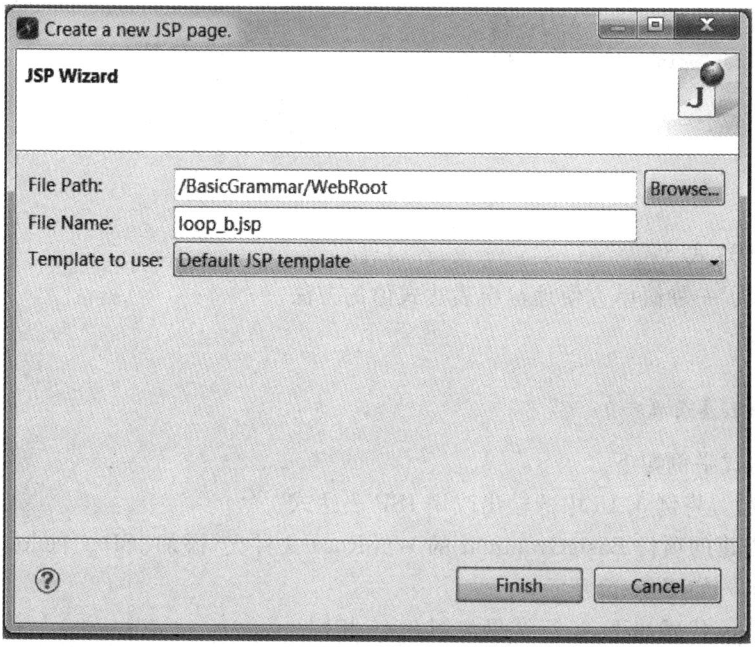

Create a new JSP page.
JSP Wizard
File Path: /BasicGrammar/WebRoot Browse...
File Name: loop_b.jsp
Template to use: Default JSP template
Finish Cancel

图 3.20 创建 JSP 文件 loop_b.jsp

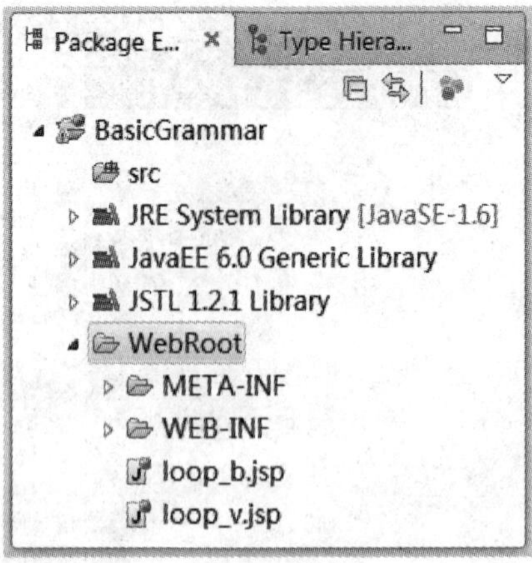

图 3.21 项目 BasicGrammar 的目录树

loop_b.jsp 代码如下，运行结果与例 3.15 相同。

```
<%@ page language = "java" pageEncoding = "gb2312" %>
<html>
  <head>
    <title>JSP 程序块</title>
  </head>
  <body>
    <!-- 下面是 JSP 程序块 -->
    <%
      for(int i = 1; i <= 6; i++){
         out.println("i = " + i + "<br>");
      }
     %>
  </body>
</html>
```

3. JSP 表达式

JSP 提供了一种简单方便地输出表达式值的方法。

语法格式:

```
<% = Java 表达式 %>
```

JSP 表达式举例如下。

【例 3.17】 将例 3.15 中的输出改用 JSP 表达式。

选择已创建的项目 BasicGrammar 的 WebRoot 文件夹，添加 JSP 文件 loop_e.jsp，项目完成后的目录树如图 3.22 所示。

Loop_e.jsp 代码如下，运行结果与例 3.15 相同。

```
<%@ page language = "java" pageEncoding = "gb2312" %>
<html>
```

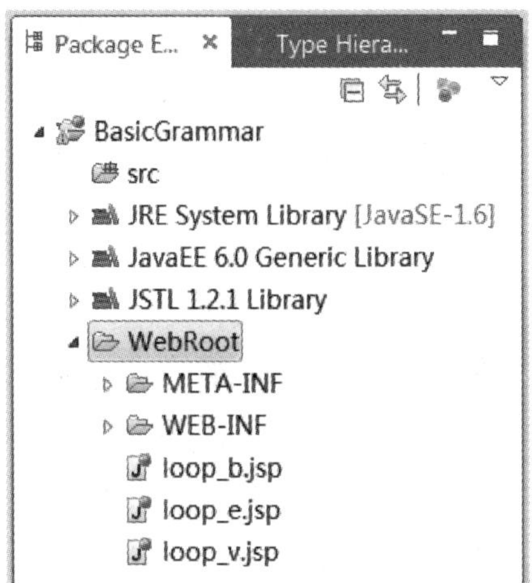

图 3.22 项目 BasicGrammar 的目录树

```
  <head>
    <title>JSP 表达式</title>
  </head>
  <body>
    <%
      for(int i = 1; i <= 6; i++){
     %>
    <!-- 下面是 JSP 表达式 -->
    i = <% = i %><br>
    <% } %>
  </body>
</html>
```

4. JSP 注释

JSP 注释包括显式注释和隐藏注释。

1) 显式注释

用户在客户端能看到显式注释的内容。

语法格式：

```
<!-- 注释内容[<% = 表达式 %>] -->
```

这种注释和 HTML 文件中的注释相似，不同的地方是，JSP 显式注释可以在这个注释中使用表达式，以便动态生成注释。这些注释的内容在客户端可以看到，即可以在 HTML 文件的源代码中看到。

例如：

```
<!-- 当前时间是：<% = (new java.util.Date()).toLocaleString() %> -->
```

把上面代码放在一个 JSP 文件的 body 体中运行后，可以在其源代码中看到：

```
<! -- 当前时间是: 2015 - 6 - 13 16:35:58 -->
```

2）隐藏注释

隐藏注释在程序中用做提示，不会发送到客户端，用户不能看到。

语法格式：

```
<% -- 注释内容 -- %>
```

答案：JSP(Java Server Pages)是基于 Java 的动态页面技术，它运行于服务器端，能够处理用户提交的请求并向客户端输送 HTML 页面。JSP 页面的内容由两部分组成：静态部分与静态 HTML 页面相同，包括 HTML 标记及页面内容等；动态部分受 Java 程序控制，包括 JSP 标记及 Java 程序段等。

3.2.2 JSP 编译指令

JSP 编译指令通知 JSP 引擎的消息，用于设置 JSP 页面的全局属性。

语法格式：

```
<%@ 指令名 属性名 = "属性值" %>
```

JSP 有以下 3 个常见的编译指令。

- page：针对当前页面的指令。
- include：用于指定包含的另一页面。
- taglib：用于定义和访问自定义标记。

1. page 指令

用于定义整个 JSP 页面的全局属性。

例如：下面的指令表示通过 import 属性导入 java.util.Date 类，language 属性表示当前 JSP 页面使用的脚本语言是 Java，contentType 属性是 text/html，字符集是 GBK。

```
<%@ page import = "java.util.Date" language = "java" contentType = "text/html,charset = GBK " %>
```

2. include 指令

include 指令用来导入页面所需要的类。

语法格式：

```
<%@ include file = "被包含文件 url" %>
```

例如 includelet.jsp 文件的内容如下：

```
<%@page language = "java" contentType = "text/html;charset = gb2312" %>
<%@page import = "java.sql.ResultSet" %>
```

现在在另一个文件中调用它：

```
<%@include file = "includelet.jsp" %>
```

```
<html>
  <head><title>测试 include</title></head>
  <body> </body>
</html>
```

3. taglib 指令

语法格式：

```
<%@ taglib uri = "tagLibraryURI" prefix = "tagPrefix" %>
```

其中 uri="tagLibraryURI"指明标签库文件的存储位置，prefix="tagPrefix"表示该标签使用时的前缀。

例如，在 Struts 2 中用到标签：

```
<%@ taglib uri = "/struts-tags" prefix = "s" %>
```

3.2.3 JSP 动作指令

JSP 动作指令是运行时的动作，动作指令可替换成 JSP 脚本，它是 JSP 脚本的标准化写法。而 JSP 编译指令是通知 Servlet 引擎的处理消息，它在将 JSP 的编译成 Servlet 时起作用。

JSP 的 7 个动作指令如下。

- <jsp:forward>：执行页面转向。
- <jsp:include>：用于动态引入一个 JSP 页面。
- <jsp:param>：用于传递参数。
- <jsp:plugin>：用于下载 JavaBean 或 Applet 到客户端执行。
- <jsp:useBean>：创建一个 JavaBean 的实例。
- <jsp:setProperty>：设置 JavaBean 实例的属性值。
- <jsp:getProperty>：输出 JavaBean 实例的属性值。

1. <jsp:forward>

forward 指令用于将浏览器显示的网页，转向到静态的 HTML 页面或动态的 JSP 页面。

语法格式：

```
<jsp:forward page = "{ relativeurl  | <% = expression %> } " />
```

或者为：

```
<jsp:forward page = "{ relativeurl  | <% = expression %> } " >
  <jsp:param name = "paramName" value = "{ paramValue | <% = expression %>}" />
</jsp:forward>
```

<jsp:forward>标记只有一个属性 page，page 属性指定要转发资源的相对 URL，page 的值既可以直接给出，也可以在请求时动态计算。

例如，转向到动态的 JSP 页面：

```
<jsp:forward page = "/org/login jsp" />
```

将参数值传入被转向的页面：

```
<jsp:forward page = "welcome.jsp" >
  <jsp:param name = "name " value = "Lee" />
</jsp forward >
```

2. <jsp:include>

include 指令是一个动态的 include 指令，用于包含某一个页面，可以将静态的 HTML 页面或动态的 JSP 页面的输出结果包含到当前页面中。

语法格式：

```
<jsp:include page = " { relativeurl  | <% = expression %> } " flush = "true" />
```

或者为：

```
<jsp:include page = " { relativeurl  | <% = expression %> } " flush = "true" >
  <jsp:param name = "paramName" value = "{ paramValue | <% = expression %>}" />
</jsp:include >
```

例如，包含静态的 HTML 文件：

```
<jsp:include page = "index.html" />
```

包含动态的 JSP 文件：

```
<jsp:include page = "includeaction.jsp" />
```

将参数值传入被导入的页面：

```
<jsp:include page = " result.jsp" >
  <jsp:param name = "age " value = "20" />
</jsp:include >
```

3. <jsp:param>

param 指令用于传递参数，通常与 include 指令、forward 指令或 plugin 指令结合使用。

当与 include 指令结合使用时，param 指令用于将参数值传入被导入的页面。当与 forward 指令结合使用时，param 指令用于将参数值传入被转向的页面。当与 plugin 指令结合使用时，param 指令用于将参数值传入页面中的 JavaBean 实例或 Applet 实例。

语法格式：

```
<jsp:param name = "paramName" value = "paramValue"/>
```

4. <jsp:plugin>

Plugin 指令用于下载服务器端的 JavaBean 或 Applet 到客户端执行。

语法格式：

```
<jsp:plugin
 type = "bean | applet"
 code = "classFileName"
 codebase = "classFileDirectoryName"
 [ name = "instanceName" ]
 [ archive = "URIToArchive, …" ]
 [ align = "bottom | top | middle | left | right" ]
 [ height = "displayPixels" ]
 [ width = "displayPixels" ]
 [ hspace = "leftRightPixels" ]
 [ vspace = "topBottomPixels" ]
 [ jreversion = "JREVersionNumber | 1.2 " ]
 [ nspluginurl  = "url ToPlugin" ]
 [ iepluginurl   = "url ToPlugin" ]>
 [<jsp:params>
 [<jsp:params name = "paramName" value = "{ parameterValue | <% = expression %>}" />] +
 </jsp:params>]
 [ <jsp:fallback> text message for user </jsp:fallback> ]
</jsp:plugin>
```

说明：

- type：指定被执行的Java程序的类型是JavaBean还是Java Applet。
- code：指定会被JVM执行的Java Class的名字，必须以.class结尾命名。
- codebase：指定会被执行的Java Class文件所在的目录或路径，默认值为调用</jsp:plugin>指令的JSP文件的目录。
- name：确定这个JavaBean或者Java Applet程序的名字，它可以在JSP程序的其他的地方被调用。
- archive：表示包含对象Java类的.jar文件。
- align：对图形、对象和Applet等进行定位，可以选择的值为bottom、top、middle、left和right 5种。
- height：JavaBean或者Java Applet将要显示出来的高度、宽度的值，此值为数字，单位为像素。
- hspace和vspace：JavaBean或者Java Applet显示时在浏览器显示区左、右、上和下所需要留下的空间，单位为像素。
- jreversion：JavaBean或者Java Applet被正确运行所需要的Java运行时环境的版本，默认值是1.2。
- nspluginurl：可以为Netscape Navigator用户下载JRE插件的地址。
- iepluginurl：IE用户下载JRE的地址。
- <jsp:params>和</jsp:params>：使用<jsp:params>操作指令，可以向JavaBean或者Java Applet传送参数和参数值。

- <jsp:fallback>和</jsp:fallback>：该指令中间的一段文字用于 Java 插件不能启动时显示给用户；如果插件能够正确启动，而 JavaBean 或者 Java Applet 的程序代码不能找到并被执行，那么浏览器将会显示此出错信息。

5. <jsp:useBean>

useBean 指令用于在 JSP 页面初始化一个 JavaBean 实例。

语法格式：

```
< jsp:useBean id = "name" class = "classname" scope = "page | request | session | application"
typeSpec />
```

说明：

- id：设置 JavaBean 实例的名称。
- class：确定 JavaBean 的实现类。
- scope：指定 JavaBean 实例的作用范围。scope 的值可能是 page、request、session 和 application。
- typeSpec：以下 4 种形式之一。

```
class = "className"                                    //仅指明应用的类名
class = "className" type = "typeName"                  //指明应用的类名及类型
beanName = "beanName" type = "typeName"                //指明应用的其他 Bean 的名称及类型
type = "typeName"                                      //仅指明类型
```

【例 3.18】 useBean 的应用。

在项目 TestBean 的 WebRoot 文件夹下创建 JSP 文件 courseBean.jsp，在 src 文件夹下创建包 beans，在包 beans 下创建 Course.java，项目完成后的目录树如图 3.23 所示。

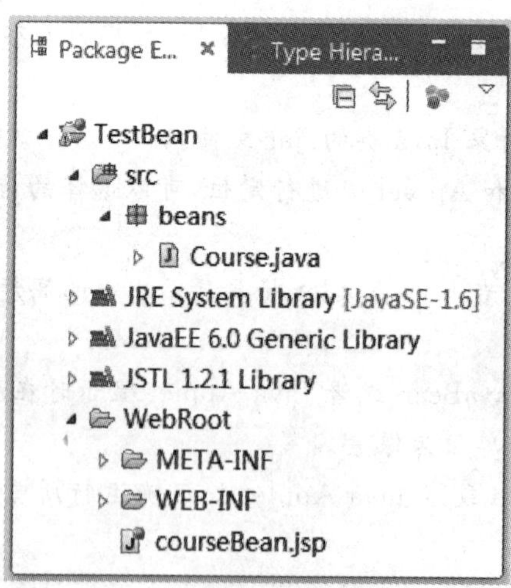

图 3.23　项目 TestBean 的目录树

courseBean.jsp 代码如下：

```
<%@ page contentType = "text/html;charset = GB2312" %>
```

```
<html>
  <head>
    <title>useBean的应用</title>
  </head>
  <body>
    <jsp:useBean id = "course" scope = "page" class = "beans.Course" />
    <%
      course.setString("操作系统");
      String str = course.getStringValue();
      out.print(str);
     %>
  </body>
</html>
```

Course.java 代码如下：

```
package beans;
public class Course{
  private String str = null;
  public Course(){ }
    public void setString(String value){
      str = value;
    }
    public String getStringValue(){
      return str;
    }

}
```

部署运行项目，在浏览器中输入 http://localhost:8080/TestBean/courseBean.jsp，运行结果如图 3.24 所示。

图 3.24 项目 TestBean 的目录树

6. <jsp:setProperty>

setProperty 指令用于设置 JavaBean 实例的属性值。

语法格式：

```
<jsp:setProperty
  name= "BeanName "                              //某个 Bean 的名称
    {  property= " * " |                         //应用的 Bean 对应类中的属性名
       property= "propertyName " [ param= "parameterName "] |
       property= "propertyName " value= "propertyValue "
    }
/>
```

说明：

- name：确定需要设置的 JavaBean 实例名。
- property：指定需要设置的属性名。
- value：指定需要设置的属性值。

7. <jsp:getProperty>

getProperty 指令用于输出 JavaBean 实例的属性值。

语法格式：

```
<jsp:getProperty name= "BeanName" property= "PropertyName" />
```

其中，属性 name 确定需要输出的 JavaBean 实例名，property 确定需要输出的属性名。

3.2.4 JSP 内置对象

内置对象指在 JSP 页面中内置的、不需要定义就可以在网页中直接使用的对象。

这些内置对象有的代表来自客户端的请求，有的代表服务器对客户端的响应，有的能够提供输出，还有些能提供其他的功能，因此，JSP 编程要求熟练使用这些内置对象。

内置对象特点如下。

- 内置对象是自动载入的，不需要直接实例化。
- 内置对象通过 Web 容器来实现和管理。
- 在所有的 JSP 页面中，直接调用内置对象都是合法的。

JSP 包含 9 个内置对象。

- request：javax. servlet. http. HttpServletRequest 的实例，代表来自客户端的请求。
- response：javax. servlet. http. HttpServletResponse 的实例，代表服务器对客户端的响应。
- out：javax. servlet. jsp. JspWriter 的实例，代表 JSP 页面的输出流。
- session：javax. servlet. http. HttpSession 的实例，代表一次会话。
- application：javax. servlet. ServletContext 的实例，代表 JSP 所属的 Web 应用本身。
- exception：java. lang. Throwable 的实例，代表页面中的异常和错误。

- page：代表页面本身。
- config：javax. servlet. ServletConfig 的实例，代表该 JSP 的配置信息。
- pageContext：javax. servlet. jsp. PageContext 的实例，代表该 JSP 页面的上下文。

1. request 对象

request 对象代表来自客户端的请求信息，它是 JSP 编程中常用的对象。

request 对象常用的方法如下。

- getParameter(String name)：以字符串的形式返回客户端传来的某一个请求参数的值，该参数由 name 指定。
- getParameterValue(String name)：以字符串数组的形式返回指定参数所有值。
- getParameterNames()：返回客户端传送给服务器端所有的参数名，结果集是一个 Enumeration(枚举)类的实例。
- getAttribute(String name)：返回 name 指定的属性值，若不存在指定的属性，则返回 null。
- setAttribute(String name, java. lang. Object obj)：设置名字为 name 的 request 参数的值为 obj。
- getCookies()：返回客户端的 Cookie 对象，结果是一个 Cookie 数组。
- getHeader(String name)：获得 HTTP 协议定义的传送文件头信息，例如，request. getHeader ("User-Agent")含义为返回客户端浏览器的版本号、类型。
- getDateHeader()：返回一个 Long 类型的数据，表示客户端发送到服务器的头信息中的时间信息。
- getHeaderName()：返回所有 request Header 的名字，结果集是一个 Enumeration (枚举)类的实例。
- getServerPort()：获得服务器的端口号。
- getServerName()：获得服务器的名称。
- getRemoteAddr()：获得客户端的 IP 地址。
- getRemoteHost()：获得客户端的主机名，如果该方法失败，则返回客户端的 IP 地址。
- getProtocol()：获得客户端向服务器端传送数据所依据的协议名称。
- getMethod()：获得客户端向服务器端传送数据的方法。
- getServletPath()：获得客户端所请求的脚本文件的文件路径。
- getCharacterEncoding ()：获得请求中的字符编码方式。
- getSession(Boolean create)：返回和当前客户端请求相关联的 HttpSession 对象。
- getQuertString()：返回查询字符串，该字符串由客户端以 get 方法向服务器端传送。
- getRequestURI()：获得发出请求字符串的客户端地址。
- getContentType()：获取客户端请求的 MIME 类型。

2. response 对象

response 对象代表服务器对客户端的响应，在大多数情况下，无须使用 response 对象来响应客户端的请求，使用代表页面输出流的 out 对象生成响应更为简单，另外，response 对象还用于重定向请求等。

response 对象常用的方法如下。

- addHeader(String name,String value)：添加 HTTP 头文件，该头文件将会传到客户端，如果有同名的头文件存在，那么原来的头文件会被覆盖。
- setHeader(String name,String value)：设定指定名字的 HTTP 文件头的值，如果该值存在，那么它将会被新的值覆盖。
- containsHeader(String name)：判断指定名字的 HTTP 文件头是否存在，并返回布尔值。
- flushBuffer()：强制将当前缓冲区的内容发送到客户端。
- addCookie(Cookie cookie)：添加一个 Cookie 对象，用来保存客户端的用户信息，可以用 request 对象的 getCookies()方法获得这个 Cookie。
- sendError(int sc)：向客户端发送错误信息。例如，"505"指示服务器内部错误，"404"指示网页找不到的错误。
- setRedirect(url)：把响应发送到另一个指定的页面(URL)进行处理。

3. out 对象

out 对象代表 JSP 页面的输出流，用于在页面上输出变量值及常量，前面已经用过 out . print()和 out. println()来输出结果。

在使用输出表达式的地方，可以使用 out 对象达到同样效果，反过来，使用 out 对象的地方，也可以使用输出表达式来代替，这是由于＜％＝…％＞的本质就是 out. write(…)。

4. session 对象

session 对象代表一次会话，一次会话指从客户端浏览器连接服务器开始，到客户端浏览器断开服务器为止的过程。

session 对象的常用方法如下。

- getAttribute(String name)：获得指定名字的属性，如果该属性不存在，将会返回 null。
- getAttributeNames()：返回 session 对象存储的每一个属性对象，结果集是一个 Enumeration 类的实例。
- getCreationTime()：返回 session 对象被创建的时间，单位为毫秒。
- getId()：返回 session 对象在服务器端的编号。
- getMaxInactiveInterval ()：获取 session 对象的生存时间，单位为秒。
- setMaxInactiveInterval (int interval)：设置 session 对象的有效时间(超时时间)，单位为秒。
- removeAttribute(String name)：删除指定属性的属性名和属性值。
- setAttribute(String name,Java. lang. Object value)：设定指定名字的属性，并且把它存储在 session 对象中。
- invalidate()：注销当前的 session 对象。

5. application 对象

application 对象代表 JSP 所属的 Web 应用本身，其作用是在整个 Web 应用的多个 JSP、Servlet 之间共享数据，访问 Web 应用的配置参数。

application 对象的常用方法如下。

- getAttribute(String name)：返回由 name 指定名字的 application 对象的属性值。
- getAttributeNames()：返回所有 application 对象属性的名字，结果集是一个 Enumeration 类型的实例。
- getInitParameter(String name)：返回由 name 指定名字的 application 对象的某个属性的初始值，如果没有参数，就返回 null。
- getServerInfo()：返回 Servlet 编译器当前版本信息。
- setAttribute(String name, Object obj)：将参数 Object 指定的对象 obj 添加到 application 对象中，并为添加的对象指定一个属性。
- removeAttribute(String name)：删除一个指定的属性。

6. exception 对象

exception 对象用于处理页面中的异常和错误。

exception 对象常用方法如下。

- getMessage()：返回错误信息。
- printStackTrace()：以标准错误的形式输出一个错误和错误堆栈。
- toString()：以字符串的形式返回一个对异常的描述。

7. page 对象

page 对象代表 JSP 页面本身，是 this 引用的一个代名词，一般很少用到该对象。

8. config 对象

config 对象代表该 JSP 的配置信息。

config 对象有以下常用方法。

- getInitParameter(name)：取得指定名字的 Servlet 初始化参数值。
- getInitParameterNames()：取得 Servlet 初始化参数列表，返回一个枚举实例。
- getServletContext()：取得 Servlet 上下文(ServletContext)。
- getServletName()：取得生成的 Servlet 的名字。

9. pageContext 对象

pageContext 对象代表该 JSP 页面的上下文，用于访问 JSP 之间的共享数据。

pageContext 对象的主要方法如下。

- getAttribute()：返回与指定范围内名称有关的变量或 null。
- forward(String relativeurl Path)：把页面重定向到另一个页面或 Servlet 组件上。
- indAttribute()：按照页面请求、会话及应用程序范围的顺序实现对某个已经命名属性的搜索。
- getException()：返回当前的 exception 对象。
- setAttribute()：设置默认页面的范围或指定范围中的已命名对象。
- removeAttribute()：删除默认页面范围或指定范围中已命名的对象。

3.2.5 JavaBean 及其应用

JavaBean 组件是一个可以重复使用和可以组装到应用程序中的 Java 类。在 JavaBean 中,可以将控制逻辑、值、数据库访问和其他对象进行封装,然后将 JavaBean 和 JSP 语言元素一起使用,从而实现后台业务逻辑和前台表示逻辑的分离。

如果将 JavaBean 中的处理操作完全写在 JSP 程序中,则 JSP 页面可能有成百上千行代码,其可读性差,难于维护。通过 JavaBean 组件的封装及其与 JSP 页面的分离,可使 JSP 页面更加可读和易于维护。

在 JavaBean 中不仅要定义其成员变量,还对于每一个成员变量,定义了一个 getter 方法和一个 setter 方法。

JavaBean 要求,成员变量的读写,通过 getter 和 setter 方法进行。此时,该成员变量成为属性。对于每一个可读属性,定义一个 getter 方法,而对于每一个可写属性,定义了一个 setter 方法。具体要求如下。

(1) 如果类的成员变量的名字是 XXX,那么为了更改或获取成员变量的值,即更改或获取属性,在类中可以使用两种方法。

getXXX():用来获取属性 XXX。

setXXX():用来修改属性 XXX。

(2) 对于 boolean 类型的成员变量,即布尔逻辑类型的属性,允许使用 is 代替上面的 get 和 set。

(3) 类中方法的访问属性都必须是 public 的。

(4) 类中如果有构造方法,那么这个构造方法也是 public 的并且无参数。

编写 JavaBean 举例如下。

问题:JavaBean 的作用是什么?

【例 3.19】 一个简单的 JavaBean 类。

```
import java.io.Serializable;
public class Student implements Serializable{      //实现了 Serializable 接口
  Student(){}
  private String stno;
  private String stname;
  private String stsex;
  public String getStno(){                          //get()方法
    return stno;
  }
  public void setStno(String stno){                 //set()方法
    this.stno = stno;
  }
  public String getStname(){
    return stname;
```

```
    }
    public void setStname(String stname){
        this.stname = stname;
    }
    public String getStsex(){
        return stsex;
    }
    public void setStsex(String stsex){
        this.stsex = stsex;
    }
}
```

答案：JavaBean 组件是一个可以重复使用和可以组装到应用程序中的 Java 类。在 JavaBean 中不仅要定义成员变量，而且对于每一个成员变量，要定义一个 getter 方法和一个 setter 方法。

3.3 Servlet 技术

Servlet 是运行在服务器端的 Java 应用程序，用于处理及响应客户端的请求，通常称为服务器端小程序。

将 JSP 页面部署在 Web 容器之中，Web 容器会将 JSP 编译成 Servlet，JSP 的本质就是 Servlet。

问题：什么是 Servlet?

3.3.1 Servlet 基本概念

Servlet 是一个特殊的 Java 类，这个类必须继承 HttpServlet。

Servlet 内有以下方法。

1) init()方法

在实例化的过程中，HttpServlet 中的 init()方法会被调用。

2) doGet()/doPost()/service()方法

- doGet()：用于响应客户端的 GET 请求。
- doPost()：用于响应客户端的 POST 请求。
- service()：当客户端对 Servlet 发送请求时，service()会根据收到的客户端请求类型决定调用 doGet()或是 doPost()。

3) destroy()方法

destroy()方法在 Servlet 实例消亡时自动调用。如果在此 Servlet 消亡之前，还必须进行某些操作，可以重写 destroy()方法。

通过下面的例题可以帮助理解 Servlet 的概念。

【例 3.20】 在例 3.15 项目 BasicGrammar 中的 JSP 文件 loop_v.jsp，启动 Tomcat 后，根据该 JSP 文件，Tomcat 生成对应的 Servlet 的 java 文件和 class 文件，可在 Tomcat 的目录 C:\apache-tomcat-8.0.21\work\Catalina\localhost\BasicGrammar\org\apache\jsp 找到 loop_005fv_jsp.java 和 loop_005fv_jsp.class。

loop_005fv_jsp.java 代码如下：

```
//JSP 页面经过 Tomcat 编译后生成的包
package org.apache.jsp;
import javax.servlet.*;
import javax.servlet.http.*;
import javax.servlet.jsp.*;
//loop_005fv_jsp 类继承 HttpJspBase 类，该类为 HttpServlet 的子类
public final class loop_005fv_jsp extends org.apache.jasper.runtime.HttpJspBase
  implements org.apache.jasper.runtime.JspSourceDependent,
  org.apache.jasper.runtime.JspSourceImports {
  int i = 1;
  private static final javax.servlet.jsp.JspFactory _jspxFactory =
    javax.servlet.jsp.JspFactory.getDefaultFactory();
  private static java.util.Map<java.lang.String,java.lang.Long> _jspx_dependants;
  private static final java.util.Set<java.lang.String> _jspx_imports_packages;
  private static final java.util.Set<java.lang.String> _jspx_imports_classes;
  static {
    _jspx_imports_packages = new java.util.HashSet<>();
    _jspx_imports_packages.add("javax.servlet");
    _jspx_imports_packages.add("javax.servlet.jsp");
    _jspx_imports_packages.add("javax.servlet.http");
    _jspx_imports_classes = null;
  }
  private javax.el.ExpressionFactory _el_expressionfactory;
  private org.apache.tomcat.InstanceManager _jsp_instancemanager;
  public java.util.Map<java.lang.String,java.lang.Long> getDependants() {
    return _jspx_dependants;
  }
  public java.util.Set<java.lang.String> getPackageImports() {
    return _jspx_imports_packages;
  }
  public java.util.Set<java.lang.String> getClassImports() {
    return _jspx_imports_classes;
  }
//下面是 init()方法
  public void _jspInit() {
  _el_expressionfactory = _jspxFactory.getJspApplicationContext(
      getServletConfig().getServletContext()).getExpr essionFactory();
  _jsp_instancemanager = org.apache.jasper.runtime.InstanceManagerFactory
      .getInstanceManager(getServletConfig());
```

```
}
// 下面是 destroy()方法
public void _jspDestroy() {
}
// 下面是 service()方法,用于响应用户请求
public void _jspService(final javax.servlet.http.HttpServletRequest request
  ,final javax.servlet.http.HttpServletResponse response)
  throws java.io.IOException, javax.servlet.ServletException {
  final java.lang.String _jspx_method = request.getMethod();
if (!"GET".equals(_jspx_method) && !"POST".equals(_jspx_method) && !"HEAD".equals(_jspx_
method) && !javax.servlet.DispatcherType.ERROR.equals(request.getDispatcherType())) {
  response.sendError(HttpServletResponse.SC_METHOD_NOT_ALLOWED,"JSPs only permit GET POST
or HEAD");
  return;
}
  final javax.servlet.jsp.PageContext pageContext;
  javax.servlet.http.HttpSession session = null;
  final javax.servlet.ServletContext application;
  final javax.servlet.ServletConfig config;
  javax.servlet.jsp.JspWriter out = null;
  final java.lang.Object page = this;
  javax.servlet.jsp.JspWriter _jspx_out = null;
  javax.servlet.jsp.PageContext _jspx_page_context = null;
  try {
    response.setContentType("text/html;charset = gb2312");
    pageContext = _jspxFactory.getPageContext(this,request,response,
                    null,true,8192,true);
    _jspx_page_context = pageContext;
    application = pageContext.getServletContext();
    config = pageContext.getServletConfig();
    session = pageContext.getSession();
    out = pageContext.getOut();
    _jspx_out = out;
    // 下面通过 out.write()方法输出 JSP 页面的内容
    out.write("\r\n");
    out.write("<html>\r\n");
    out.write("  <head>\r\n");
    out.write("    <title>JSP 声明</title>\r\n");
    out.write("  </head>\r\n");
    out.write("  <body>\r\n");
    out.write("    <!-- 下面是 JSP 变量声明 -->\r\n");
    out.write("    ");
    out.write("\r\n");
    out.write("    <!-- 下面是 JSP 程序块 -->\r\n");
    out.write("    ");
```

```
        while(i<=6){
            out.println("i="+i+"<br>");
            i++;
        }
        out.write("\r\n");
        out.write("  </body>\r\n");
        out.write("</html>\r\n");
        out.write("\r\n");
    } catch (java.lang.Throwable t) {
        if (!(t instanceof javax.servlet.jsp.SkipPageException)){
            out = _jspx_out;
            if (out != null && out.getBufferSize() != 0)
                try {
                    if (response.isCommitted()) {
                        out.flush();
                    } else {
                        out.clearBuffer();
                    }
                } catch (java.io.IOException e) {}
            if (_jspx_page_context != null) _jspx_page_context.handlePageException(t);
            else throw new ServletException(t);
        }
    } finally {
        _jspxFactory.releasePageContext(_jspx_page_context);
    }
  }
}
```

由上面的例题，可得出 JSP 的本质是 Servlet，JSP 是 Servlet 的一种简化，使用 JSP 其实还是使用 Servlet。但是 Servlet 的开发效率低，而且必须由程序员开发，美工人员难以参与。在 MVC 规范出来后，Servlet 主要作为控制器使用，不再作为视图层使用。

答案：Servlet 是运行在服务器端的 Java 应用程序，用于处理及响应客户端的请求，通常称为服务器端小程序。将 JSP 页面部署在 Web 容器中，Web 容器会将 JSP 编译成 Servlet，JSP 的本质就是 Servlet。

3.3.2 Servlet 生命周期

Servlet 的生命周期如下。

(1) 创建 Servlet 对象，生命周期开始。

(2) 调用 init()方法进行初始化。

(3) 调用 service()方法，根据请求的不同调用不同的 doXXX()方法处理客户请求，并将处理结果封装到 HttpServletResponse 中返给客户端。

（4）当 Servlet 对象从容器中移除时调用其 destroy()方法。

3.3.3 Servlet 编程方式

Servlet 模块用 Servlet API 编写，Servlet API 包含两个包，分别是 javax. servlet 和 javax. servlet. http，如图 3.25 所示。

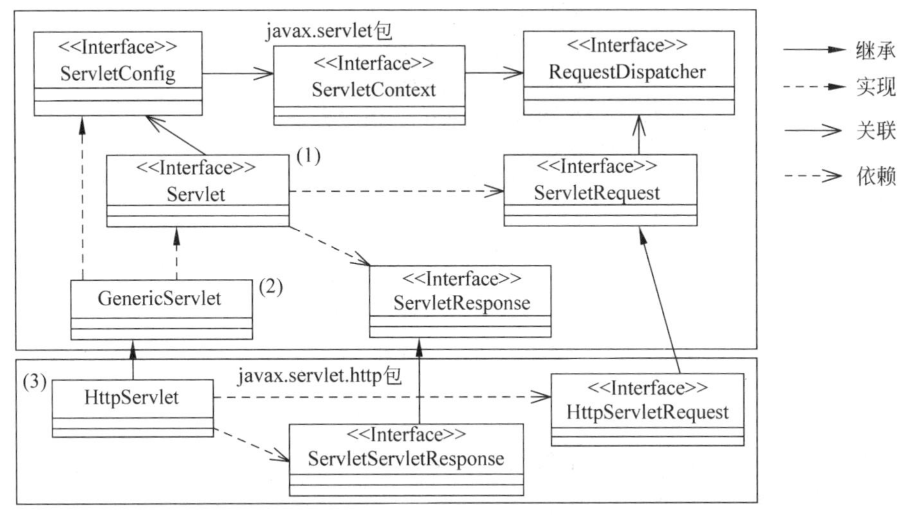

图 3.25 Servlet API

Servlet 有 4 种编程方式。

1. 实现 Servlet 接口

这种情况 Servlet 不是独立的应用程序，没有 main()方法，而是生存在容器中，由容器来管理。编程时需要实现 javax. servlet. Servlet 接口(图 3.25 中的(1))的 5 个方法。

2. 继承 GenericServlet 类

由 javax. servlet 包提供一个抽象类 GenericServlet(图 3.25 中的(2))。它给出了 Servlet 接口中除 service()方法外的其他 4 个方法的简单实现，并且还实现了 ServletConfig 接口，编程时直接继承这个类，代码会简化很多。

3. 继承 HttpServlet、覆盖 doXXX()方法

在大部分网络中，都是客户端通过 HTTP 协议来访问服务器端的资源。为了快速开发应用于 HTTP 协议的 Servlet 类，在 javax. servlet. http 包中提供了一个抽象类 HttpServlet(图 3.25 中的(3))，它继承了 GenericServlet 类。编写一个 Servlet 类继承 HttpServlet，只需要覆盖相应的 doXXX()方法即可。

4. 继承 HttpServlet、重写 service()方法

其本质就是扩展 HttpServlet 类，用户只需要重写 service()方法，Servlet 模块执行 service()方法时，会自动调用 doPost()和 doGet()这两个方法，实现 Servlet 的逻辑处理功能。

【例 3.21】 用继承 HttpServlet、覆盖 doGet()和 doPost()方法的方式编写一个 Servlet 程序，实现在页面上输出 Welcome to Servlet! 的功能。

创建项目 ProgMode，项目完成后的目录树如图 3.26 所示。

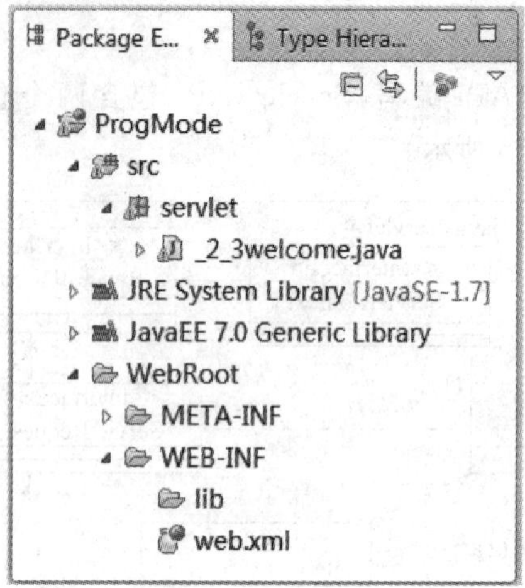

图 3.26　目录树

(1) 创建包。

在项目 ProgMode 的 src 目录下创建名为 servlet 的包。

(2) 编写自己的 Servlet 类。

在 servlet 包下创建一个 Servlet 类(类名_2_3welcome)，编写代码如下：

```
package servlet;
import java.io. * ;
import javax.servlet. * ;
import javax.servlet.http. * ;
public class _2_3welcome extends HttpServlet{
  protected void doGet(HttpServletRequest request,HttpServletResponse response)
      throws ServletException,IOException {
    PrintWriter out = response.getWriter();
    out.println("<html><body>");
    out.println("<font size = 4 color = black > Welcome to Servlet!</font>");
    out.println("</body></html>");
  }
  protected void doPost(HttpServletRequest request,HttpServletResponse response)
      throws ServletException,IOException{
    doGet(request,response);
  }
}
```

(3) 部署 Servlet。

打开项目的 web.xml 文件，将光标移到文件末尾，在</web-app>标记前插入以下(加黑部分)代码：

```
<?xml version = "1.0" encoding = "UTF - 8"?>
<web - app xmlns:xsi = "http://www.w3.org/2001/XMLSchema - instance" xmlns = "http://xmlns.jcp.org/xml/ns/javaee" xsi: schemaLocation = " http://xmlns. jcp. org/xml/ns/javaee http://xmlns.jcp.org/xml/ns/javaee/web - app_3_1.xsd" id = "WebApp_ID" version = "3.1">
  <display - name > ProgMode </display - name >
  <welcome - file - list >
    <welcome - file > index.html </welcome - file >
    <welcome - file > index.htm </welcome - file >
    <welcome - file > index.jsp </welcome - file >
    <welcome - file > default.html </welcome - file >
    <welcome - file > default.htm </welcome - file >
    <welcome - file > default.jsp </welcome - file >
  </welcome - file - list >
  < servlet >
    < servlet - name > welcome_3 </servlet - name >
    < servlet - class >servlet._2_3welcome </servlet - class >
  </servlet >
  < servlet - mapping >
    < servlet - name > welcome_3 </servlet - name >
    < url - pattern >/welcome </url - pattern >
  </servlet - mapping >
</web - app >
```

(4) 运行 Servlet。

启动 Tomcat 8.x,在浏览器中输入 http://localhost:8080/Practice/myserv3,就会在页面中显示 Welcome to Servlet!,如图 3.27 所示。

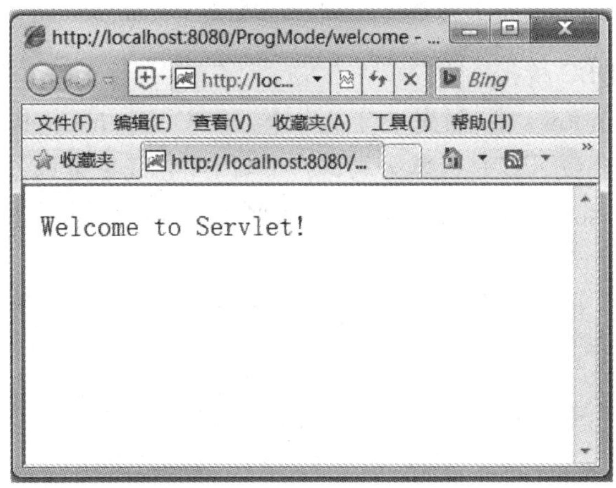

图 3.27 显示 Welcome to Servlet!

问题:什么是 JDBC?

3.4 JDBC 技术

在 Java 技术中，访问数据库的技术叫作 JDBC(Java Database Connectivity)，它提供了一系列的 API。使用 JDBC 的应用程序和数据库连接后，就可以使用 JDBC 提供的 API 操作数据库。

在 JDBC 中，有以下类或接口。

- java.sql.Connection：负责连接数据库。
- java.sql.Statement：负责执行数据库 SQL 语句。
- java.sql.ResultSet：负责存储查询结果。

1. JDBC 连接方式

常用的 JDBC 连接方式有加载厂商的数据库驱动和建立 JDBC-ODBC 桥接两种。

1）加载厂商的数据库驱动

各种不同的数据库产品，由于厂商不同，连接的方式也不同。要连接不同厂商的数据库，首先安装相应厂商的数据库驱动，如图 3.28 所示。

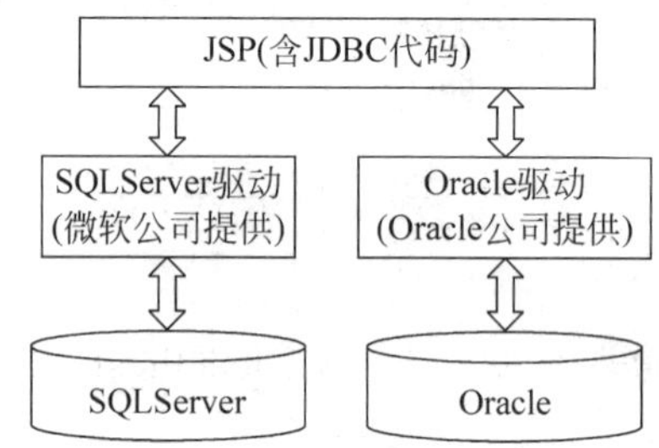

图 3.28 加载厂商的数据库驱动

2）建立 JDBC-ODBC 桥接

在微软公司的 Windows 中，预先设计了一个 ODBC(Open Database Connectivity，开放数据库互连)功能，由于 ODBC 是微软公司的产品，因此它几乎可以连接到所有在 Windows 平台下运行的数据库。由 ODBC 连接到特定的数据库，JDBC 只需要连接到 ODBC，如图 3.29 所示。

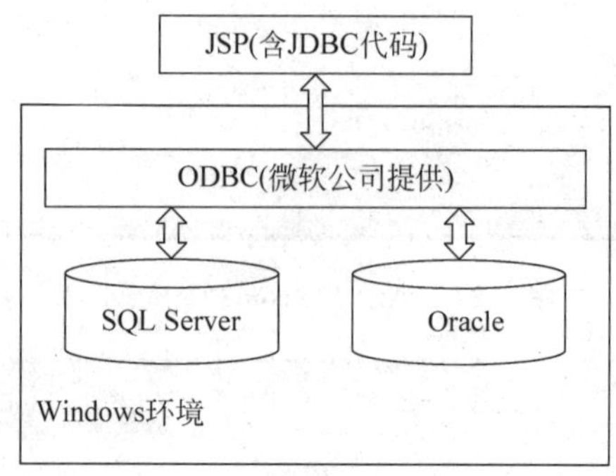

图 3.29 建立 JDBC-ODBC 桥接

答案：在 Java 技术中，访问数据库的技术叫作 JDBC(Java Database Connectivity)，它提供了一系列的 API。使用 JDBC 的应用程序和数据库连接后，就可以使用 JDBC 提供的 API 操作数据库。

2. 使用厂商驱动进行数据库连接

使用厂商驱动，有两个步骤。

(1) 到相应的数据库厂商网站上下载厂商驱动，或者从数据库安装目录下找到相应的厂商驱动包，复制到项目的 classpath 下。

(2) 在 JDBC 代码中，设定特定的驱动程序名称和 url。

常见数据库的驱动程序名称和 url 如下。

(1) SQL Server。

驱动程序："com.microsoft.jdbc.sqlserver.SQLServerDriver",

url："jdbc:microsoft:sqlserver://[IP]:1433;DatabaseName=[DBName]"

(2) Oracle。

驱动程序："oracle.jdbc.driver.OracleDriver",

url："jdbc:oracle:thin:@[ip]:1521:[sid]"

(3) MySQL。

驱动程序：" com.mysql.jdbc.Driver",

url："jdbc:mysql://localhost:3306/[DBName]"

问题：什么是 MVC?

3.5 MVC 设计思想

MVC(Model、View、Controller)是软件开发过程中流行的设计思想，不仅是 Web 应用的设计思想，也是所有面向对象程序设计语言的设计思想。

MVC 是一种设计模式，将一个应用划分为以下层面：

- M (Model，模型层)：封装应用程序的数据结构和业务逻辑，负责数据的存取。
- V(View，视图层)：它是模型层的外在表现，负责页面的显示。
- C(Controller，控制器层)：将模型层和视图层联系到一起，负责将数据写到模型层中并调用视图。

由于将应用分为不同的层面，业务逻辑、显示逻辑、控制逻辑都相互独立，从而降低了它们的耦合性，提高了应用的可扩展性及可维护性，如图 3.30 所示。

MVC 的特点如下。

- 应用被分为三层，降低了各层的耦合性，提高了可扩展性及可维护性。
- 模型返回的数据与显示逻辑分离，可以应用任何显示技术，例如 JSP 页面、Excel 文档等。控制层包含了用户请求权限的概念。
- 一个模型对应多个视图，可以减少代码的复制和维护，当模型改变时，易于维护。

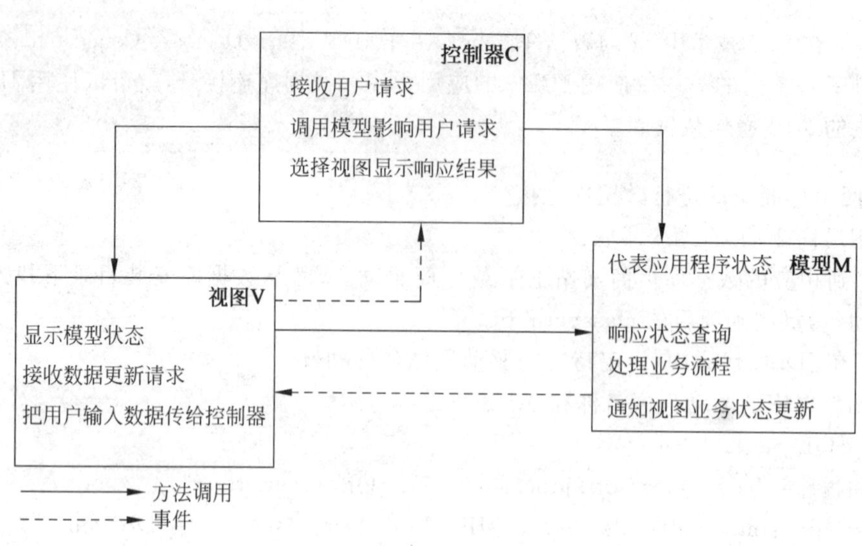

图 3.30 MVC 设计思想

- 符合软件工程管理的思想,不同层各有其职责,各层组件有其共同特征,有利于工程化管理。

然而,MVC 只是一种设计思想,还需要项目开发的规范化和标准化,这就形成了框架的概念,MVC 模式是框架的基础,为规范 MVC 开发而发布框架。在 Java EE 中框架很多,这里将重点介绍三大主流框架:Struts 2、Hibernate、Spring 和它们相互之间的整合。

答案:MVC 是一种设计模式,将一个应用分划为以下层面:M(Model,模型层):封装应用程序的数据结构和业务逻辑,负责数据的存取;V(View,视图层):它是模型层的外在表现,负责页面的显示;C(Controller,控制器层):将模型层和视图层联系到一起,负责将数据写到模型层中并调用视图。

3.6 应用举例

为了深入理解本章知识点和综合应用 JSP 技术、Servlet 技术、JavaBean 技、JDBC 技术和 MVC 设计思想进行项目开发,介绍以下 3 个应用实例:应用 JSP+JDBC 模式开发 Web 登录程序、应用 JSP+JavaBean+JDBC 模式开发 Web 登录程序和应用 JSP+Servlet+JavaBean+JDBC 开发 Web 登录程序。

3.6.1 应用 JSP+JDBC 模式开发 Web 登录程序

在 Web 应用规模不大时,可以采用以 JSP 为核心的开发模式,全部采用 JSP 来编写 Java EE 程序,JSP 文件负责处理应用的业务逻辑、控制网页流程和创建 HTML 页面,并通过 JDBC 操作后台数据库,系统结构如图 3.31 所示。

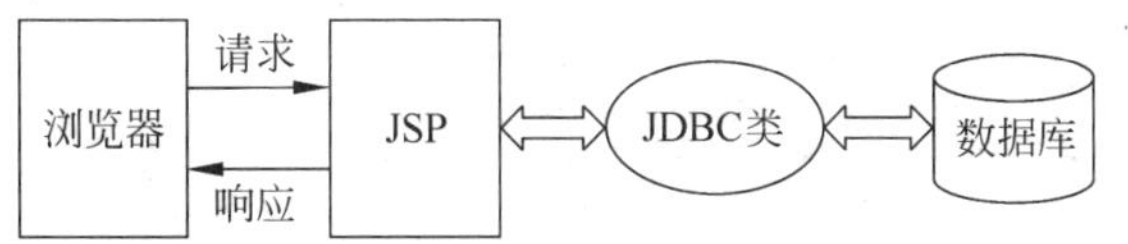

图 3.31　以 JSP 为核心的传统开发模式

【实例 1】 采用 JSP+JDBC 模式开发一个 Web 登录程序。

开发要求：创建数据库 study 并创建一个登录表 logonTable，创建一个 JspJdbc 项目，当用户在页面上输入用户名和密码，单击“登录”按钮提交后，程序通过 JDBC 访问 logonTable 表对用户登录进行验证，验证通过则转到主页并显示“登录成功”信息，否则跳转至出错页显示“登录失败”信息.

1. 创建数据库和表

在 SQL Server 2008/2012 中创建数据库 study，在 study 中，创建一个登录表 logonTable，表结构如表 3.3 所示。

表 3.3　logonTable 的表结构

列　　名	数 据 类 型	允许 null 值	是 否 主 键	自　　增	说　　明
userid	int		主键	增 1	用户号，标识
username	varchar(20)				用户名
password	varchar(20)				密码

logonTable 表有 3 个字段：userid 为自动增长的 int 型、主键，username 为 varchar 型、长度为 20，password 为 varchar 型、长度为 20。创建的 study 数据库和 logonTable 表如图 3.32 所示。

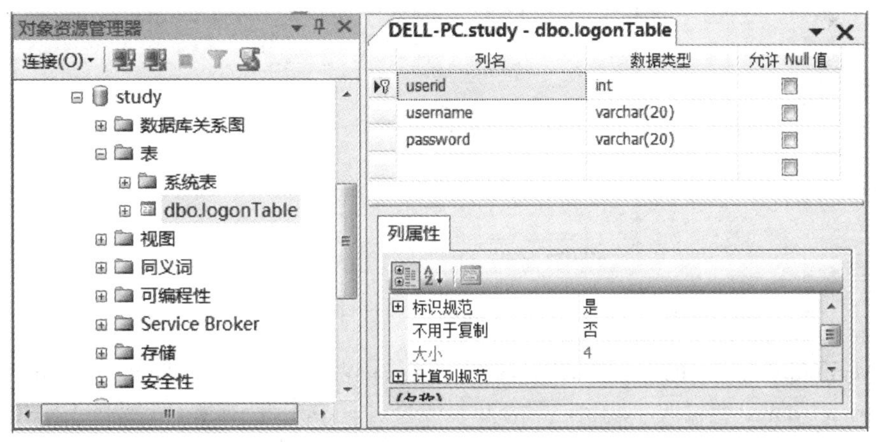

图 3.32　创建的 study 数据库和 logonTable 表

在登录表 logonTable 中，已输入两行数据：(1，‘李贤友’，‘121001’)，(2，‘David’，‘123456’)，如图 3.33 所示。

提示： 将 userid 列设为标识列方法如下：在建表的时候，将 userid 列属性的“标识规范”设定为“是”，如图 3.32 所示。

DELL-PC.study - dbo.logonTable

	userid	username	password
▶	1	李贤友	121001
	2	David	123456
*	NULL	NULL	NULL

图 3.33　已输入数据的登录表 logonTable

2. 创建 Java EE 项目

创建 JspJdbc 项目,JspJdbc 项目完成后的目录树如图 3.34 所示。

图 3.34　JspJdbc 项目目录树

在 MyEclipse 2014 的 File 菜单中,选择 New→Web Project,出现 New Web Project 窗口,在 Project name 栏输入 JspJdbc。在 Java EE version 下拉列表中,选择 JavaEE 7-Web 3.1,在 Java version 下拉列表中,选择 1.7,如图 3.35 所示。

单击 Next 按钮,在 Web Module 页中,选中 Generate web. xml deployment descriptor (自动生成项目的 web. xml 配置文件),如图 3.36 所示。

单击 Next 按钮,在 Configure Project Libraries 页,选中 JavaEE 7.0 Generic Library,同时取消选择 JSTL 1.2.2 Library,如图 3.37 所示。

单击 Finish 按钮,MyEclipse 自动生成一个新的 JspJdbc 项目。

New Web Project
Create a JavaEE Web Project
Specify project name and other details
Project name: JspJdbc
Project location
Use default location
Location: J:\Users\dell\Workspaces\MyEclipse Professiona
Browse...
Project configuration
Java EE version: JavaEE 7 - Web 3.1
Java version: 1.7
JSTL Version: 1.2.2
Add maven support
Learn more about Maven4MyEclipse...
Target runtime
MyEclipse Generic Runtime for JavaEE 7.0
Add New Runtime...
EAR membership
Add project to an EAR
EAR project name: JspJdbcEAR
New Project...
< Back
Next >
Finish
Cancel

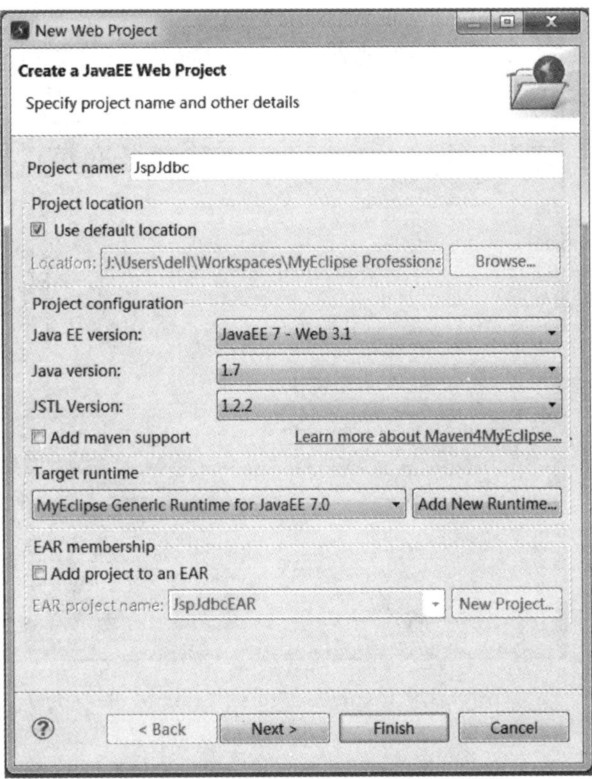

图 3.35　创建 Java EE 项目

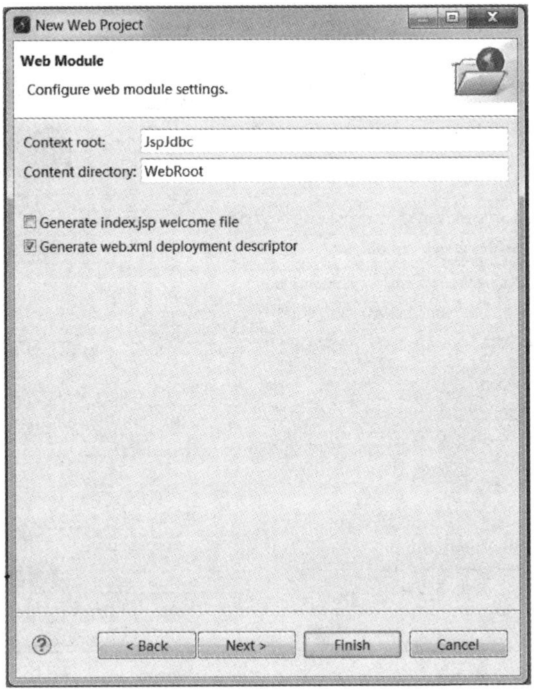

New Web Project
Web Module
Configure web module settings.
Context root: JspJdbc
Content directory: WebRoot
Generate index.jsp welcome file
Generate web.xml deployment descriptor
< Back
Next >
Finish
Cancel

图 3.36　Web Module 页

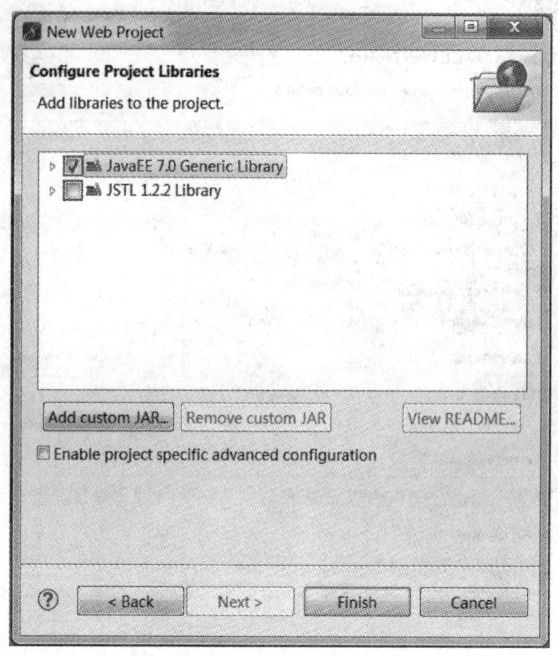

图 3.37　Configure Project Libraries 页

3. 创建 JDBC 类

选择项目的 src 文件夹，右击，在弹出的快捷菜单中选择 New→Package，在 New Java Package 窗口的 Name 框中输入包名 org.logonsystem.jdbc，如图 3.38 所示，单击 Finish 按钮。

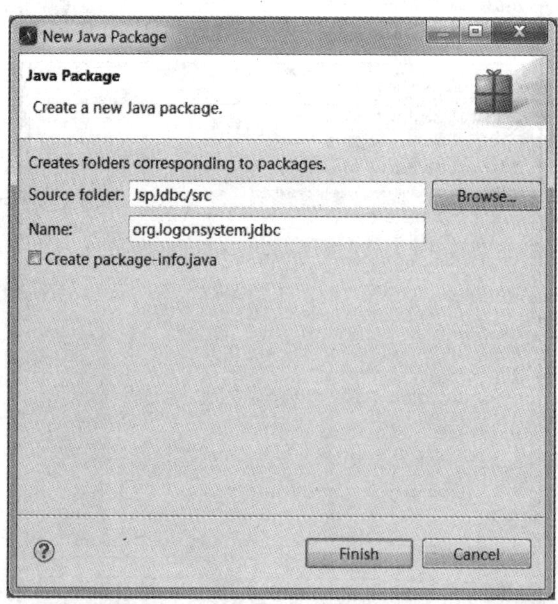

图 3.38　创建包

选择项目的 src 文件夹，右击，在弹出的快捷菜单中选择 New→Class，出现 New Java Class 窗口，如图 3.39 所示。

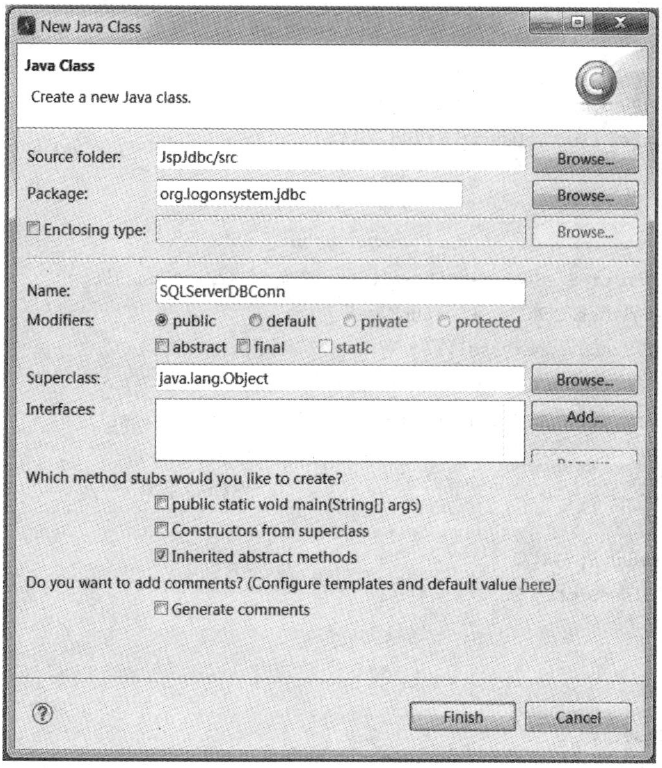

图 3.39　创建 JDBC 类

单击 Package 框后的 Browse 按钮，指定类存放的包为 org.logonsystem.jdbc，在 Name 框中输入类名 SQLServerDBConn，单击 Finish 按钮。

SQLServerDBConn.java 代码如下。

```
package org.logonsystem.jdbc;
import java.sql.*;
public class SQLServerDBConn {
  private Statement stmt;                         //Statement 语句对象
  private Connection conn;                        //Connection 连接对象
  ResultSet rs;                                   //ResultSet 结果集对象
  //在构造方法中创建数据库连接
  public SQLServerDBConn(){
  stmt = null;
  try{
    /**加载并注册 SQLServer 2008 的 JDBC 驱动*/
    Class.forName("com.microsoft.sqlserver.jdbc.SQLServerDriver");
    /**编写连接字符串，获取连接*/
    conn = DriverManager.getConnection("jdbc:sqlserver://localhost:1433;databaseName =
```

```
study","sa","123456");}catch(Exception e){
                e.printStackTrace();
        }
        rs = null;
    }
    //执行查询类的 SQL 语句,有返回集
    public ResultSet executeQuery(String sql)
    {
        try
        {
            stmt = conn.createStatement(ResultSet.TYPE_SCROLL_SENSITIVE
                ,ResultSet.CONCUR_UPDATABLE);
            rs = stmt.executeQuery(sql);                //执行查询语句
        }catch(SQLException e){
            System.err.println("Data.executeQuery: " + e.getMessage());
        }
        return rs;                                      //返回结果集
    }
    //关闭 Statement 语句对象
    public void closeStmt()
    {
        try
        {
            stmt.close();
        }catch(SQLException e){
                System.err.println("Data.executeQuery: " + e.getMessage());
        }
    }
    //关闭 JDBC 与数据库的连接
    public void closeConn()
    {
        try
        {
            conn.close();
        }catch(SQLException e){
            System.err.println("Data.executeQuery: " + e.getMessage());
        }
    }
}
```

在程序中,使用 Class.forName 方法显式加载驱动程序 com.microsoft.sqlserver.jdbc.SQLServerDriver,使用 DriverManager 类的 getConnection 方法实现建立驱动程序到数据库的连接 jdbc:sqlserver://localhost:1433;databaseName=study,sa,123456,其中,本地主机名为 localhost,数据库默认端口号为 1433,SQL Server 数据库名为 study,用户名为 sa,密码为 123456。

编码完成后，将 JDBC 驱动包 sqljdbc4.jar 复制到项目的\WebRoot\WEB-INF\lib 目录下。

4. 编写 JSP

编写 4 个 JSP 文件：login.jsp 用作登录，validate.jsp 用作验证，index.jsp 用作登录成功(主页)，failure.jsp 用作登录失败。

展开项目的工程目录树，选择 WebRoot 项，右击，在弹出的快捷菜单中选择 New→File，出现 New file 窗口，如图 3.40 所示，File name 中输入文件名 login.jsp，单击 Finish 按钮。

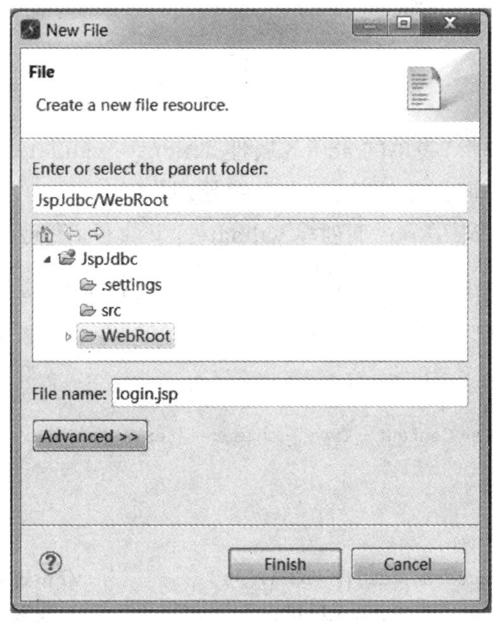

图 3.40 创建 JSP

MyEclipse 会自动在项目 WebRoot 目录下生成一个名为 login.jsp 的 JSP 文件。

在代码编辑器中编写登录页 login.jsp 文件，代码如下。

```
<%@ page language = "java" pageEncoding = "gb2312" %>
<html>
  <head>
    <title>登录</title>
  </head>
  <body>
    <form action = "validate.jsp" method = "post">
      <table>
        <caption>欢迎登录系统</caption>
        <tr>
          <td>用户名：</td>
          <td>
            <input type = "text" name = "username" size = "20"/>
```

```
        </td>
        <td>密码:</td>
        <td>
          <input type="password" name="password" size="21"/>
        </td>
      </tr>
    </table>
    <input type="submit" value="登录"/>
    <input type="reset" value="重置"/>
  </form>
  需要注册,请单击<a href="">注册</a>!
 </body>
</html>
```

本页面用于显示登录页,表单的 action 属性 action="validate.jsp"用于在用户单击"登录"按钮后,页面提交给验证页 validate.jsp 继续处理。

使用同样的方法,在 WebRoot 下创建 validate.jsp 文件,代码如下。

```
<%@ page language="java" pageEncoding="gb2312" import="java.sql.*"%>
<jsp:useBean id="SQLServerDB" scope="page" class="org.logonsystem.jdbc.SQLServerDBConn" />
<html>
  <head>
    <meta http-equiv="Content-Type" content="text/html;charset=gb2312">
  </head>
  <body>
    <%
      request.setCharacterEncoding("gb2312");                    //设置请求编码
      String usr = request.getParameter("username");             //获取提交的用户名
      String pwd = request.getParameter("password");             //获取提交的密码
      boolean validated = false;                                 //验证成功标识
      //查询 loginTable 表中的记录
      String sql = "select * from logonTable";
      ResultSet rs = SQLServerDB.executeQuery(sql);              //取得结果集
      while(rs.next())
      {
        if((rs.getString("username").trim().compareTo(usr) == 0)
        &&(rs.getString("password").compareTo(pwd) == 0))
          {
            validated = true;                                    //标识为 true 表示验证成功通过
          }
      }
      rs.close();
      SQLServerDB.closeStmt();                                   //关闭语句
      SQLServerDB.closeConn();                                   //关闭连接
      if(validated)
```

```
        {
    %>
          //验证成功跳转到 index.jsp
          <jsp:forward page = "index.jsp"/>
    <%
        }
      else
        {
          //验证失败跳转到 failure.jsp
          <jsp:forward page = "failure.jsp"/>
    <%
        }
    %>
  </body>
</html>
```

<jsp:useBean>的功能是初始化一个 class 属性所指定的 Java 类的实例,并将该实例命名为 id 属性所指定的值。即给已创建好的 JDBC 类(位于项目 org.logonsystem.jdbc 包下的 SQLServerDBConn 类)指定一个别名 SQLServerDB,然后可以在 JSP 页的源码中引用这个别名来调用该 JDBC 类的方法,例如 executeQuery()、closeStmt()和 closeConn()等方法。

<jsp:forward>用于实现页面跳转,如果验证成功,则跳转到主页 index.jsp;如果验证失败,则跳转到出错页 failure.jsp。

下面,在项目 WebRoot 目录下创建主页 index.jsp 和出错页 failure.jsp。

index.jsp 的代码如下:

```
<%@ page language = "java" pageEncoding = "gb2312" %>
<html>
  <head>
   <title>主页</title>
  </head>
  <body>
    <% out.print(request.getParameter("username")); %>,您已登录成功.
  </body>
</html>
```

主页上使用 JSP 内嵌 java 代码 out.print(request.getParameter("username"),使用 request 对象 getParameter 方法,获取请求参数 username 的值,用于用户名的回显。

failure.jsp 的代码如下:

```
<%@ page language = "java" pageEncoding = "gb2312" %>
<html>
  <head>
    <title>登录失败</title>
  </head>
```

```
  <body>
    登录失败!请<a href = "login.jsp">返回</a>重新登录.
</body>
</html>
```

可以看出,上述 JSP 文件,不仅承担了页面显示功能,还承担了页面跳转控制功能。

5. 部署和运行 Java EE 项目

1) 部署 Java EE 项目

项目开发完成后,将项目部署到服务器上。

项目一共 4 个 JSP 文件,要求系统的启动页是 login.jsp,这就需要修改 web.xml 文件。

```
<?xml version = "1.0" encoding = "UTF - 8"?>
< web - app xmlns:xsi = "http://www.w3.org/2001/XMLSchema - instance" xmlns = "http://xmlns.jcp.org/xml/ns/javaee" xsi:schemaLocation = "http://xmlns.jcp.org/xml/ns/javaee http://xmlns.jcp.org/xml/ns/javaee/web - app_3_1.xsd" id = "WebApp_ID" version = "3.1">
  <display - name>JspJdbc</display - name>
  <welcome - file - list>
    <welcome - file>login.jsp</welcome - file>
  </welcome - file - list>
</web - app>
```

单击工具栏 Deploy MyEclipse J2EE Project to Server 按钮,弹出 Project Deployments 对话框,如图 3.41 所示,将新建的 Java EE 项目部署到 Tomcat 中。

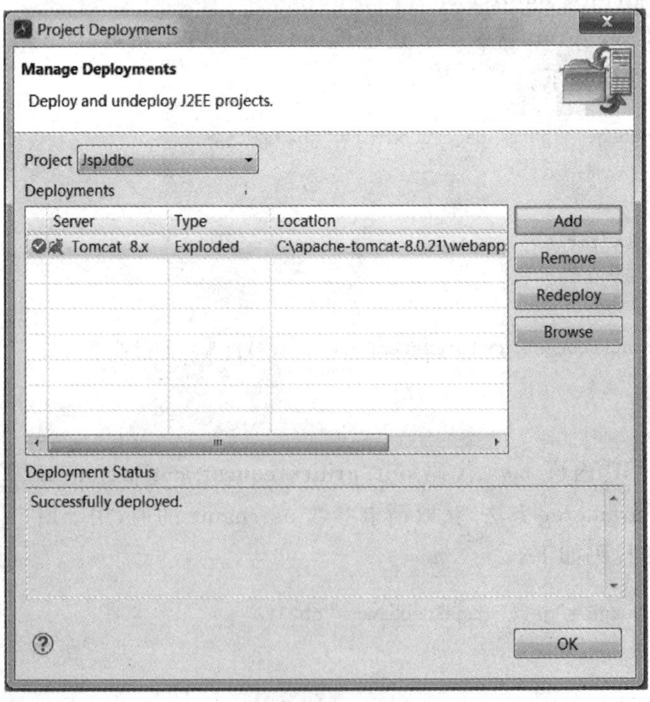

图 3.41 部署

2）运行 Java EE 项目

启动 Tomcat 8.x，在浏览器中输入 http://localhost：8080/JspJdbc/并按 Enter 键，将显示图 3.42 所示的登录页。

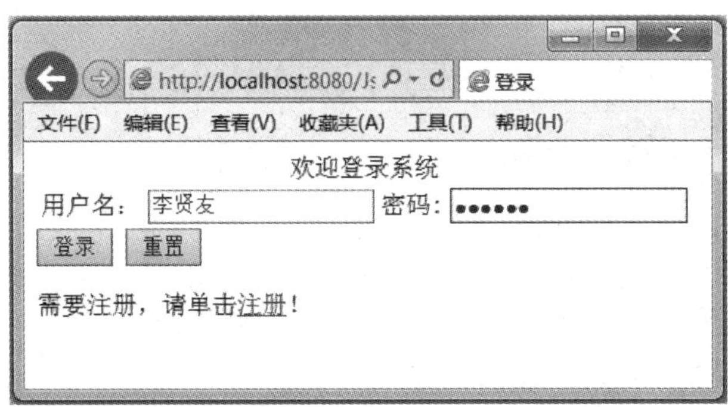

图 3.42　登录页面

输入用户名和密码，必须是登录表 logonTable 上已有用户名和密码，单击“登录”按钮提交表单，转到图 3.43 所示的主页面，并回显“登录成功”信息。

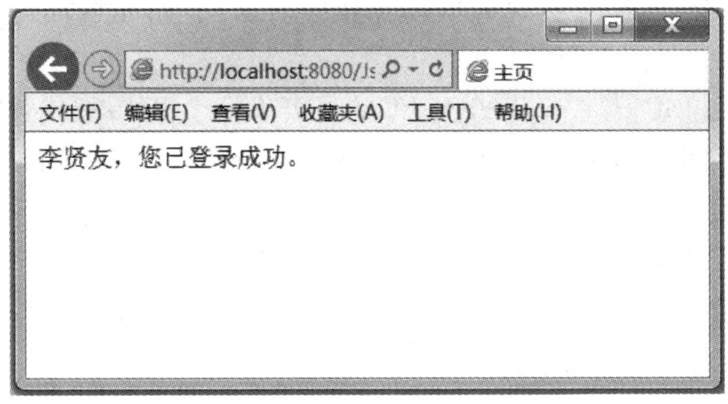

图 3.43　成功登录

如果输入登录表 logonTable 上不存在的用户名或错误的密码，提交后转到图 3.44 所示的出错页，并显示“登录失败”信息。

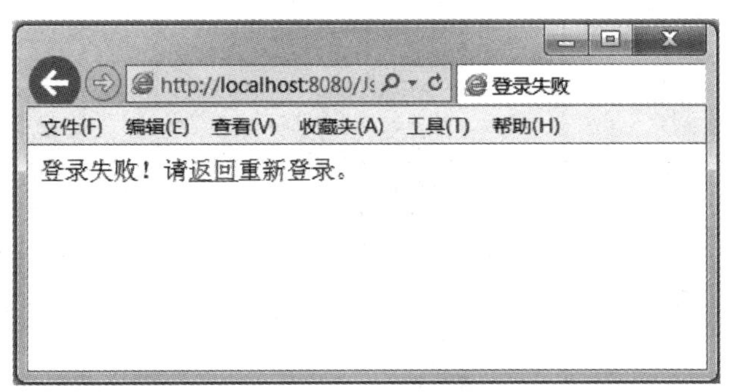

图 3.44　出错页

3.6.2 应用JSP+JavaBean+JDBC模式开发Web登录程序

遵循Model1模式开发出的Java EE项目,其系统结构如图3.45所示。

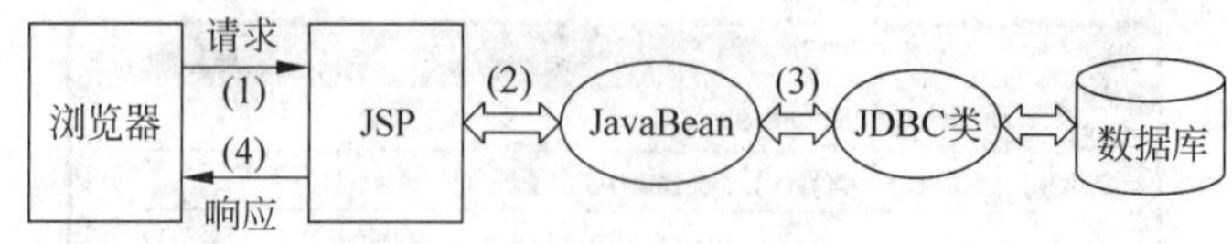

图3.45 Model1开发模式

在Model1模式中,用JSP动态生成Web网页,用JavaBean实现业务逻辑,基于Model1模式的Java EE程序,其工作流程按下面4个步骤进行。

(1) 浏览器发出请求,该请求由JSP页面接收。

(2) JSP根据请求的需要与不同的JavaBean进行交互。

(3) JavaBean用于实现业务逻辑,执行业务处理,通过JDBC操作数据库。

(4) JSP将程序运行的结果信息生成动态Web网页发回浏览器。

JavaBean常用于构造POJO(Plain Old Java Object,简单Java对象),一个POJO类就是数据库中的一个表,这样可实现数据库操作的对象化,以完全面向对象的风格来编写Java EE程序。

【实例2】 采用JSP+JavaBean+JDBC方式开发一个Web登录程序。

开发要求:在实例1基础上修改而成,建立logonTable表对应的JavaBean,实现对数据库的面向对象操作。

1. 创建Java EE项目

创建Java EE项目,项目名为JspJavabeanJdbc,具体操作方法见实例1。

JspJavabeanJdbc项目完成后的目录树如图3.46所示。

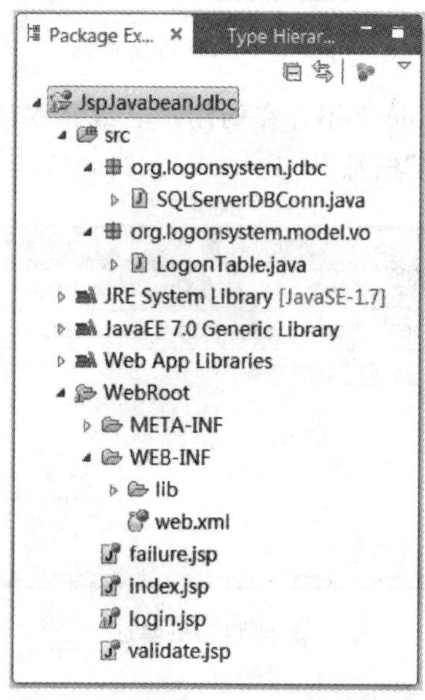

图3.46 JspJavaBeanJdbc项目目录树

2. 创建 JDBC

与实例 1 相同。

3. 构造 JavaBean

在项目 src 文件夹下建立包 org.logonsystem.model.vo，创建名为 LogonTable 的 Java 类，按照 JavaBean 要求，为数据库 logonTable 表构造一个 JavaBean，代码如下。

```
package org.logonsystem.model.vo;
public class LogonTable {
  //属性
  private Integer userid;
  private String username;
  private String password;
  /属性 userid 的 get/set 方法
  public Integer getUserid(){
    return this.userid;
  }
  public void setUserid(Integer userid){
    this.userid = userid;
  }
  //属性 username 的 get/set 方法
  public String getUsername(){
    return this.username;
  }
  public void setUsername(String username){
    this.username = username;
  }
  //属性 password 的 get/set 方法
  public String getPassword(){
    return this.password;
  }
  public void setPassword(String password){
    this.password = password;
  }
}
```

4. 编写 JSP

在本例需要编写的 4 个 JSP 文件中，login.jsp(登录页)和 failure.jsp(出错页)的代码与实例 1 的相同，另外两个文件 validate.jsp(验证页)、index.jsp(主页)的源代码修改如下。

validate.jsp 代码。

```
<%@ page language = "java" pageEncoding = "gb2312" import = "java.sql.*,org.logonsystem.
model.vo.LogonTable" %>
<jsp:useBean id = "SQLServerDB" scope = "page" class = "org.logonsystem.jdbc.SQLServerDBConn" />
<html>
  <head>
```

```
    <meta http-equiv="Content-Type" content="text/html;charset=gb2312">
  </head>
  <body>
    <%
      request.setCharacterEncoding("gb2312");                //设置请求编码
      String usr = request.getParameter("username");         //获取提交的用户名
        String pwd = request.getParameter("password");       //获取提交的密码
        boolean validated = false;                           //验证成功标识
        LogonTable logon = null;
        //获得 LogonTable 对象,如果是第 1 次访问,用户对象为空,如果是第 2 次或以后
        //直接登录无须重复验证
        logon = (LogonTable)session.getAttribute("logon");
        //如果用户是第 1 次进入,会话中尚未存储 logon 持久化对象,故为 null
        if(logon == null){
          //查询 logonTable 表中的记录
          String sql = "select * from logonTable";
          ResultSet rs = SQLServerDB.executeQuery(sql);  //取得结果集
            while(rs.next())
            {
              if((rs.getString("username").trim().compareTo(usr) == 0)&&(rs.getString
("password").compareTo(pwd) == 0)){
                logon = new LogonTable();                    //创建持久化的 JavaBean 对象 logon
                logon.setUserid(rs.getInt(1));
                logon.setUsername(rs.getString(2));
                logon.setPassword(rs.getString(3));
                session.setAttribute("logon",logon);     //把 logon 对象存储在会话中
                validated = true;                            //标识为 true 表示验证成功通过
              }
            }
          rs.close();
          SQLServerDB.closeStmt();
          SQLServerDB.closeConn();
        }
        else{
          validated = true;   //该用户已登录过并成功验证,标识为 true 无须重复验证
        }
        if(validated)
        {
          //验证成功跳转到 index.jsp
    %>
          <jsp:forward page="index.jsp"/>
    <%
        }
        else
        {
```

```
            //验证失败跳转到 failure.jsp
        %>
            <jsp:forward page="failure.jsp"/>
        <%
            }
        %>
    </body>
</html>
```

代码加黑部分为针对数据库 logonTable 表创建了一个 logon 对象，用它接收用户号、用户名和密码等信息，并将它存储在 JSP 内置的 session 对象中，该操作将数据库表中的记录作为一个对象整体加以处理，称为 Java 对象持久化，以后介绍其作用。

index.jsp 代码如下。

```
<%@ page language="java" pageEncoding="gb2312" import="org.logonsystem.model.vo.
LogonTable"%>
<html>
  <head>
    <title>主页</title>
  </head>
  <body>
    <%
      LogonTable logon = (LogonTable)session.getAttribute("logon");
      String usr = logon.getUsername();
     %>
    <%=usr%>,您已登录成功.
  </body>
</html>
```

加黑部分为与实例 1 不同之处，不再是通过 request 获取用户名，而是从会话 session 中取出存入持久化的 JavaBean 对象 logon，从中获取用户信息。

5. 部署和运行 Java EE 项目

1) 部署 Java EE 项目

部署项目与实例 1 相同。

2) 运行 Java EE 项目

启动 Tomcat 8.x，打开 IE 浏览器输入 http://localhost:8080/JspJavabeanJdbc/并运行程序，首先以用户名"李贤友"登录，出现"登录成功"主页面，如图 3.47 所示。

然后单击浏览器工具栏上"后退"按钮返回登录页，清空用户名和密码，在不输入用户名密码的情况下，直接单击"登录"按钮，页面又一次转到"登录成功"主页面，如图 3.48 所示。

这是由于上次登录时已验证过，用户信息已经写入 JavaBean 持久化对象并保存于会话中，因此系统能自动"识别"该用户，无须重复验证。

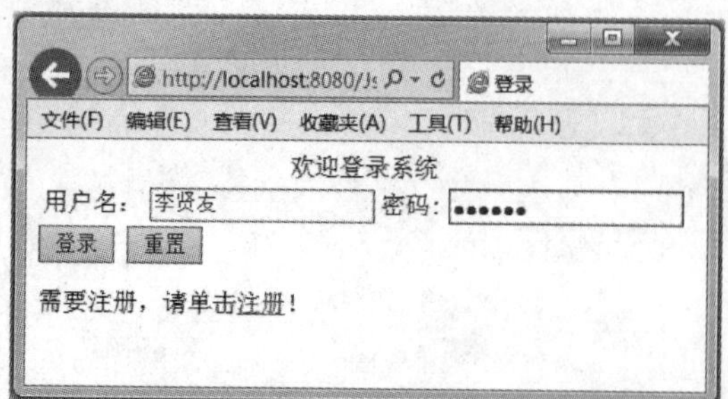

(a) 输入用户名和密码登录

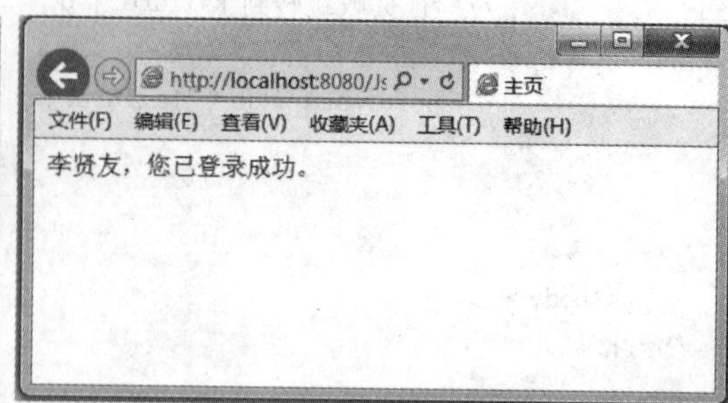

(b) 成功登录

图 3.47 登录演示 1

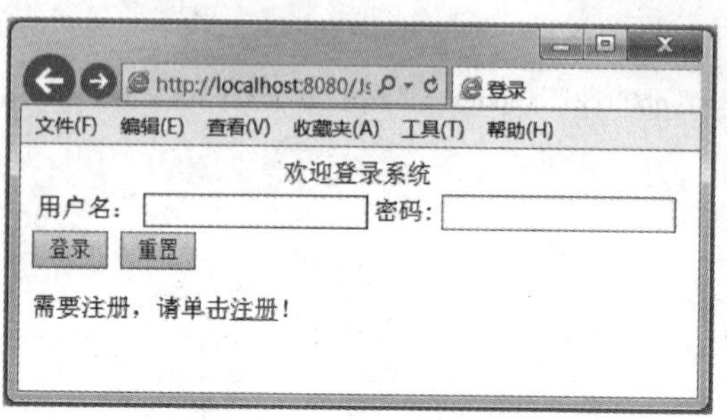

(a) 不输入用户名和密码登录

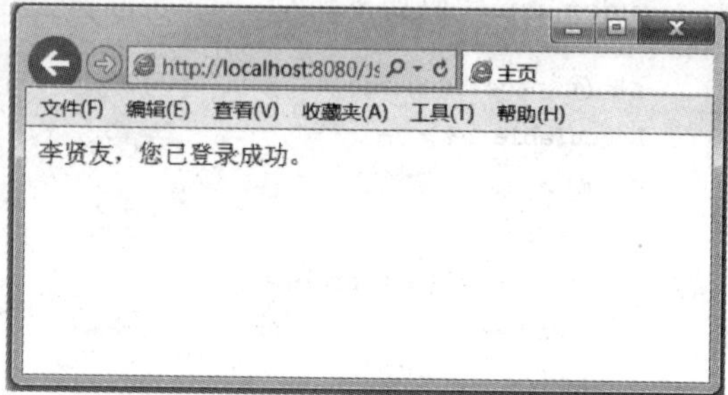

(b) 成功登录

图 3.48 登录演示 2

3.6.3 应用 JSP+Servlet+JavaBean+JDBC 模式开发 Web 登录程序

在 Model1 模式中，引入了 JavaBean 来实现对数据库表的对象化操作，但 JSP 同时担负页面显示、控制逻辑、业务逻辑等多项任务。在对 Model1 进行改造后，发展出 Model2 模式，其工作原理如图 3.49 所示，工作流程有如下 5 个步骤。

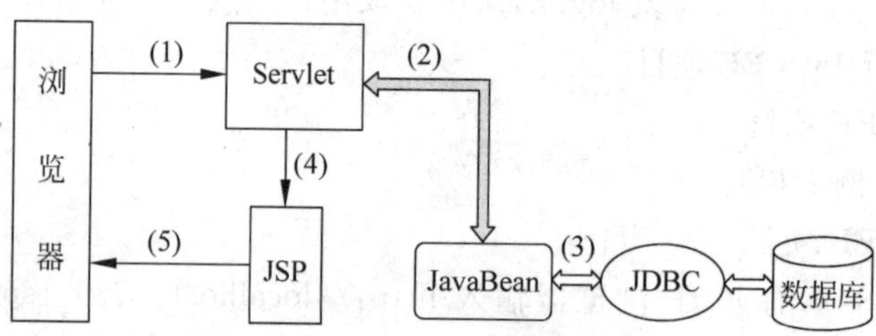

图 3.49 Model2 开发模式

(1) 浏览器通过 JSP 发出请求，Servlet 接收的请求。

(2) Servlet 根据不同的请求调用相应的 JavaBean。

(3) JavaBean 按自己的业务逻辑，执行业务处理，通过 JDBC 操作数据库。

(4) Servlet 将响应内容传递给 JSP。

(5) JSP 将处理结果呈现给浏览器。

比较 Model2 模式和 Model1 模式，可以看出，Model2 模式引入了 Servlet 组件，Servlet 作为控制器，JSP 不再作为控制器，仅仅是页面显示，使 Model2 具有组件化的特点。

【实例 3】 采用 JSP+Servlet+JavaBean+JDBC 模式开发一个 Web 登录程序。

在实例 2 的基础上修改而成，将控制功能交由 Servlet 管理，JSP 负责页面显示，实现控制逻辑与显示逻辑的分离。

1. 创建 Java EE 项目

创建 Java EE 项目，项目命名为 JspServletJavabeanJdbc，操作步骤见实例 1。

JspServletJavabeanJdbc 项目完成后的目录树如图 3.50 所示。

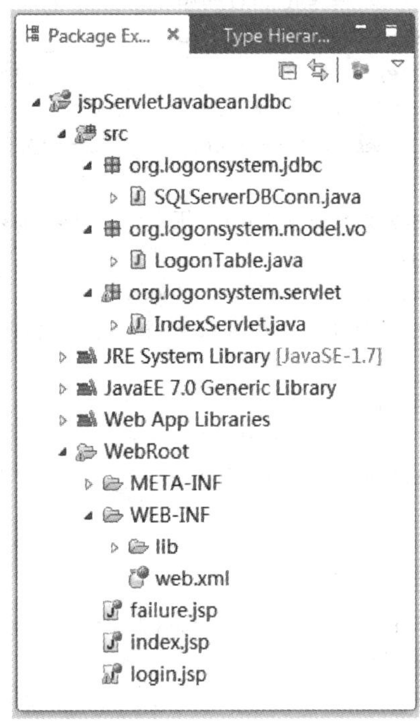

图 3.50　JspServletJavabeanJdbc 项目目录树

2. 创建 JDBC

与实例 1 相同。

3. 构造 JavaBean

与实例 2 相同。

4. 编写与配置 Servlet

1）编写 Servlet

在项目 src 文件夹下建立包 org.logonsystem.servlet，在包中创建名为 IndexServlet 的类(Servlet 类)。

编写 IndexServlet 代码。

```
package org.logonsystem.servlet;
import java.sql.*;
```

```
import java.io.*;
import javax.servlet.*;
import javax.servlet.http.*;
import org.logonsystem.model.vo.LogonTable;
import org.logonsystem.jdbc.SQLServerDBConn;
public class IndexServlet extends HttpServlet{
  public void doGet(HttpServletRequest request, HttpServletResponse response) throws
ServletException,IOException{
    request.setCharacterEncoding("gb2312");                 //设置请求编码
    String usr = request.getParameter("username");          //获取提交的用户名
    String pwd = request.getParameter("password");          //获取提交的密码
    boolean validated = false;                              //验证成功标识
    SQLServerDBConn sqlsrvdb = new SQLServerDBConn();
    HttpSession session = request.getSession(); //获得会话对象,用来保存当前登录用户的信息
    LogonTable logon = null;
    //获得 LogonTable 对象,如果是第 1 次访问,用户对象为空,如果是第 2 次或以后
    //直接登录无须重复验证
    logon = (LogonTable)session.getAttribute("logon");
    /如果用户是第 1 次进入,会话中尚未存储 logon 持久化对象,故为 null
    if(logon == null){
      //查询 logonTable 表中的记录
      String sql = "select * from logonTable";
      ResultSet rs = sqlsrvdb.executeQuery(sql);           //取得结果集
      try{
        while(rs.next())
        {
          if((rs.getString("username").trim().compareTo(usr) == 0)&&(rs.getString
("password").compareTo(pwd) == 0)){
            logon = new LogonTable();                      //创建持久化的 JavaBean 对象 logon
            logon.setUserid(rs.getInt(1));
            logon.setUsername(rs.getString(2));
            logon.setPassword(rs.getString(3));
            session.setAttribute("logon",logon);           //把 logon 对象存储在会话中
            validated = true;                              //标识为 true 表示验证成功通过
          }
        }
        rs.close();
        } catch (SQLException e) {
          e.printStackTrace();
        }
       sqlsrvdb.closeStmt();
       sqlsrvdb.closeConn();
    }
    else{
      validated = true;  //该用户已登录过并成功验证,标识为 true 无须重复检验
```

```
        }
        if(validated)
        {
            //验证成功跳转到 index.jsp
            response.sendRedirect("index.jsp");
        }
        else{
            //验证失败跳转到 failure.jsp
            response.sendRedirect("failure.jsp");
        }
    }
    public void doPost(HttpServletRequest request, HttpServletResponse response) throws
ServletException,IOException{
        doGet(request,response);
    }
}
```

在实例 2 中的 JSP 文件 validate.jsp 的功能，已全部改由上述 Servlet 实现。

2）配置 Servlet

Servlet 编写完成后，必须在项目的 web.xml 中进行配置方可使用。

对项目 web.xml 修改如下：

```
<?xml version="1.0" encoding="UTF-8"?>
<web-app xmlns:xsi="http://www.w3.org/2001/XMLSchema-instance" xmlns="http://xmlns.
jcp.org/xml/ns/javaee" xsi:schemaLocation="http://xmlns.jcp.org/xml/ns/javaee http://
xmlns.jcp.org/xml/ns/javaee/web-app_3_1.xsd" id="WebApp_ID" version="3.1">
  <display-name>jspServletJavabeanJdbc</display-name>
  <welcome-file-list>
    <welcome-file>login.jsp</welcome-file>
  </welcome-file-list>
  <servlet>
    <servlet-name>indexServlet</servlet-name>
    <servlet-class>org.logonsystem.servlet.IndexServlet</servlet-class>
  </servlet>
  <servlet-mapping>
    <servlet-name>indexServlet</servlet-name>
    <url-pattern>/indexServlet</url-pattern>
  </servlet-mapping>
</web-app>
```

5. 编写 JSP

本例只需要编写 3 个 JSP 文件：login.jsp（登录页）、index.jsp（主页）和 failure.jsp（出错页），其中 index.jsp 和 failure.jsp 的代码与实例 2 的相同，仅 login.jsp 需要进行小的修改。

login.jsp 代码。

```
<%@ page language="java" pageEncoding="gb2312" %>
<html>
  <head>
    <title>登录</title>
  </head>
  <body>
    <form action="IndexServlet" method="post">
      <table>
        <caption>欢迎登录系统</caption>
        <tr>
          <td>用户名:</td>
          <td>
            <input type="text" name="username" size="20"/>
          </td>
          <td>密码:</td>
          <td>
            <input type="password" name="password" size="21"/>
          </td>
        </tr>
      </table>
      <input type="submit" value="登录"/>
      <input type="reset" value="重置"/>
    </form>
    需要注册,请单击<a href="">注册</a>!
  </body>
</html>
```

修改之处为代码加黑处,修改为提交给 IndexServlet 处理。

6. 部署和运行 Java EE 项目

部署与实例 2 相同。

运行效果与实例 2 一样,如图 3.47 和图 3.48 所示。

3.7 小　　结

本章主要介绍了以下内容。

(1) 超文本标记语言 HTML 用于写出 Web 页面,它定义了许多用于排版的命令,这些命令称为标记(Tag),HTML 将这些标记嵌入到 Web 页面中,构成 HTML 文档。标记包括文本标记、段落标记和链接标记等。

创建表单,需要在文档中添加<form></form>标记符。提交表单数据和处理表单数据的方法由 form 标记符中的 method 和 action 属性确定。控件是表单中用于接收用户输入或处理的元素,控件通常位于 form 标记符内,控件包括按钮、单选框、复选框、文本输入框和选项菜单框等。

表格标记符<table></table>用于定义表格，表头标记符<th></th>用来定义表头，表格行标记符<tr></tr>用来定义一行，表格列标记符<td></td>用来定义一列。

使用框架集标记符<frameset></frameset>和框架标记符<frame>构造框架，frameset 标记符 rows 属性和 cols 属性分别用于构造横向分隔框架和纵向分隔框架。

(2) JSP(Java Server Pages)是基于 Java 的动态页面技术，它运行于服务器端，能够处理用户提交的请求并向客户端输送 HTML 页面。JSP 页面的内容由两部分组成：静态部分与静态 HTML 页面相同，包括 HTML 标记及页面内容等；动态部分受 Java 程序控制，包括 JSP 标记及 Java 程序段等。

JavaBean 组件是一个可以重复使用和可以组装到应用程序中的 Java 类，在 JavaBean 中不仅要定义其成员变量，还对于每一个成员变量，定义了一个 getter 方法和一个 setter 方法。

(3) JSP 页面的 4 种基本语法包括 JSP 声明、JSP 程序块、JSP 表达式和 JSP 注释。

JSP 有以下 3 个常见的编译指令：page(针对当前页面的指令)、include(用于指定包含的另一页面)、taglib(用于定义和访问自定义标记)。

JSP 的 7 个动作指令为<jsp:forward> (执行页面转向)、<jsp:include>(动态引入一个 JSP 页面)、<jsp:param>(传递参数)、<jsp:plugin>(下载 JavaBean 或 Applet 到客户端执行)、<jsp:useBean>(创建一个 JavaBean 的实例)、<jsp:setProperty>(设置 JavaBean 实例的属性值)和<jsp:getProperty>(输出 JavaBean 实例的属性值)。

JSP 包含 9 个内置对象：request(代表来自客户端的请求)、response(代表服务器对客户端的响应)、out(代表 JSP 页面的输出流)、session(代表一次会话)、application(代表 JSP 所属的 Web 应用本身)、exception(代表页面中的异常和错误)、page(代表页面本身)、config(代表该 JSP 的配置信息)和 pageContext(代表该 JSP 页面的上下文)。

(4) Servlet 是一个特殊的 Java 类，这个类必须继承 HttpServlet。JSP 的本质是 Servlet，JSP 是 Servlet 的一种简化，使用 JSP 其实还是使用 Servlet。但是 Servlet 的开发效率低，而且必须由程序员开发，美工人员难以参与。在 MVC 规范出来后，Servlet 主要作为控制器使用，不再作为视图层使用。

(5) 在 Java 技术中，访问数据库的技术叫作 JDBC(Java Database Connectivity)，它提供了一系列的 API。使用 JDBC 的应用程序和数据库连接后，就可以使用 JDBC 提供的 API 操作数据库。常用的 JDBC 连接方式有两种：加载厂商的数据库驱动和建立 JDBC-ODBC 桥接。

(6) MVC(Model、View、Controller)是软件开发过程中流行的设计思想，不仅是 Web 应用的设计思想，也是所有面向对象程序设计语言的设计思想。

M (Model，模型)为封装应用程序的数据结构和事务逻辑，负责数据的存取；V(View，视图)是模型的外在表现，负责页面的显示；C(Controller，控制器)为将模型和视图联系到一起，负责将数据写到模型中并调用视图。

由于将应用分为不同的层面，显示、业务逻辑、过程控制都相互独立，从而降低了它们的耦合性，提高了应用的可扩展性及可维护性。

(7) 为了深入理解本章知识点和综合应用 JSP 技术、Servlet 技术、JavaBean 技术、JDBC 技术和 MVC 设计思想进行项目开发，介绍了 3 个应用实例：应用 JSP＋JDBC 模式开发 Web 登录程序、应用 JSP＋JavaBean＋JDBC 模式开发 Web 登录程序和应用 JSP＋Servlet＋JavaBean＋JDBC 开发 Web 登录程序。

习　题　3

一、选择题

1. 在 JSP 中，定义一个方法，需要用到________。

   A. ＜% %＞　　B. ＜%＝ %＞　　C. ＜%@ %＞　　D. ＜%! %＞

2. 在 JSP 文件中，表达式＜%＝1＋5%＞将输出________。

   A. 1　　B. 1＋5

   C. 6　　D. 不会输出，因表达式错误

3. 下面________是 JSP 中注释符。

   A. //注释内容　　B. ＜%-注释内容--%＞

   C. /＊注释内容＊/　　D. /＊＊注释内容＊＊/

4. 在 JSP 中使用 user 包 Student 类，下面写法正确的是________。

   A. ＜jsp:useBean name＝"student" class＝"user.Student" import＝"user.＊"/＞

   B. ＜jsp:useBean id＝"student" class＝"user.Student" scope＝"page"/＞

   C. ＜jsp:useBean class＝"user.Student" /＞

   D. ＜jsp:useBean id＝"student" scope＝"page"/＞

5. 下面语句可以获取页面请求中一个单选框的选项值（单选框名称为 coursename）的是________。

   A. request.getParameters("coursename")

   B. response.getParameter("coursename")

   C. request.getParameter("coursename")

   D. request.getAttribute("coursename")

6. 下面对象中作用域最大的是________。

   A. session　　B. page　　C. request　　D. application

7. 在 session 中保存属性，可以使用的语句为________。

   A. session.getAttribute("name")

   B. session.setAttribute("name")

   C. session.setAttribute("name","value")

   D. session.getAttribute("name","value")

二、填空题

1. 创建表单，需要在文档中添加________标记符。

2. JSP 页面的基本语法有________、________、________和________4 种。

3. <jsp:forward>的作用是________。

4. JavaBean 组件是一个________和________的 Java 类。

5. <jsp:useBean>的作用是________。

6. Servlet 是一个特殊的________,这个类必须继承________。

7. 在 Java 技术中,________叫作 JDBC。

8. MVC 将应用分为不同的层面,________、________和________都相互独立,从而降低了它们的耦合性,提高了应用的可扩展性及可维护性。

三、应用题

1. 编写一个 JSP 程序,计算 8! 并显示结果。

2. 使用<jsp:useBean>显示当前时间。

3. 开发一个网页计数器,首先将网页计数器用 JavaBean 的形式封装实现,使每一次请求都将计数器加 1,再编写引用 JavaBean 的 JSP 页面,完成后进行测试。

4. 参照实例 1 的步骤,完成使用 JSP+JDBC 模式开发一个 Web 登录程序,完成后进行测试。

5. 参照实例 2 的步骤,完成使用 JSP+JavaBean+JDBC 模式开发一个 Web 登录程序,完成后进行测试。

6. 参照实例 3 的步骤,完成使用 JSP+Servlet+JavaBean+JDBC 模式开发一个 Web 登录程序,完成后进行测试。

第4章 Struts 2 开发

本章要点

- Struts 2 原理和配置
- Struts 2 输入校验
- Struts 2 标签库
- Struts 2 文件上传
- Struts 2 拦截器
- 应用举例

Struts 2 是以 WebWork 为核心合并 WebWork 和 Struts 1 两个经典的 MVC 的框架，发展起来的一个优秀的 MVC 的框架。本章介给 Struts 2 原理及工作流程、Struts 2 数据验证、Struts 2 标签库、Struts 2 文件上传和 Struts 2 拦截器等内容，并通过应用举例综合本章的知识和培养读者的开发能力。

4.1 Struts 2 原理和配置

模式(设计模式)是解决特定问题的一般性方法。

架构是在软件项目开发过程中、从宏观层面提取特定领域软件的共性部分形成的体系结构。

框架是在软件项目开发过程中、提取软件的通用部分形成的应用体系结构，是一种或多种模式和代码的混合体。

由于提取了特定领域软件的共性部分，因此在此领域内新项目的开发过程中代码不需要从头编写，只需要在架构和框架的基础上进行一些开发和调整便可满足要求。对于开发过程，这样做会提高软件的质量，降低成本，缩短开发时间。框架不是现成可用的应用系统，是一个半成品，需要后来的开发人员继续进行开发，以实现具体的应用系统。

模式和框架的区别是：模式是一个设计问题的解决方法，而框架是软件，模式可以提升软件的设计水平。

架构和框架的区别在于，架构确定系统的整体结构、层次划分等设计考虑，而框架更偏重于技术实现。一个软件项目确定架构后，可通过多种框架实现。

MVC 模式是 Struts 2 框架的基础，Struts 2 是为了规范 MVC 开发而发展起来的一个全新框架。

Struts 2 的控制器由 StrutsPrepareAndExecuteFilter 核心控制器和 Action 业务控制器

构成，Action业务控制器由用户自定义，用于调用业务方法和返回处理结果，通常并不与物理视图关联，该处理结果与物理视图关联由核心控制器决定。

Struts 2屏蔽了Servlet原始的API，改用struts 2核心控制器控制JSP页面跳转，用struts 2取代Servlet的位置，而调用业务方法和返回处理结果由用户自定义的Action去实现，与struts 2控制核心相分离，从而实现了控制逻辑和显示逻辑的分离，并降低了系统中各部分组件的耦合度。

本节介绍Struts 2原理、Struts 2配置和实现Action等内容。

问题：什么是模式？什么是架构？什么是框架？

4.1.1 Struts 2原理

在Struts 2原理中，介绍Struts 2的工作流程、Struts 2请求-响应流程和Servlet Filter技术等内容。

1. Struts 2的工作流程

Struts 2的一个请求在Struts 2框架内被处理，分为以下几个步骤，如图4.1所示。

(1) 客户端初始化一个指向Servlet容器(例如Tomcat)的请求。

(2) 该请求经过一系列Filter过滤器，如ActionCleanUp和FilterDispatcher等。

(3) FilterDispatcher被调用，FilterDispatcher询问ActionMapper这个请求是否需要调用某个action。FilterDispatcher(StrutsPrepareAndExecuteFilter以前的版本)是Struts 2控制器的核心，它通常是过滤器链中的最后一个过滤器。

(4) 如果ActionMapper决定需要调用某个action，FilterDispatcher则把请求交给ActionProxy进行处理。

(5) ActionProxy通过Configuration Manager询问框架的配置文件struts.xml，找到调用的action类。

(6) ActionProxy创建一个ActionInvocation实例。

(7) ActionInvocation实例使用命名模式来调用，在调用Action过程的前后涉及相关拦截器(Interceptor)的调用。

(8) 一旦Action执行完毕，ActionInvocation负责根据struts.xml中的配置找到对应的返回结果。返回结果通常是一个需要被表示的JSP或者FreeMaker的模板，也可能是另外一个Action链。在表示过程中可以使用Struts 2框架中继承的标签，还需要涉及ActionMapper。

2. Struts 2请求-响应流程

Struts 2应用开发流程可按以下请求-响应流程来开发，其中虚线框内为Struts 2的控制器，由StrutsPrepareAndExecuteFilter和XxxAction构成，StrutsPrepareAndExecuteFilter为核心控制器，XxxAction为业务控制器，业务控制器由用户自定义。业务控制器XxxAction用于调用业务方法和返回处理结果，通常并不与物理视图关联，该处理结果与物理视图关联由StrutsPrepareAndExecuteFilter决定。在Struts 2的控制下，用户请求不再向JSP页面发送，而是由核心控制器StrutsPrepareAndExecuteFilter"调用"JSP页面来生成响应，整个

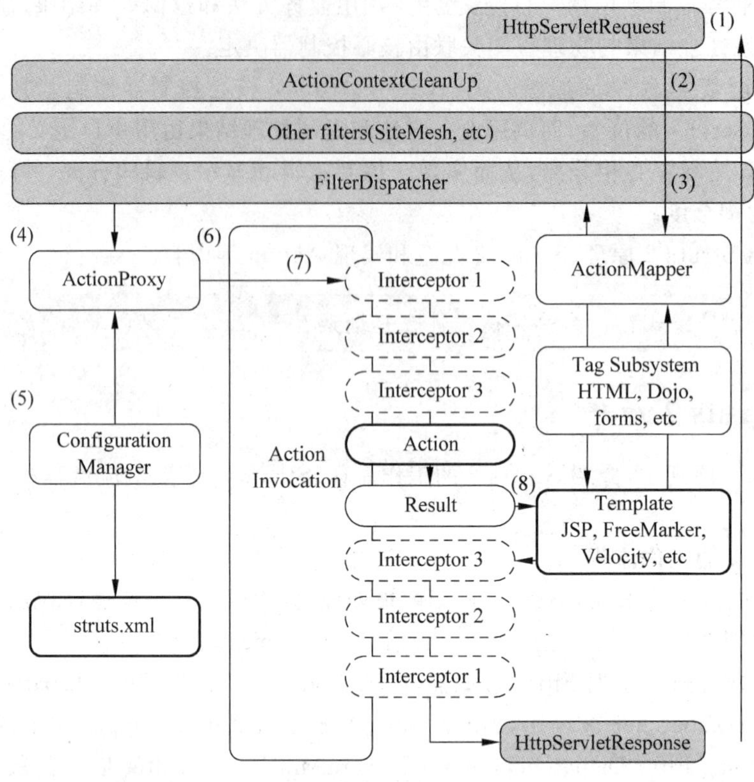

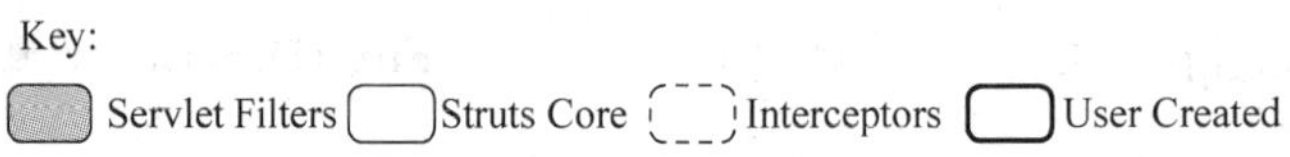

图 4.1　Struts 2 的工作流程

工作流程如图 4.2 所示。

Struts 2 应用开发流程如下。

(1) 发送用户请求。

(2) 调用 execute 方法。

(3) 调用业务方法。

(4) 返回业务结果。

(5) 返回逻辑视图名。

(6) forward 到物理视图。

(7) 生成响应内容。

(8) 输出响应。

3. Servlet Filter 技术

Filter 过滤器是用户请求和 Web 服务器之间的一层处理程序,这层程序可以对用户请求和处理程序响应的内容进行处理,过滤器用于权限控制、编码转换等。

过滤器对请求、加过滤器请求和加过滤器链请求的处理过程如图 4.3 所示。

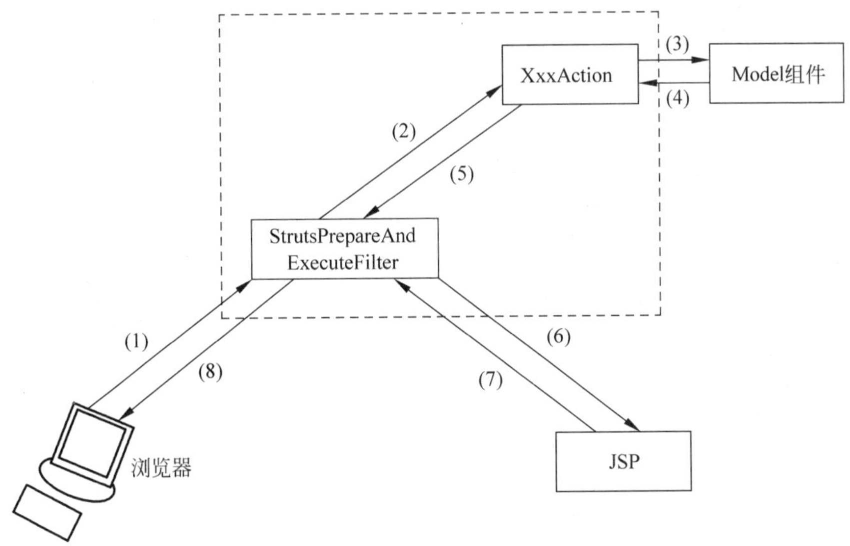

图 4.2　Struts 2 请求-响应流程

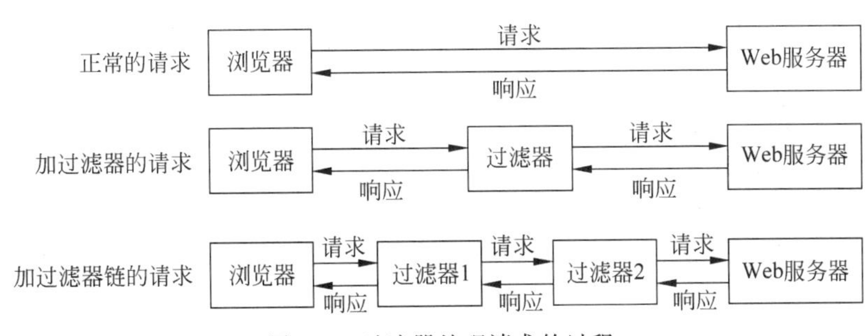

图 4.3　过滤器处理请求的过程

所有的过滤器类都必须实现 java.Servlet.Filter 接口，它含有 3 个过滤器类必须实现的方法。

1）init(FilterConfig)

过滤器的初始化方法，Servlet 容器创建过滤器实例后将调用该方法，它可以通过 FilterConfig 参数读取 web.xml 文件中过滤器的初始化参数。

2）doFilter(ServletRequest,ServletResponse,FilterChain)

完成实际的过滤操作，当用户请求与过滤器关联的 URL 时，Servlet 容器将先调用过滤器的 doFilter 方法，在返回响应之前也会调用该方法。

3）destroy()

Servlet 容器在销毁过滤器实例前调用该方法，用于释放过滤器占用的资源。

过滤器编写完成后，要在 web.xml 进行配置，格式如下：

```
<filter>
    <filter-name>过滤器名称</filter-name>
    <filter-class>过滤器对应的类</filter-class>
    <!--初始化参数-->
    <init-param>
        <param-name>参数名称</param-name>
```

```
        <param-value>参数值</param-value>
    </init-param>
</filter>
```

答案：模式是解决特定问题的一般性方法。

架构是从宏观层面提取特定领域软件的共性部分形成的体系结构。

框架是一个应用体系结构，是一种或多种模式和代码的混合体。由于提取了特定领域软件的共性部分，因此在此领域内新项目的开发过程中代码不需要从头编写，只需要在架构和框架的基础上进行一些开发和调整便可满足要求。对于开发过程，这样做会提高软件的质量，降低成本，缩短开发时间。框架不是现成可用的应用系统，是一个半成品，需要后来的开发人员继续进行开发，以实现具体的应用系统。

4.1.2 Struts 2 配置

在 Struts 2 中，Struts 2 底层已实现了部分功能，只需要进行相关文件配置，即可使用相关功能。

在 Struts 2 配置中，struts.xml 是 Struts 2 的主要配置文件，struts.properties 是 Struts 2 框架的常量配置文件。

1. web.xml 文件

web.xml 虽然不是 Struts 2 框架特有的文件，但它是所有 Java Web 应用程序都需要的核心配置文件。

Struts 2 是通过过滤器这一标准 Java Web 组件实现的，Struts 2 框架需要在 web.xml 中配置核心控制器 StrutsPrepareAndExecuteFilter(其早期版本为 FilterDispatcher)，例如：

```
<?xml version="1.0" encoding="UTF-8"?>
<web-app xmlns:xsi="http://www.w3.org/2001/XMLSchema-instance" xmlns="http://xmlns.jcp.org/xml/ns/javaee" xsi:schemaLocation="http://xmlns.jcp.org/xml/ns/javaee http://xmlns.jcp.org/xml/ns/javaee/web-app_3_1.xsd" id="WebApp_ID" version="3.1">
  <filter>
    <filter-name>struts2</filter-name>
    <filter-class>org.apache.struts2.dispatcher.ng.filter.StrutsPrepareAndExecuteFilter
</filter-class>
    <init-param>
      <param-name>actionPackages</param-name>
      <param-value>com.mycompany.myapp.actions</param-value>
    </init-param>
  </filter>
  <filter-mapping>
    <filter-name>struts2</filter-name>
    <url-pattern>/*</url-pattern>
  </filter-mapping>
  <display-name>JspStruts2JavaBeanJdbc</display-name>
```

```
  <welcome-file-list>
    <welcome-file>login.jsp</welcome-file>
  </welcome-file-list>
</web-app>
```

2. struts.xml 文件

struts.xml 是 Struts 2 的主要配置文件，通常储存在 Web 应用项目的 WEB-INF/classes 目录下，例如：

```
<?xml version="1.0" encoding="utf-8"?>
<!DOCTYPE struts PUBLIC
  "-//Apache Software Foundation//DTD Struts Configuration 2.0//EN"
  "http://struts.apache.org/dtds/struts-2.0.dtd">
<struts>
  <package name="default" extends="struts-default">
    <!-- 用户登录 -->
    <action name="index" class="org.logonsystem.action.IndexAction">
      <result name="success">/index.jsp</result>
      <result name="error">/failure.jsp</result>
    </action>
  </package>
  <constant name="struts.i18n.encoding" value="gb2312"></constant>
</struts>
```

3. struts.properties 文件

Struts 2 使用 struts.properties 文件来管理常量，struts.properties 文件是标准的 .Properties 文件，文件内容由 key-value 对组成，每个 key 是一个 Struts 2 常量，key 对应的 value 是一个 Struts 2 常量值。Struts 2 常量常称为 Struts 2 属性。

struts.properties 文件必须位于 classpath 下，通常放在 Web 应用项目的 src 目录下。

在开发环境中，以下几个属性是可能需要修改的。

(1) struts.i18n.reload = true：激活重新载入国际化文件的功能。

(2) struts.devMode = true：激活开发模式，提供更全面的调试功能。

(3) struts.configuration.xml.reload = true：激活重新载入 XML 配置文件的功能，当文件被修改后，就不需要载入 Servlet 容器中的整个 Web 应用了。

(4) struts2.url.http.port = 8080：配置服务器运行的端口。

(5) struts.objectFactory = spring：把 Struts 2 的类生成交给 Spring 完成。

4. package 元素

struts.xml 文件中使用 package (包)来管理 Action、Result、拦截器、拦截器栈等配置信息。

package 可以将多个 Action 组织为一个模块，便于系统的维护。一个 package 可以扩展自另外一个 package，提高重用性。

package 常用属性如下。

(1) name：包名，该属性是必选的，这个名字将作为引用该包的键。

(2) extends：指定要扩展的包名，该属性是可选的，允许一个包继承一个或多个先前定义的包。一般会继承 struts-default 包,struts-default 包是 Struts 2 内置的,它定义了 Struts 2 内部的众多拦截器和 Result 类型。

(3) abstract：声明包为抽象的,该属性是可选的,抽象包中不能配置 action。

(4) namespace：指定命名空间,该属性是可选的,将保存的 action 配置为不同的名称空间。Struts 2 中 Action 的请求 URI 映射由 namespace 和 action 名称两部分组成。如果不指定该属性,默认的命名空间为""(空字符串)。

例如：

```
<?xml version = "1.0" encoding = "GBK"?>
<!DOCTYPE struts PUBLIC
  " - //Apache Software Foundation//DTD Struts Configuration 2.3//EN"
  "http://struts.apache.org/dtds/struts - 2.3.dtd">
<struts>
  <constant name = "struts.devMode" value = "true"/>
  <! -- 下面配置名为 qian 的包,该包继承了 Struts 2 的默认包
  没有指定命名空间,将使用默认命名空间 -->
  <package name = "qian" extends = "struts - default">
  <! -- 配置一个名为 login 的 Action -->
  <action name = "login" class = "org.crazyit.app.action.LoginAction">
    <result name = "error">/WEB - INF/content/error.jsp </result>
    <result>/WEB - INF/content/welcome.jsp </result>
    </action>
    <action name = " * ">
    <result>/WEB - INF/content/{1}.jsp </result>
    </action>
  </package>
  <! -- 下面配置名为 goods 的包,该包继承了 Struts 2 的默认包.指定该包的命名空间为/goods -->
  <package name = "goods" extends = "struts - default" namespace = "/goods">
    <! -- 配置一个名为 getGoods 的 Action -->
    <action name = "getGoods" class = "org.crazyit.app.action.GetGoodsAction">
    <result name = "login">/WEB - INF/content/loginForm.jsp </result>
    <result>/WEB - INF/content/showGoods.jsp </result>
    </action>
  </package>
</struts>
```

5. Action 元素

Action 是 Struts 2 框架的运行单元,Action 常用属性如下。

(1) name：action 名称,匹配请求 URI。默认不能使用“/”,要使用斜杠需要设置：struts.enable.SlashesInActionNames=true。

(2) class：Action 处理类的全限定名。未指定时,默认是 ActionSupport。而 ActionSupport 的 execute()方法默认处理是返回一个 success 字符串。

(3) method：执行 Action 时调用的方法。不设置时,默认将调用 public String execute()方法。

(4) converter：指定 Action 类使用的类型转换器的全限定名。很少使用。

例如：

```
<package name = "default" extends = "struts - default">
  <action name = "index" class = "org.logonsystem.action.IndexAction">
    <result name = "success">/index.jsp</result>
    <result name = "error">/failure.jsp</result>
  </action>
</package>
```

6. result 元素

当 Action 处理用户请求结束后，必须使用 result 元素进行配置，该元素定义逻辑视图名和物理视图资源之间的映射关系。

当 Action 类中的方法执行完成时，返回一个字符串类型的结果代码，框架根据这个结果代码选择对应的 result，向用户输出。

result 格式如下：

```
<result name ="逻辑视图名" type ="视图结果类型"/>
  <param name ="参数名">参数值</param>
</result>
```

其中，name 指定 result 的逻辑名。不指定时，默认是"success"。type 指定 result 的类型。

(1) param 中的 name 属性有如下两个值。

- location：指定逻辑视图。
- parse：是否允许在实际视图名中使用 OGNL 表达式，参数默认为 true。

(2) result 中的 name 属性有如下值。

- success：表示请求处理成功，该值也是默认值。
- error：表示请求处理失败。
- none：表示请求处理完成后不跳转到任何页面。
- input：表示输入时如果验证失败应该跳转到什么地方(关于验证后面会介绍)。
- login：表示登录失败后跳转的目标。

(3) type(非默认类型)属性支持的结果类型有以下几种。

- chain：用来处理 Action 链。
- chart：用来整合 JFreeChart 的结果类型。
- dispatcher：用来转向页面，通常处理 JSP，该类型也为默认类型。
- freemarker：处理 FreeMarker 模板。
- httpheader：控制特殊 HTTP 行为的结果类型。
- jasper：用于 JasperReports 整合的结果类型。
- jsf：JSF 整合的结果类型。
- redirect：重定向到一个 URL。
- redirect-action：重定向到一个 Action。
- stream：向浏览器发送 InputStream 对象，通常用来处理文件下载，还可用于返回 Ajax 数据。

- tiles：与 Tiles 整合的结果类型。
- velocity：处理 Velocity 模板。
- xslt：处理 XML/XLST 模板。
- plaintext：显示原始文件内容,如文件源代码。

问题：Action 有何作用?

4.1.3 实现 Action

在 Struts 2 应用开发中,Action 是应用的核心,开发人员需要编写大量的 Action 类,并在 struts.xml 中配置 Action。Action 类里包含了对用户请求的处理逻辑,Action 类被称为业务控制器。

Action 的工作职责如下。

- 取得请求参数。
- 对取得的数据进行数据验证。
- 对数据进行类型转换。
- 调用 Model 对象的业务方法。
- 返回 Model 的业务数据。
- 返回逻辑视图名。

编写 Action 类,Struts 2 框架提供了 3 种方式：一个简单的 Java 类、实现 Action 接口和继承 ActionSupport 类。

1. 一个简单的 Java 类

一个简单的 POJO 可以作为 Action 类,需要满足以下两个条件。

(1) 必须要包含无参的且返回字符串类型的公共方法。

(2) 提供用于保存用户输入数据的私有属性,并提供该属性对应的 setXXX 和 getXXX 方法。

一个简单的 Java 类代码片段如下：

```
//处理用户请求的 Action 类,简单的 POJO
public class RegisterPOJOAction{
  //提供两个实例变量封装 HTTP 请求参数
  private String username;
  private String password;
  // username 的 getter 和 setter 方法
  public String getUsername(){
    return username;
  }
  public void setUsername(String username){
    this.username = username;
  }
  //password 的 getter 和 setter 方法
  public String getPassword (){
```

```
    return password;
  }
  public void setPassword(String password){
    this. password = password;
  }
  //Action 类默认的处理用户请求的 execute 方法
  public String execute(){
  …
  //返回处理结果字符串
  return resultStr;
}
```

2. 实现 Action 接口

Action 接口位于 com. opensymphony. xwork2 包,定义了 5 个字符串常量和一个 execute 方法。

```
public interface Action{
    //定义 5 个字符串常量
  public static final String SUCCESS = "success";
  public static final String NONE = "none";
  public static final String ERROR = "error";
  public static final String INPUT = "input";
  public static final String LOGIN = "login";
    //定义处理用户请求的 execute 方法
  public String execute() throws Exception;
}
```

3. 继承 ActionSupport 类

ActionSupport 类为 Action 提供了很多默认实现,包括数据校验方法、获取国际化信息方法等。

下面是 ActionSupport 类所实现的接口。

```
public class ActionSupport implements Action, Validateable, ValidationAware,
       TextProvider, LocaleProvider, Serializable {
}
```

答案:在 Struts 2 应用开发中,Action 是应用的核心,开发人员需要编写大量的 Action 类,并在 struts. xml 中配置 Action。Action 类里包含了对用户请求的处理逻辑,Action 类被称为业务控制器。

4.2 Struts 2 输入校验

由于 Web 应用的开放性,通过输入页面收集的数据非常复杂,不仅有正常用户的错误输入,还有恶意用户的恶意输入,防止异常输入进入系统,才能保证系统正常运行。对异常输入的过滤,称为输入校验,也称为数据校验。

输入校验分为客户端校验和服务器校验。客户端校验主要是阻止正常用户的误操作提交到服务器,该校验代码是在客户端完成。服务器校验是防止非法数据进入程序,导致程序异常、底层数据库异常,它是整个应用程序阻止非法数据的最后防线,由服务器端代码进行校验。

Struts 2 输入校验包括客户端校验和服务器校验,Struts 2 输入校验方式有基于验证框架的输入校验和编程方式输入校验。

4.2.1 基于验证框架的输入校验

Struts 2 提供了基于验证框架的输入校验,这种校验方式是校验框架通过读取校验规则文件中定义的校验规则对输入数据进行校验。

校验规则文件和 Action 类放在相同的包中,校验规则文件名为:

```
ActionName - validation.xml
```

其中,ActionName 就是需要校验的用户自定义 Action 类的类名。例如,Action 类的类名为 RegistAction,校验规则文件为 RegistAction-validation. xml,RegistAction-validation. xml 放在与 RegistAction 相同的包中。

校验规则指定每个表单域满足的规则。校验规则分两类:字段校验规则和非字段校验规则。字段校验规则针对特定字段,如用户名不允许为空。非字段校验规则不是针对特定字段,如两次密码是否相同。

Struts 2 提供了大量的内建校验器,可以满足大部分应用的校验需求,只需要进行一些简单配置就可以使用了。这些校验器声明在 xwork 包的 com. opensymphony. xwork2 . validator. validators 包下 default. xml 文件中。

1. 必填校验器

必填校验器的名字是 required,即<field-validator>属性中的 type="required",该校验器要求指定的属性必须有值,其校验规则文件为:

```
<?xml version = "1.0" encoding = "UTF - 8"?>
<!DOCTYPE validators PUBLIC
" - //Apache Struts//XWork Validator 1.0.2//EN"
"http://struts.apache.org/dtds/xwork - validator - 1.0.2.dtd">
<validators>
  <! -- 指定 Action 的 username 属性 -->
  <field name = "username">
    <! -- 指定 username 属性必须满足的必填规则 -->
    <field - validator type = "required">
      <! -- 校验失败的提示信息 -->
      <message>用户名不能为空!</message>
    </field - validator>
  </field>
</validators>
```

2. 必填字符串校验器

必填字符串校验器的名字是 requiredstring，即<field-validator>属性中的 type = "requiredstring"，该校验器要求指定的属性必须有值，并且字符串长度大于 0，其校验规则文件为：

```
<?xml version = "1.0" encoding = "UTF - 8"?>
<! DOCTYPE validators PUBLIC
" - //Apache Struts//XWork Validator 1.0.2//EN"
"http://struts.apache.org/dtds/xwork - validator - 1.0.2.dtd">
< validators >
  <! -- 指定 Action 的 username 属性 -- >
  < field name = "username">
    <! -- 指定 username 属性必须满足的必填规则 -- >
    < field - validator type = "requiredstring">
      <! -- 去空格 -- >
      < param name = "trim"> true </param >
      <! -- 校验失败的提示信息 -- >
      < message >用户名不能为空!</message >
    </field - validator >
  </field >
</validators >
```

3. 整数校验器

整数校验器的名字是 int，其参数 min 指定属性的最小值，max 指定属性的最大值。例如 age 属性，要求其必须是整数，且输入值必须在 1 与 120 之间，该校验规则文件如下：

```
< validators >
  <! -- 指定 Action 的 age 属性 -- >
  < field name = "age">
    <! -- 指定 age 属性必须满足的必填规则 -- >
    < field - validator type = "int">
      <! -- age 属性的最小值 -- >
      < param name = "min"> 1 </param >
      <! -- age 属性的最大值 -- >
      < param name = "max"> 120 </param >
      <! -- 校验失败的提示信息 -- >
      < message >年龄必须在 1 至 120 之间</message >
    </field - validator >
  </field >
</validators >
```

4. 日期校验器

日期校验器的名字是 date，该校验器要求属性的日期值必须在指定范围内，其参数 min 指定属性的最小值，max 指定属性的最大值，其校验规则文件如下：

```
< validators >
  <! -- 指定 Action 的 birthday 属性 -- >
```

```
    <field name = "birthday">
      <! -- 指定 birthday 属性必须满足的必填规则 -->
      <field - validator type = "date">
        <! -- birthday 属性的最小值 -->
        <param name = "min"> 1990 - 01 - 01 </param>
        <! -- birthday 属性的最大值 -->
        <param name = "max"> 2015 - 12 - 31 </param>
        <! -- 校验失败的提示信息 -->
        <message>日期必须在 1990 - 01 - 01 至 2015 - 12 - 31 之间</message>
      </field - validator>
    </field>
</validators>
```

5. 邮件地址校验器

邮件地址校验器的名称是 email，该校验器要求属性的字符如果非空，就必须是合法的邮件地址，其校验规则文件如下：

```
<validators>
  <! -- 指定 Action 的 myEmail 属性 -->
  <field name = "myEmail">
    <! -- 指定 myEmail 属性必须满足的必填规则 -->
    <field - validator type = "email">
      <message>必须输入有效的电子邮件地址</message>
    </field - validator>
  </field>
</validators>
```

6. 网址校验器

网址校验器的名称是 url，该校验器要求字段的字符如果非空，就必须是合法的 URL 地址，其校验规则文件如下：

```
<validators>
  <! -- 指定 Action 的 myUrl 属性 -->
  <field name = "myUrl">
    <! -- 指定 myUrl 属性必须满足的必填规则 -->
    <field - validator type = "url">
      <message>必须输入有效的网址</message>
    </field - validator>
  </field>
</validators>
```

7. 字符串长度校验器

字符串长度校验器的名称是 stringlength，该校验器要求字段的长度必须在指定的范围内，一般用于密码输入框，其校验规则文件如下：

```
<validators>
  <! -- 指定 Action 的 password 属性 -->
  <field name = "password">
```

```
    <!-- 指定 password 属性必须满足的必填规则 -->
    <field-validator type="stringlength">
      <!-- password 属性最小值 -->
      <param name="minLength">6</param>
      <!-- password 属性最大值 -->
      <param name="maxLength">20</param>
      <!-- 校验失败的提示信息 -->
      <message>密码长度必须在 6 到 20 之间</message>
    </field-validator>
  </field>
</validators>
```

8. 正则表达式校验器

正则表达式校验器的名称是 regex,它检查被校验字段是否匹配一个正则表达式,其校验规则文件如下:

```
<validators>
  <!-- 指定 Action 的 studentID 属性 -->
  <field name="studentID">
    <!-- 指定 studentID 属性必须满足的必填规则 -->
    <field-validator type="regex">
      <!-- 指定匹配的正则表达式 -->
      <param name="expression"><![CDATA[(\d{6})]]></param>
      <!-- 校验失败的提示信息 -->
      <message>学号必须是 6 位数字</message>
    </field-validator>
  </field>
</validators>
```

4.2.2 编程方式输入校验

当 Action 类继承 ActionSupport 类,而 ActionSupport 类实现了 Action、Validateable、ValidationAware、TextProvider、LocaleProvider 和 Serializable 接口,其中的 Validateable 接口定义了一个 validate()方法,所以只要在用户自定义的 Action 类中重写该方法就可以实现验证功能。

有以下两种编程方式的输入校验。

- 在 Action 类中重写 validate()方法来编写输入校验代码。
- 在 Action 类中重写 validatexxx()方法来编写输入校验代码。

其中,xxx 为某个业务处理方法。

4.3 Struts 2 标签库

Struts 2 标签库与 Struts 1 标签库相比,Struts 2 标签库功能更加强大,使用更加简单,其大部分标签可以在各种表现层使用,例如 JSP 页面和 FreeMaker 模板技术等。

Struts 2 将所有标签都定义在一个 s 标签库里，可以分为以下 3 类。

- UI(User Interface，用户界面)标签：用于生成 HTML 元素。
- 非 UI 标签：用于逻辑控制、数据访问。
- Ajax 标签：用于 Ajax(Asynchronous JavaScript And XML)支持的标签。

UI 标签又可分为两类。

- 表单标签：用于生成 HTML 页面的 form 元素和表单元素等。
- 非表单标签：用于生成页面上的树、Tab 页面等。

非 UI 标签也可分为两类。

- 控制标签：用于实现分支、循环等流程控制。
- 数据标签：用于输出 ValueStack 中的值，完成国际化功能等。

4.3.1 Struts 2 的 OGNL 表达式

Struts 2 利用内建的 OGNL(Object Graph Navigation Language)表达式语言支持，加强了 Struts 2 的数据访问功能。

1. OGNL 表达式

OGNL 是一种功能强大的表达式语言，它通过简单一致的语法存取 Java 对象树中的属性，调用 Java 对象树的方法，并能够实现必要的类型转化。

OGNL 的三要素如下。

(1) 表达式：表达式是整个 OGNL 的核心，所有的 OGNL 操作都是针对表达式的解析后进行的。表达式会规定此次 OGNL 操作什么。

(2) 根对象：可以理解为 OGNL 的操作对象，在表达式规定了操作什么以后，需要指定对谁操作。

(3) 上下文环境：在 OGNL 的内部，所有的操作都会在一个特定的环境中运行，这个环境就是 OGNL 的上下文环境，这个上下文环境，将规定 OGNL 在哪里操作。

OGNL 的上下文环境是一个 Map 结构，称之为 OGNL Context。上面提到的根对象也会被加入到上下文环境中，并且这将作为一个特殊的变量进行处理。

使用标准 OGNL 表达式来求值，如果 OGNL 上下文有两个对象 foo 对象和 bar 对象，同时 foo 对象被设置为根对象(root)，则可利用下面的 OGNL 表达式求值。

```
#foo.blah               //返回 foo.getBlah()
#bar.blah               //返回 bar.getBlah()
blah                    //返回 foo.getBlah(),因为 foo 为根对象
```

2. Struts 2 的 OGNL 表达式

在 Struts 2 框架中，值栈(Value Stack)就是 OGNL 的根对象。假设值栈中存在两个对象实例 man 和 animal，这两个对象实例都有一个 name 属性，animal 有一个 species 属性，man 有一个 salary 属性。假设 animal 在值栈的顶部，man 在 animal 后面，下面的代码片段能更好地理解 OGNL 表达式。

```
species                 //调用 animal.getSpecies()
```

```
salary                //调用 man.getSalary()
name                  //调用 animal.getName(),因为 Animal 位于值栈的顶部
```

最后一行实例代码返回的是 animal. getName()返回值，即返回了 animal 的 name 属性，因为 animal 是值栈的顶部元素，OGNL 将从顶部元素搜索，所以会返回 animal 的 name 属性值。如果要获得 man 的 name 值，则需要如下代码：

```
man.name
```

Struts 2 允许在值栈中使用索引，代码如下：

```
[0].name              //调用 animal.getName()
[1].name              //调用 man.getName()
```

由于值栈是 Struts 2 中 OGNL 的根对象。如果用户需要访问值栈中的对象，则可以通过如下代码访问值栈中的属性：

```
${foo}                //获得值栈中的 foo 属性
```

如果访问其他 Context 中的对象，由于不是根对象，在访问时需要加＃前缀。

- application 对象：用来访问 ServletContext，如＃application. userName 或者＃application ["userName"]，相当于调用 Servlet 的 getAttribute("userName")。
- session 对象：用来访问 HttpSession，如＃session. userName 或者＃session["userName"]，相当于调用 session. getAttribute("userName")。
- request 对象：用来访问 HttpRequest 属性的 Map，如＃request. userName 或者＃request ["userName"]，相当于调用 request. getAttribute("userName")。

3. OGNL 集合操作

使用下面代码直接生成一个 List 对象：

```
{e1,e2,e3…}
```

下面的代码可以直接生成一个 Map 对象：

```
#{key: value1,key2: value2,…}
```

对于集合类型，OGNL 表达式可以使用 in 和 not in 两个元素符号。其中，in 表达式用来判断某个元素是否在指定的集合对象中；not in 判断某个元素是否不在指定的集合对象中，代码如下：

```
<s:if test="'foo' in {'foo','bar'}">
   …
</s:if>
```

或：

```
<s:if test="'foo' not in {'foo','bar'}">
   …
</s:if>
```

除了 in 和 not in 之外,OGNL 还允许使用某个规则获得集合对象的子集,常用的有以下 3 个相关操作符。

?:获得所有符合逻辑的元素。

^:获得符合逻辑的第一个元素。

$:获得符合逻辑的最后一个元素。

如下面的代码:

```
Person.relatives.{?# this.gender == 'male'}
```

4.3.2 控制标签

Struts 2 控制标签用于实现分支、循环等流程控制,控制标签有以下 9 个。

- if:用于控制选择输出的标签。
- elseif:用于控制选择输出的标签,必须和 if 标签结合使用。
- else:用户控制选择输出的标签,必须和 if 标签结合使用。
- iterator:用于将集合迭代输出。
- append:用于将多个集合拼接成一个新的集合。
- merge:用于将多个集合拼接成一个新的集合,但与 append 的拼接方式不同。
- generator:用于将一个字符串按指定的分隔符分隔成多个字符串。
- sort:用于对集合进行排序。
- subset:用于截取集合的部分元素,形成新的子集合。

1. <s:if>/<s:elseif>/<s:else>标签

if/elseif/else 用于进行分支控制,这 3 个标签可以组合使用,但只有 if 标签可以单独使用,而 elseif 和 else 标签必须与 if 标签结合使用。if 标签可以与多个 elseif 标签结合使用,但只能与一个 else 标签结合使用。其语法格式如下:

```
<s:if test="表达式">
  标签体
</s:if>
<s:elseif test="表达式">
  标签体
</s:elseif>
<!-- 允许出现多次 elseif 标签 -->
  …
<s:else>
  标签体
</s:else>
```

2. <s:iterator>标签

iterator 标签用于对集合进行迭代,其属性如下。

- value:该属性是可选的,指定被迭代的集合,被迭代的集合通常都由 OGNL 表达式指定。如果没有指定该属性,则使用值栈栈顶的集合。

- id：该属性是可选的，指定集合元素的 id。
- status：该属性是可选的，指定迭代时的 IteratorStatus 实例，通过该实例可判断当前迭代元素的属性。如果指定该属性，IteratorStatus 实例包含如下几种方法。
- int getCount()：返回当前迭代了几个元素。
- int getIndex()：返回当前被迭代元素的索引。
- boolean isEven：返回当前被迭代元素的索引元素是否为偶数。
- boolean isOdd：返回当前被迭代元素的索引元素为否为奇数。
- boolean isFirst：返回当前被迭代元素是否为第一个元素。
- boolean isLast：返回当前被迭代元素是否为最后一个元素。

iterator 标签的应用举例如下。

【例 4.1】 <s:iterator>标签的应用。

代码片断如下：

```
<%@ page language="java" pageEncoding="utf-8" %>
<%@taglib uri="/struts-tags" prefix="s" %>
<html>
<head>
  <title>iterator 标签</title>
</head>
  <body>
    <table border="1" width="200">
      <s:iterator value="{'SQL Server','Oracle','MySQL'}" id="database" status="st">
         <tr <s:if test="#st.even">style="background-color:silver"</s:if>>
           <td><s:property value="database"/></td>
         </tr>
      </s:iterator>
    </table>
  </body>
</html>
```

添加 Struts 2 必需的 Jar 包，再建立 JSP 文件，部署运行，运行结果如图 4.4 所示。

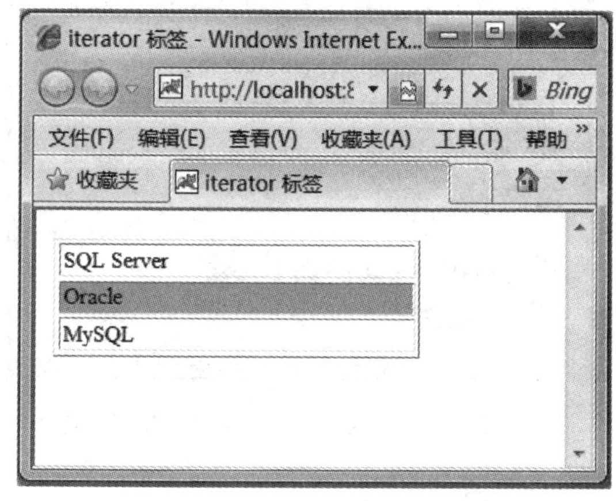

图 4.4 iterator 标签示例运行结果

3. <s:append>标签

append 标签用于将多个集合拼接起来，组成一个新的集合，通过拼接，使用一个 iterator 标签就可完成对多个集合的迭代。

append 标签的应用举例如下。

【例 4.2】 <s:append>标签的应用。

代码片断如下：

```
<%@ page language="java" pageEncoding="utf-8" %>
<%@taglib uri="/struts-tags" prefix="s" %>
<html>
  <head>
    <title>append 标签</title>
  </head>
  <body>
    <s:append id="newList">
      <s:param value="{'SQL Server','Oracle','MySQL'}"/>
      <s:param value="{'DB2','Sybase'}"/>
    </s:append>
    <table border="1" width="200">
      <s:iterator value="#newList" id="database" status="st">
        <tr <s:if test="#st.even"> style="background-color:silver"</s:if>>
          <td><s:property value="database"/></td>
        </tr>
      </s:iterator>
    </table>
  </body>
</html>
```

部署运行，运行结果如图 4.5 所示。

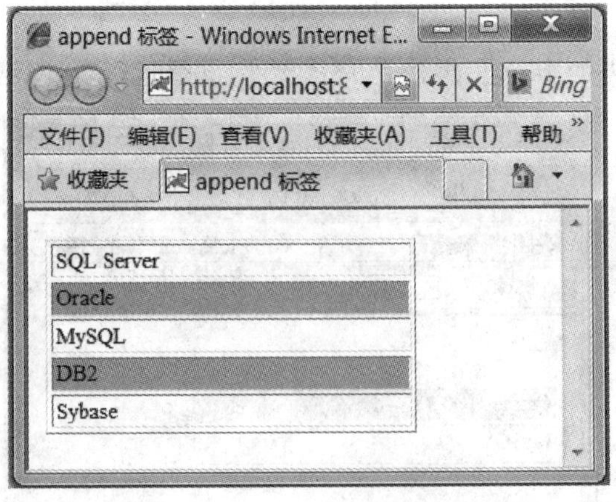

图 4.5　append 标签示例运行结果

4. <s:merge>标签

merge 标签用于将多个集合拼接成一个新的集合,它的拼接方式与 append 标签不同。

例如有两个集合,第 1 个集合包含 4 个元素,第 2 个集合包含两个元素,分别用 append 标签和 merge 标签进行拼接,它们产生新集合的方式区别如下。

用 append 方式拼接,新集合元素顺序为:

(1) 第 1 个集合中的第 1 个元素;

(2) 第 1 个集合中的第 2 个元素;

(3) 第 1 个集合中的第 3 个元素;

(4) 第 1 个集合中的第 4 个元素;

(5) 第 2 个集合中的第 1 个元素;

(6) 第 2 个集合中的第 2 个元素。

用 merge 方式拼接,新集合元素顺序为:

(1) 第 1 个集合中的第 1 个元素;

(2) 第 2 个集合中的第 1 个元素;

(3) 第 1 个集合中的第 2 个元素;

(4) 第 2 个集合中的第 2 个元素;

(5) 第 1 个集合中的第 3 个元素;

(6) 第 1 个集合中的第 4 个元素。

4.3.3 数据标签

数据标签主要用于提供各种数据访问相关功能,数据标签列举如下。

- action:用于在 JSP 页面直接调用一个 Action。
- property:用于输出某个值。
- set:用于设置一个新变量。
- param:用于设置参数,通常用于 bean 标签和 action 标签的子标签。
- bean:用于创建一个 JavaBean 实例。
- date:用于格式化输出一个日期。
- include:用于在 JSP 页面中包含其他的 JSP 或 Servlet 资源。
- debug:用于在页面上生成一个调试链接,当单击该链接时,可以看到当前值栈和 Stack Context 中的内容。
- il8n:用于指定国际化资源文件的 baseName。
- push:用于将某个值放入值栈的栈顶。
- text:用于输出国际化(国际化内容会在后面讲解)。
- url:用于生成一个 URL 地址。

1. <s:action>标签

action 标签可以允许在 JSP 页面中直接调用 Action,该标签属性如下。

- id:该属性是可选的,该属性将会作为该 Action 的引用标志 id。
- name:该属性是必选的,指定该标签调用哪个 Action。

- namespace：该属性是可选的，指定该标签调用的 Action 所在的 namespace。
- executeResult：该属性是可选的，指定是否要将 Action 的处理结果页面包含到本页面。
- ignoreContextParam：该属性是可选的，指定该页面中的请求参数是否需要传入调用的 Action。

2. <s:property>标签

property 标签的作用是输出指定值。property 标签输出 value 属性指定的值。如果没有指定的 value 属性，则默认输出值栈栈顶的值。该标签属性如下。

- default：该属性是可选的，如果需要输出的属性值为 null，则显示 default 属性指定的值。
- escape：该属性是可选的，指定是否 escape HTML 代码。
- value：该属性是可选的，指定需要输出的属性值，如果没有指定该属性，则默认输出值是栈顶的值。该属性也是最常用的，如前面用到的如下代码。

```
<s:property value = "#logon.username"/>
```

- id：该属性是可选的，指定该元素的标志。

3. <s:set>标签

set 标签用于设置一个新变量，并将新变量存储到指定范围内，该标签有以下属性。

- name：该属性是必选的，重新生成新变量的名字。
- scope：该属性是可选的，指定新变量的存储范围。
- id：该属性是可选的，指定该元素的引用 id。

使用 property 标签访问存储于 session 中的 logon 对象的字段：

```
<s:property value = "#session['logon'].username"/>
```

使用 set 标签使得代码易于阅读：

```
<s:set name = "logon" value = "#session['logon']"/>
<s:property value = "#logon.username"/>
```

4. <s:param>标签

param 标签主要用于为其他标签提供参数，例如 bean 标签和 include 标签提供参数，param 标签属性如下。

- name：该属性是可选的，指定需要设置参数的参数名。
- value：该属性是可选的，指定需要设置参数的参数值。
- id：该属性是可选的，指定引用该元素的 id。

例如，指定一个名为 fruit 的参数，该参数的值为 orange。

```
<s:param name = "fruit">orange</s:param>
```

或者：

```
<s:param name = "fruit" value = "orange " />
```

如果想指定 fruit 参数的值 orange 字符串，则：

```
<s:param name="fruit" value="'orange'" />
```

5. <s:bean>标签

bean 标签用于创建一个 JavaBean 实例，该标签有如下几个属性。

- name：该属性是必选的，用来指定要实例化的 JavaBean 的实现类。
- id：该属性是可选的，如果指定了该属性，则该 JavaBean 实例会被放入 Stack Context 中，从而允许直接通过 id 属性来访问该 JavaBean 实例。

6. <s:date>标签

date 标签用于格式化输出一个日期，该标签属性如下。

- format：该属性是可选的，如果指定了该属性，将根据该属性指定的格式来格式化日期。
- nice：该属性是可选的，该属性的取值只能是 true 或 false，用于指定是否输出指定日期和当前时刻之间的时差。默认为 false，即不输出时差。
- name：该属性是必选的，指定要格式化的日期值。
- id：该属性是可选的，指定引用该元素的 id 值。

nice 属性为 true 时，一般不指定 format 属性。因为 nice 为 true 时，会输出当前时刻与指定日期的时差，不会输出指定日期。当没有指定 format，也没有指定 nice="true"时，系统会采用默认格式输出。其用法如下：

```
<s:date name="指定日期取值" format="日期格式"/><!-- 按指定日期格式输出 -->
<s:date name="指定日期取值" nice="true"/><!-- 输出时间差 -->
<s:date name="指定日期取值"/><!-- 默认格式输出 -->
```

7. <s:include>标签

include 标签用于将一个 JSP 页面或一个 Servlet 包含到本页面中，该标签属性如下。

- value：该属性是必选的，指定需要被包含的 JSP 页面或 Servlet。
- id：该属性是可选的，指定该标签的 id 引用。

用法如下：

```
<s:include value="JSP 或 Servlet 文件" id="自定义名称"/>
```

4.3.4 表单标签

大部分的表单标签和 HTML 表单元素是一一对应的关系，如下面的代码片断：

```
<s:form action="login.action" method="post"/>
```

对应着：

```
<form action="login.action" method="post"/>
```

```
<s:textfield name="username" label="用户名" />
```

对应着：

```
用户名：<input type = "text" name = "username">
```

```
<s:password name = "password" label = "密码"/>
```

对应着：

```
密码：<input type = "password" name = "pwd">
```

下面介绍几个重要的表单标签，它们和 HTML 表单元素不是一一对应的。

1. <s:checkboxlist>标签

checkboxlist 标签用于一次创建多个复选框，该标签需要指定一个 list 属性。

用法举例如下：

```
<s:checkboxlist label = "水果选择" list = "{'orange','grapes','cherries','pear','banana'}" name =
"fruit">
</s:checkboxlist>
```

或者为：

```
<s:checkboxlist label = "水果选择" list = "#{1:'orange',2:'grapes',3:'cherries',4:'pear',
5:'banana'}" name = "fruit">
</s:checkboxlist>
```

2. <s:radio>标签

radio 标签用于生成多个单选框，其用法与 checkboxlist 用法相似，唯一的区别是 checkboxlist 生成多个复选框，而 radio 生成多个单选框。

用法举例如下：

```
<s:radio label = "性别" list = "{'男','女'}" name = "sex"></s:radio>
```

或者为：

```
<s:radio label = "性别" list = "#{1:'男',0:'女'}" name = "sex">
</s:radio>
```

3. <s:combobox>标签

combobox 标签用于生成一个单行文本框和下拉列表框的组合。两个表单元素只能对应一个请求参数，只有单行文本框里的值才包含请求参数，下拉列表框只是用于辅助输入，并没有 name 属性，故不会产生请求参数。

用法举例如下：

```
<s:combobox label = "水果选择" list = "{'orange','grapes','cherries','pear','banana'}" name =
"fruit">
</s:combobox>
```

4. <s:datetimepicker>标签

datetimepicker 标签用于生成一个日期、时间下拉列表框。当使用该日期、时间列表框选择某个日期、时间时，系统会自动将选中日期、时间输出指定文本框中。

用法举例如下：

```
<s:form action="" method="">
  <s:datetimepicker name="date" label="请选择日期"></s:datetimepicker>
</s:form>
```

5. <s:select>标签

select 标签用于生成一个下拉列表框，该标签使用时必须指定 list 属性。

用法举例如下：

```
<s:select list="{'orange','grapes','cherries','pear','banana'}"label="水果选择"></s:select>
```

或者为：

```
<s:select list="fruit" list="#{1:'orange',2:'grapes',3:'cherries',4:'pear',5:'banana'}"
listKey="key" listValue="value">
</s:select>
```

4.3.5 非表单标签

非表单标签主要用于在页面中生成一些非表单的可视化元素，主要的非表单标签列举如下。

- div：生成一个 div 片断。
- a：生成超链接。
- actionerror：输出 Action 实例的 getActionMessage()方法返回的消息。
- component：生成一个自定义组件。
- fielderror：输出表单域的类型转换错误、校验错误提示。
- tablePanel：生成 HTML 页面的 Tab 页。
- tree：生成一个树形结构。
- treenode：生成树形结构的结点。

4.4 Struts 2 国际化和文件上传

4.4.1 国际化

"国际化"是指一个应用程序能够根据客户的国家或地区的不同而显示不同提示的界面。例如，请求来自于一台中文操作系统的客户端计算机，则应用程序响应界面中的各种标签、错误提示和帮助信息均使用中文文字；如果客户端计算机采用英文操作系统，则应用程序也应能识别并自动以英文界面做出响应。

引入国际化机制的目的在于提供更友好的用户界面，并且不改变程序的功能和业务逻辑。使用 I18N 作为"国际化"的简称，其来源是英文单词 Internationalization 的首字母 I 和末字母 N 及它们之间的字符数 18。

国际化流程步骤如下：

(1) 不同地区使用操作系统环境不同，如中文操作系统、英文操作系统等，在获得客户端地区的语言环境后，Struts 2 会找国际化资源文件，例如，操作系统环境是中文语言环境，就加载中文国际化资源文件。所以国际化需要编写支持多个语言的国际化资源文件，并且配置 struts.xml 文件。

(2) 根据选择的语言加载相应的国际化资源文件，视图通过 Struts 2 标签读取国际化资源文件把数据输出到页面上，完成页面的显示。

在国际化流程中常用到的文件有以下几种。

① 国际化资源文件：国际化资源文件是以.properties 为扩展名的文本文件，新建一个记事本把扩展名改为 properties 即可，该文本文件是以"键-值"对的形式存储国际化资源文件。

② 在 struts.xml 文件中进行配置：编写完国际化资源文件后，需要在 struts.xml 文件中配置国际化资源文件，使 Struts 2 的 i18n 拦截器在加载国际化资源文件的时候能找到这些国际化资源文件。

③ 输出国际化信息：国际化资源文件中的 value(值)是要根据语言环境把其中值通过 Struts 2 标签输出到页面上的，可以在页面上输出国际化信息，也可以在表单的 label 标签上输出国际化信息。

4.4.2 文件上传

为了上传文件，设置表单的 method 为 POST，enctype 为 multipart/form-data，这样，浏览器才会将用户选择文件的二进制数据发送给服务器。

Struts 2 文件上传默认使用 Jakartad 的 Common-FileUpload 文件上传框架，该框架包括两个 Jar 包：commons-io-2.2.jar 和 commons-fileupload-1.3.1.jar，这两个 Jar 包已经包含在 Struts 2 的 9 个 Jar 包中了。

Struts 2 默认使用 Jakartad 的 Common-FileUpload 文件上传，也完全可以在 Web 应用中使用 COS、Pell 的文件上传，只需要修改 struts.multipart.parser 常量，并在 Web 应用中增加相应上传项目的类库即可。

Struts 2 文件上传在原有文件上传项目上做了进一步封装，简化了文件上传的代码实现，取消了不同上传项目上编程差异。

为了获取上传文件的信息，如上传文件名等，需要为 Action 类增加一些 getter 和 setter 方法。

4.5 Struts 2 拦截器

Struts 2 框架大部分的功能，包括解析请求参数、将请求参数赋值给 Action 属性、执行数据校验、文件上传等，都是通过拦截器来完成的。当 StrutsPrepareAndExecuteFilter 拦截到用户请求后，大量拦截器会对用户请求进行处理，然后才调用用户自定义的 Action 类中的方法来处理请求，所以，拦截器是 Struts 2 框架功能的核心。

Struts 2 内建的大量拦截器都是以 name-class 对的形式配置在 struts-default. xml 文件中，其中，name 是拦截器的名称，class 指定拦截器的实现类。在配置 struts. xml 时，通过包继承<package name="default" extends="struts-default">，就可以直接使用大量通用功能的拦截器。

问题：拦截器有何作用？

4.5.1 拦截器配置

定义拦截器使用<interceptor…/>元素。其格式为：

```
<interceptor name="拦截器名" class="拦截器实现类"></interceptor>
```

只要在<interceptor…>与</interceptor>之间配置<param…/>子元素，即可传入相应的参数。其格式如下：

```
<interceptor name="myInterceptor" class="org.tool.MyInterceptor">
  <param name="参数名">参数值</param>
  …
</interceptor>
```

在通常情况下，一个 Action 要配置不仅一个拦截器，往往多个拦截器一起使用来进行过滤。这时就会把需要配置的几个拦截器组成一个拦截器栈。定义拦截器栈用<interceptor-stack name="拦截器栈名"/>元素，由于拦截器栈是由各拦截器组合而成的，所以需要在该元素下面配置<interceptor-ref …/>子元素来对拦截器进行引用。其格式如下：

```
<interceptor-stack name="拦截器栈名">
  <interceptor-ref name="拦截器一"></interceptor-ref>
  <interceptor-ref name="拦截器二"></interceptor-ref>
  <interceptor-ref name="拦截器三"></interceptor-ref>
</interceptor-stack>
```

下面是默认拦截器的配置方法：

```
<package name="包名">
  <interceptors>
    <interceptor name="拦截器一" class="拦截器实现类"></interceptor>
    <interceptor name="拦截器二" class="拦截器实现类"></interceptor>
    <interceptor-stack name="拦截器栈名">
      <interceptor-ref name="拦截器一"></interceptor-ref>
      <interceptor-ref name="拦截器二"></interceptor-ref>
    </interceptor-stack>
  </interceptors>
  <default-interceptor-ref name="拦截器名或拦截器栈名"></default-interceptor-ref>
</package>
```

4.5.2 拦截器实现类

尽管 Struts 2 框架提供了很多拦截器，但还是有一些功能需要程序员自定义拦截器来完成，例如权限控制等。

Struts 2 提供了一些接口或类供程序员自定义拦截器。如 Struts 2 提供了 com.opensymphony.xwork2.interceptor.Interceptor 接口，程序员只要实现该接口就可完成拦截器实现类。该接口的代码如下：

```
import java.io.Serializable;
import com.opensymphony.xwork2.ActionInvocation;
public interface Interceptor extends Serializable{
  void init();
  String intercept(ActionInvocation invocation) throws Exception;
  void destroy();
}
```

在接口中，有如以下 3 个方法。

- init()：该方法在拦截器被实例化之后、拦截器执行之前调用。
- intercept(ActionInvocation invocation)：该方法用于实现拦截的动作。
- destroy()：该方法与 init()方法对应，拦截器实例被销毁之前调用，用于销毁在 init()方法中打开的资源。

答案：Struts 2 框架大部分的功能，包括解析请求参数、将请求参数赋值给 Action 属性、执行数据校验、文件上传等，都是通过拦截器来完成的，拦截器是 Struts 2 框架功能的核心。

4.6 应用举例

为了深入理解本章知识点和综合应用 Struts 2 框架进行项目开发，这里分别介绍 1 个应用实例和 4 个例题：应用 JSP＋Struts 2＋JavaBean＋JDBC 模式开发 Web 登录程序、在 Web 登录程序中进行数据验证、单个文件上传的 Web 程序、多个文件上传的 Web 程序和在 Web 登录程序中应用拦截器。

4.6.1 应用 JSP＋Struts 2＋JavaBean＋JDBC 模式开发 Web 登录程序

Model 2 开发模式(JSP＋Servlet＋JavaBean＋JDBC)通过分离系统各部分模块的功能职责，克服了 Model 1 的缺点，但是这种开发方式仍然存在弊端，由于它是以重新引入原始 Servlet 编程为代价的，在实际开发中一旦暴露 Servlet API(Servlet 编程接口)，会极大地增加编程难度和工作量，为了解决上述问题，新的 Struts 2 控制的 Java EE 系统采用 JSP＋Struts 2＋JavaBean＋JDBC 模式，用 Action 模块取代原 Servlet 类，屏蔽了 Servlet 原始的

API,简化了代码结构,改用 Struts 2 核心控制器控制 JSP 页面跳转,用 Struts 2 取代 Servlet 的位置,调用业务方法和返回处理结果由用户自定义的 Action 去实现,与 Struts 2 控制核心相分离,从而实现了控制逻辑和显示逻辑的分离,并降低了系统中各部分组件的耦合度。JSP+Struts 2+JavaBean+JDBC 模式如图 4.6 所示。

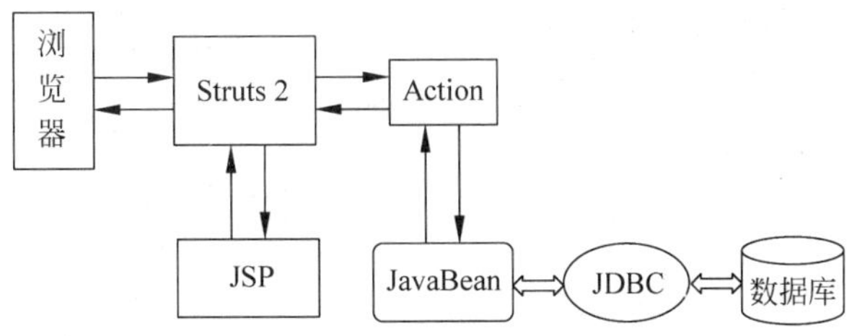

图 4.6　JSP+Struts 2+JavaBean+JDBC 模式

【实例 4】 采用 JSP+Struts 2+JavaBean+JDBC 模式开发一个 Web 登录程序。

开发要求:在实例 3 的基础上进行修改,用 Struts 2 取代原 Servlet 的控制职能。

1. 创建 Java EE 项目

创建 JspStruts2JavaBeanJdbc 项目,JspStruts2JavaBeanJdbc 项目完成后的目录树如图 4.7 所示。

图 4.7　JspStruts2JavaBeanJdbc 项目目录树

2. 加载 Struts 2 类库

1）加载 Struts 2 包

从网站 http://struts.apache.org/下载 Struts 2 完整版，将下载的文件 struts-2.3.16.3-all.zip 解压缩，本书使用的是 Struts 2.3.16.3 的 lib 下的 9 个 jar 包。

• 传统 Struts 2 的 5 个 jar 包。

struts2-core-2.3.16.3.jar

xwork-core-2.3.16.3.jar

ognl-3.0.6.jar

commons-logging-1.1.3.jar

freemarker-2.3.19.jar

• 附加的 4 个 jar 包。

commons-io-2.2.jar

commons-lang3-3.1.jar

javassist-3.11.0.GA.jar

commons-fileupload-1.3.1.jar

• 数据库驱动 jar 包。

sqljdbc4.jar

以上共是 10 个 jar 包，将它们复制到应用项目的\WebRoot\WEB-INF\lib 路径下。

右击应用项目名，选择 Build Path→Configure Build Path 出现图 4.8 所示的窗口。单击 Add External JARs 按钮，将上述 10 个 jar 包添加到项目中，于是 Struts 2 包就加载成功了。

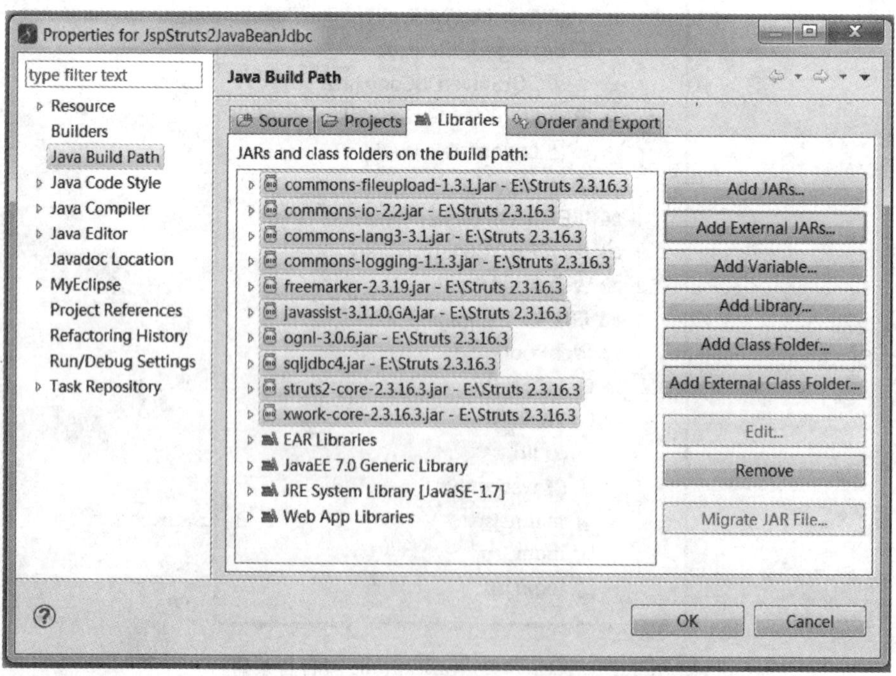

图 4.8　加载 Struts 2 包

2）配置 Struts 2

修改项目的 web.xml 文件。

```
<?xml version = "1.0" encoding = "UTF - 8"?>
<web - app xmlns:xsi = "http://www.w3.org/2001/XMLSchema - instance" xmlns = "http://xmlns.
jcp.org/xml/ns/javaee" xsi: schemaLocation = " http://xmlns. jcp. org/xml/ns/javaee http://
xmlns.jcp.org/xml/ns/javaee/web - app_3_1.xsd" id = "WebApp_ID" version = "3.1">
  <filter>
    <filter - name> struts2 </filter - name>
    <filter - class> org.apache.struts2.dispatcher.ng.filter.StrutsPrepareAndExecuteFilter
</filter - class>
    <init - param>
      <param - name> actionPackages </param - name>
      <param - value> com.mycompany.myapp.actions </param - value>
    </init - param>
  </filter>
  <filter - mapping>
    <filter - name> struts2 </filter - name>
    <url - pattern>/ * </url - pattern>
  </filter - mapping>
  <display - name> JspStruts2JavaBeanJdbc </display - name>
  <welcome - file - list>
    <welcome - file> login.jsp </welcome - file>
  </welcome - file - list>
</web - app>
```

3. 创建 JDBC 类

同实例 3，由于第 2 步已加载 JDBC 驱动包 sqljdbc4.jar，不再重复添加。

4. 构造 JavaBean

同实例 3。

5. 实现 Action 及配置

1）实现控制器 Action

基于 Struts 2 框架的 Java EE 应用程序，使用自定义的业务控制器 Action 来处理深层业务逻辑。本例定义名为 index 控制器。

在项目 src 文件夹下建立包 org.logonsystem.action，在包里创建 IndexAction 类，代码如下所示。

```
package org.logonsystem.action;
import java.sql. * ;
import java.util. * ;

import org.logonsystem.jdbc.SQLServerDBConn;
import org.logonsystem.model.vo. * ;
```

```
import com.opensymphony.xwork2.*;
public class IndexAction extends ActionSupport{
  private LogonTable logon;
  /处理用户请求的 execute 方法
  public String execute() throws Exception{
    String usr = logon.getUsername();          //获取提交的用户名
    String pwd = logon.getPassword();          //获取提交的密码
    boolean validated = false;                 //验证成功标识
    SQLServerDBConn sqlsrvdb = new SQLServerDBConn();
    ActionContext context = ActionContext.getContext();
    Map session = context.getSession();        //获得会话对象,用来保存当前登录用户的信息
    LogonTable logon1 = null;
    //获得 logonTable 对象,如果是第 1 次访问,用户对象为空,如果是第 2 次或以后
    //直接登录无须重复验证
    logon1 = (LogonTable)session.get("logon");
    //如果用户是第 1 次进入,会话中尚未存储 logon1 持久化对象,故为 null
    if(logon1 == null){
      //查询 logonTable 表中的记录
      String sql = "select * from logonTable";
      ResultSet rs = sqlsrvdb.executeQuery(sql);  //取得结果集
      try{
        while(rs.next())
        {
          if((rs.getString("username").trim().compareTo(usr) == 0)&&(rs.getString("password").
          compareTo(pwd) == 0)){
            logon1 = new LogonTable();         //创建持久化的 JavaBean 对象 logon1
            logon1.setUserid(rs.getInt(1));
            logon1.setUsername(rs.getString(2));
            logon1.setPassword(rs.getString(3));
            session.put("logon",logon1);       //把 logon1 对象存储在会话中
            validated = true;                  //标识为 true 表示验证成功通过
          }
        }
        rs.close();
        }catch (SQLException e) {
          e.printStackTrace();
        }
      sqlsrvdb.closeStmt();
      sqlsrvdb.closeConn();
      }
    else{
     validated = true;                  //该用户已登录过并成功验证,标识为 true 无须重复验证
    }
    if(validated)
    {
```

```
            //验证成功返回字符串"success"
            return "success";
        }
        else{
            //验证失败返回字符串"error"
            return "error";
        }
    }
    public LogonTable getLogon(){
        return logon;
    }
    public void setLogon(LogonTable logon){
        this.logon = logon;
    }
}
```

2) 配置 Action

在编好控制器 Action 的代码之后，还需要进行配置才能让 Struts 2 识别这个 Action。在 src 下创建文件 struts.xml(注意文件位置和大小写)，输入如下的配置代码：

```
<?xml version = "1.0" encoding = "utf - 8"?>
<!DOCTYPE struts PUBLIC
  " - //Apache Software Foundation//DTD Struts Configuration 2.0//EN"
  "http://struts.apache.org/dtds/struts - 2.0.dtd">
<struts>
  <package name = "default" extends = "struts - default">
    <!-- 用户登录 -->
    <action name = "index" class = "org.logonsystem.action.IndexAction">
      <result name = "success">/index.jsp</result>
      <result name = "error">/failure.jsp</result>
    </action>
  </package>
  <constant name = "struts.i18n.encoding" value = "gb2312"></constant>
</struts>
```

6. 编写 JSP

使用 Struts 2 的标签对 login.jsp(登录页)和 index.jsp(主页)重新进行了改写。

login.jsp 代码如下所示。

```
<%@ page language = "java" pageEncoding = "gb2312" %>
<%@ taglib prefix = "s" uri = "/struts - tags" %>
<html>
  <head>
    <title>登录</title>
  </head>
  <body>
```

```
    <s:form action = "index" method = "post">
              欢迎登录系统<br/>
      <s:textfield name = "logon.username" label = "用户名" size = "20"/>
      <s:password name = "logon.password" label = "密码" size = "20"/>
      <s:submit value = "登录"/>
      <s:reset value = "重置"/>
    </s:form>
    需要注册,请单击<a href = "">注册</a>!
  </body>
</html>
```

index.jsp 代码如下所示。

```
<%@ page language = "java" pageEncoding = "gb2312" %>
<%@ taglib prefix = "s" uri = "/struts-tags" %>
<html>
  <head>
    <title>主页</title>
  </head>
  <body>
    <s:set name = "logon" value = "#session['logon']"/>
    <s:property value = "#logon.username"/>,您已登录成功.
  </body>
</html>
```

7. 部署和运行 Java EE 项目

1) 部署 Java EE 项目

项目开发完成后,将项目部署到服务器上。

2) 运行 Java EE 项目

启动 Tomcat 8.x,在浏览器中输入 http://localhost:8080/JspStruts2JavaBeanJdbc/并按 Enter 键,将显示图 3.47 和图 3.48 所示的登录页。

4.6.2 在 Web 登录程序中进行数据验证

在 ActionSupport 类中,实现了 Action、Validateable、ValidationAware、TextProvider、LocaleProvider 和 Serializable 接口,其中的 Validateable 接口定义了一个 validate()方法。可以在用户自定义的 Action 类中继承 ActionSupport 类,重写 validate()方法即可实现验证功能。

【例 4.3】 在 Web 登录程序中应用 validate 校验。

对实例 4 中的自定义 Action 类进行修改,重写 validate()方法以实现验证功能。

(1) 创建 Java EE 项目。

创建 Java EE 项目,项目命名为 JspStruts2JavaBeanJdbc_Validate。

(2) 加载 Struts 2 类库。

同实例 4 第 2 步。

(3) 创建 JDBC 类。

同实例 4 第 3 步。

(4) 构造 JavaBean。

同实例 4 第 4 步。

(5) 实现 Action 及配置。

在 IndexAction 类中,重写 validate()方法,改写为:

```
package org.logonsystem.action;
import java.sql.*;
import java.util.*;
import org.logonsystem.jdbc.SQLServerDBConn;
import org.logonsystem.model.vo.*;
import com.opensymphony.xwork2.*;
public class IndexAction extends ActionSupport{
  private LogonTable logon;
  //处理用户请求的 execute 方法
  public String execute() throws Exception{
  …
  }
  //实现 validate 校验的 validate()方法
  public void validate(){
    //如果用户名为空,将错误信息添加到 Action 类的 fieldErrors
    if(logon.getUsername() == null||logon.getUsername().trim().equals("")){
      addFieldError("logon.username","请输入用户名!");
    }
  }
  public LogonTable getLogon() {
    return logon;
  }
  public void setLogon(LogonTable logon) {
    this.logon = logon;
  }
}
```

在 IndexAction 类中定义了校验方法 validate()后,该方法会在执行系统的 execute()方法之前执行。如果执行 validate()方法之后,Action 类的 fieldErrors 中已经包含了数据校验错误信息,将把请求转发到 input 逻辑视图处,这就需要在配置 Action 的 struts.xml 文件中加入以下代码:

```
<?xml version="1.0" encoding="utf-8"?>
<!DOCTYPE struts PUBLIC
    "-//Apache Software Foundation//DTD Struts Configuration 2.0//EN"
    "http://struts.apache.org/dtds/struts-2.0.dtd">
<struts>
  <package name="default" extends="struts-default">
```

```
<!-- 用户登录 -->
  <action name = "index" class = "org.logonsystem.action.IndexAction">
    <result name = "success">/index.jsp</result>
    <result name = "error">/failure.jsp</result>
    <result name = "input">/login.jsp</result>
  </action>
</package>
<constant name = "struts.i18n.encoding" value = "gb2312"></constant>
</struts>
```

(6) 编写 JSP。

同实例 4 第 6 步。

(7) 部署和运行 Java EE 项目。

部署项目,在浏览器中输入 http://localhost:8080/JspStruts2JavaBeanJdbc_Validate/并按 Enter 键,出现登录页面,不输入任何用户名直接提交,出现校验错误信息"请输入用户名!",如图 4.9 所示。

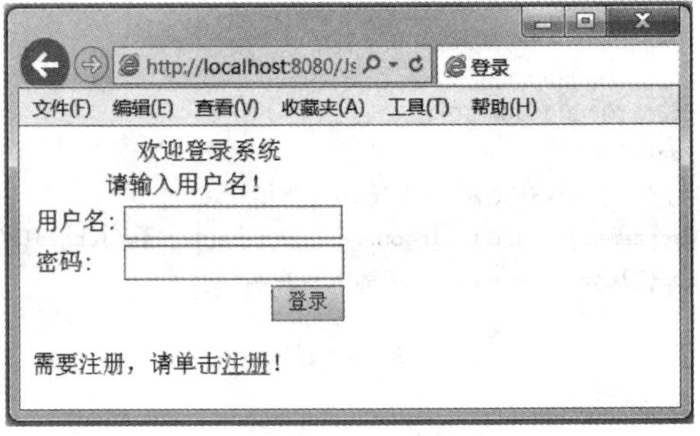

图 4.9 校验结果

4.6.3 文件上传应用举例

文件上传应用举例包括单个文件上传和多个文件上传。

1. 单个文件上传

下面举例说明单个文件上传的步骤,该例指定把上传文件存储在 D:/upload 中,需要先建立目录 D:/upload。

【例 4.4】 单个文件上传的 Web 程序。

(1) 创建 Java EE 项目。

创建 Java EE 项目,项目命名为 SingleFileUpload,SingleFileUpload 项目完成后的目录树如图 4.10 所示。

在创建过程中,需要选中自动生成 index.jsp 文件,如图 4.11 所示。

(2) 加载 Struts 2 类库。

与实例 4 第 2 步相同。

图 4.10　SingleFileUpload 项目目录树

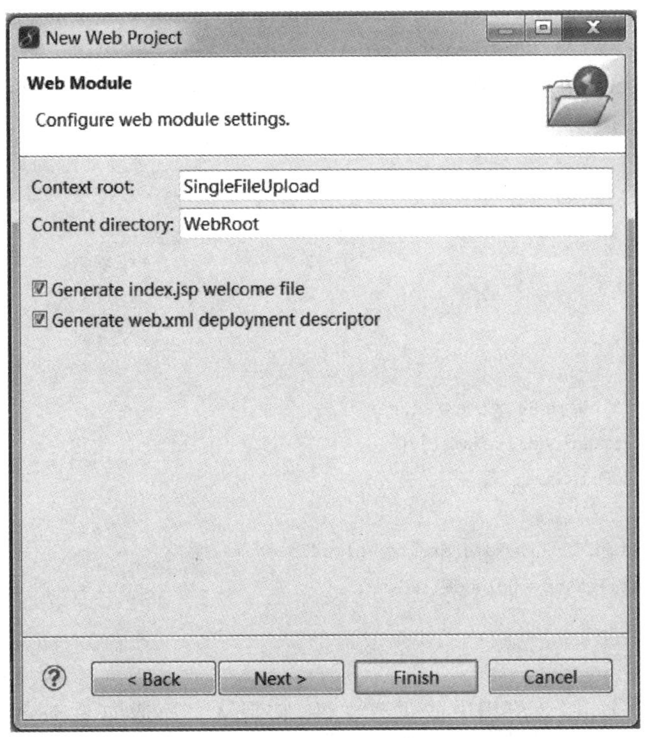

图 4.11　选择自动生成 index.jsp 文件

(3) 实现 Action 及配置。

在 src 文件夹下建立 action 包，在该包下建立自定义 Action 类 UploadAction，UploadAction.java 代码如下：

```
import java.io.File;
import java.io.FileInputStream;
import java.io.FileOutputStream;
import java.io.InputStream;
import java.io.OutputStream;
import com.opensymphony.xwork2.ActionSupport;
import com.sun.java_cup.internal.runtime.*;
public class UploadAction extends ActionSupport{
  private File upload;                                                    //上传文件
  private String uploadFileName;                                          //上传的文件名
  //属性 upload 的 getter/setter 方法
  public File getUpload() {
    return upload;
  }
  public void setUpload(File upload) {
    this.upload = upload;
  }
  public String execute() throws Exception {
    InputStream is = new FileInputStream(getUpload());          //根据上传的文件得到输入流
    OutputStream os = new FileOutputStream("d:\\upload\\" + uploadFileName);    //指定输出流地址
    byte buffer[] = new byte[1024];
    int count = 0;
    while((count = is.read(buffer))> 0){
      os.write(buffer,0,count);                                         //把文件写到指定位置的文件中
    }
    os.close();                                                         //关闭
    is.close();
    return SUCCESS;                                                     //返回
  }
  //属性 uploadFileName 的 getter/setter 方法
  public String getUploadFileName() {
    return uploadFileName;
  }
  public void setUploadFileName(String uploadFileName) {
    this.uploadFileName = uploadFileName;
  }
}
```

struts.xml 是 Struts 2 应用中的重要文件，它是从页面通向 Action 类的桥梁，配置了该文件后，JSP 文件的请求才能顺利地找到要处理请求的 Action 类。

struts.xml 代码如下：

```
<?xml version = "1.0" encoding = "UTF - 8" ?>
<!DOCTYPE struts PUBLIC
    " - //Apache Software Foundation//DTD Struts Configuration 2.0//EN"
```

```
    "http://struts.apache.org/dtds/struts-2.0.dtd">
<struts>
  <package name="default" extends="struts-default">
    <action name="upload" class="action.UploadAction">
      <result name="success">/success.jsp</result>
    </action>
  </package>
  <constant name="struts.multipart.saveDir" value="/tmp"></constant>
</struts>
```

(4) 编写 JSP。

修改在创建项目时自动生成 index.jsp 文件，改写该文件，代码如下：

```
<%@ page language="java" pageEncoding="utf-8"%>
<%@ taglib uri="/struts-tags" prefix="s" %>
<!DOCTYPE HTML PUBLIC "-//W3C//DTD HTML 4.01 Transitional//EN">
<html>
  <head>
    <title>单个文件上传</title>
  </head>
  <body>
    <s:form action="upload" method="post" enctype="multipart/form-data">
      <s:file name="upload" label="上传文件"></s:file>
      <s:submit value="提交"></s:submit>
    </s:form>
  </body>
</html>
```

上传成功后，跳转到 success.jsp 文件，该文件代码如下：

```
<%@ page language="java" pageEncoding="utf-8"%>
<!DOCTYPE HTML PUBLIC "-//W3C//DTD HTML 4.01 Transitional//EN">
<html>
  <head>
    <title>上传成功</title>
  </head>
  <body>
    上传文件成功！
  </body>
</html>
```

(5) 部署和运行 Java EE 项目。

部署项目，启动 Tomcat，在浏览器中输入 http://localhost:8080/SingleFileUpload/，出现“单个文件上传”界面，如图 4.12 所示。

Struts 2 默认上传文件的大小是 2MB，测试时上传文件不能太大。

选择要上传的文件，单击“提交”按钮，跳转到“上传成功”界面，如图 4.13 所示。

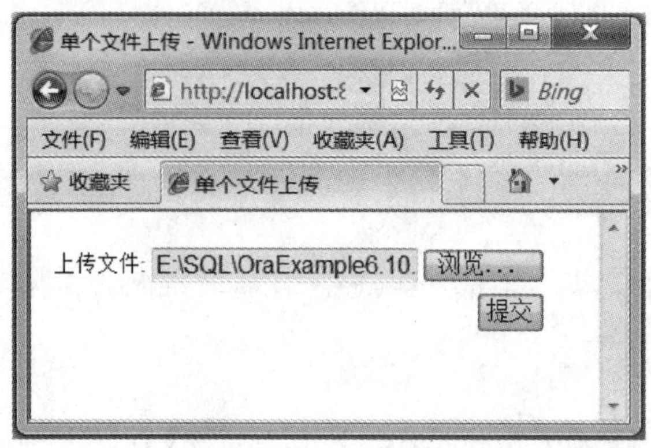

图 4.12　单个文件上传

图 4.13　上传成功

2. 多个文件上传

实现多个文件上传，只需要在单个文件上传例题的基础上进行修改，举例如下。

【例 4.5】 多个文件上传的 Web 程序。

在例 4.4 基础上进行修改而成，除对步骤(3)和步骤(4)的内容进行修改外，其余步骤基本相同。

(1) 创建 Java EE 项目。

创建 Java EE 项目，项目命名为 MultipleFileUpload。

(2) 加载 Struts 2 类库。

与实例 4 第 2 步相同。

(3) 实现 Action 及配置。

由于是多个文件上传，需要使用 List 集合，UploadAction.java 代码修改如下：

```
package action;
import java.io.File;
import java.io.FileInputStream;
import java.io.FileOutputStream;
import java.io.InputStream;
```

```
import java.io.OutputStream;
import java.util.List;
import com.opensymphony.xwork2.ActionSupport;
public class UploadAction extends ActionSupport{
  private List<File> upload;                          //上传的文件为多个,用 List 集合
  private List<String> uploadFileName;                //文件名
  public String execute() throws Exception {
    if(upload!= null){
      for (int i = 0; i < upload.size(); i++) {       //遍历,对每个文件进行读/写操作
        InputStream is = new FileInputStream(upload.get(i));
        OutputStream os = new FileOutputStream("d:\\upload\\" + getUploadFileName().get(i));
        byte buffer[] = new byte[1024];
        int count = 0;
        while((count = is.read(buffer))> 0){
          os.write(buffer,0,count);
        }
        os.close();
        is.close();
      }
    }
    return SUCCESS;
  }
  public List<File> getUpload() {
    return upload;
  }
  public void setUpload(List<File> upload) {
    this.upload = upload;
  }
  public List<String> getUploadFileName() {
    return uploadFileName;
  }
  public void setUploadFileName(List<String> uploadFileName) {
    this.uploadFileName = uploadFileName;
  }
}
```

(4) 编写 JSP。

index.jsp 代码修改如下。

```
<%@ page language = "java" pageEncoding = "utf-8" %>
<%@ taglib uri = "/struts-tags" prefix = "s" %>
<!DOCTYPE HTML PUBLIC "-//W3C//DTD HTML 4.01 Transitional//EN">
<html>
  <head>
    <title>多个文件上传</title>
  </head>
```

```
    <body>
      <s:form action = "upload" method = "post" enctype = "multipart/form - data">
        <! -- 本例上传 2 个文件,可以增加 -->
        <s:file name = "upload" label = "上传文件 1"></s:file>
        <s:file name = "upload" label = "上传文件 2"></s:file>
      </s:form>
    </body>
  </html>
```

多个文件的名字必须相同,才能把它们对应的值封装到指定的集合中。

(5) 部署和运行 Java EE 项目。

部署运行后,在浏览器中输入 http://localhost:8080/MultipleFileUpload/,出现"多个文件上传"界面,如图 4.14 所示。

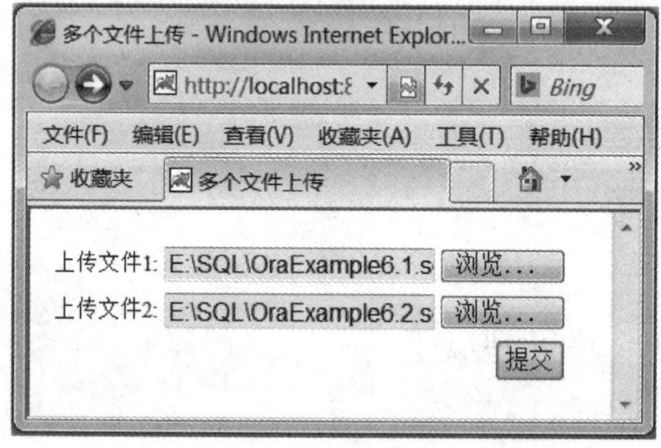

图 4.14 多个文件上传

选择要上传的文件,单击"提交"按钮,跳转到"上传成功"界面,如图 4.15 所示。此时在 D 盘的 upload 文件夹中,可查看到已上传的文件。

图 4.15 上传成功

4.6.4 在 Web 登录程序中自定义拦截器

Struts 2 框架提供了很多拦截器，但总有一些功能需要程序员自己定义拦截器来完成，例如权限控制等。

Struts 2 提供了一些接口或类供程序员自己定义拦截器，下面的例题就是继承 AbstractInterceptor 类来实现的。

【例 4.6】 在 Web 登录程序中自定义拦截器。

对实例 4 进行修改，在 Web 登录程序中自定义拦截器，如果以管理员身份登录输入用户名 Administrator/administrator，会被拦截器拦截，返回当前页。

(1) 创建 Java EE 项目。

创建 Java EE 项目，项目命名为 JspStruts2JavaBeanJdbc_Interceptor，JspStruts2JavaBeanJdbc_Interceptor 项目完成后的目录树如图 4.16 所示。

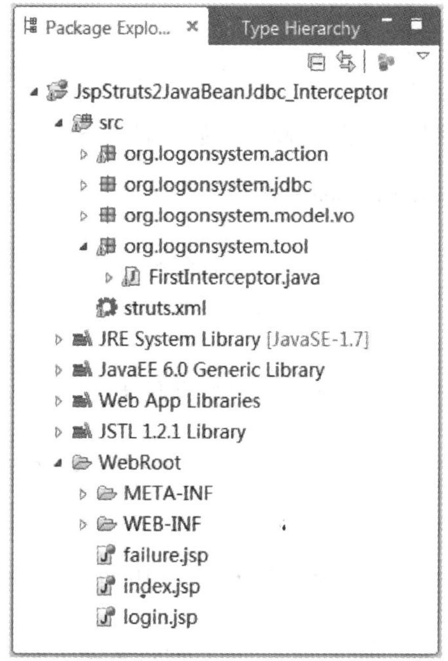

图 4.16 JspStruts2JavaBeanJdbc_Interceptor 目录树

(2) 加载 Struts 2 类库。

同实例 4 第 2 步。

(3) 创建 JDBC 类。

同实例 4 第 3 步。

(4) 构造 JavaBean。

同实例 4 第 4 步。

(5) 实现拦截器类及配置。

首先编写拦截器实现类 FirstInterceptor.java，代码如下：

```
package org.logonsystem.tool;
import org.logonsystem.action.*;
import com.opensymphony.xwork2.*;
import com.opensymphony.xwork2.interceptor.*;
public class FirstInterceptor extends AbstractInterceptor{
  public String intercept(ActionInvocation arg0) throws Exception{
    // 得到 IndexAction 类对象
    IndexAction action = (IndexAction)arg0.getAction();
    // 如果 Action 中 logon 成员对象的 username 属性值为"administrator",则返回当前页
    if(action.getLogon().getUsername().equals("Administrator")
        ||action.getLogon().getUsername().equals("administrator")){
      return Action.INPUT;
    }
    // 继续执行其他拦截器或 Action 中的方法
    return arg0.invoke();
  }
}
```

在 struts.xml 文件中配置拦截器，修改后的代码如下：

```
<?xml version = "1.0" encoding = "utf-8"?>
<!DOCTYPE struts PUBLIC
    "-//Apache Software Foundation//DTD Struts Configuration 2.0//EN"
    "http://struts.apache.org/dtds/struts-2.0.dtd">
<struts>
  <package name = "default" extends = "struts-default">
    <interceptors>
      <interceptor name = "firstInterceptor" class = "org.logonsystem.tool.
      FirstInterceptor"></interceptor>
    </interceptors>
    <default-interceptor-ref name = ""></default-interceptor-ref>
    <!-- 用户登录 -->
    <action name = "index" class = "org.logonsystem.action.IndexAction">
      <result name = "success">/index.jsp</result>
      <result name = "error">/failure.jsp</result>
      <result name = "input">/login.jsp</result>
      <!--拦截配置在 result 后面,使用系统默认拦截器栈-->
      <interceptor-ref name = "defaultStack"></intereptor-ref>
      <!--配置拦截器 -->
      <interceptor-ref name = "firstInterceptor"></interceptor-ref>
    </action>
  </package>
  <constant name = "struts.i18n.encoding" value = "gb2312"></constant>
</struts>
```

(6) 编写 JSP。

同实例 4 第 6 步。

(7) 部署和运行 Java EE 项目。

部署项目,在浏览器中输入 http://localhost:8080/JspStruts2JavaBeanJdbc_Interceptor/并按 Enter 键,在登录页用户名框和密码框中,分别输入 Administrator/administrator 和密码,如图 4.17 所示。

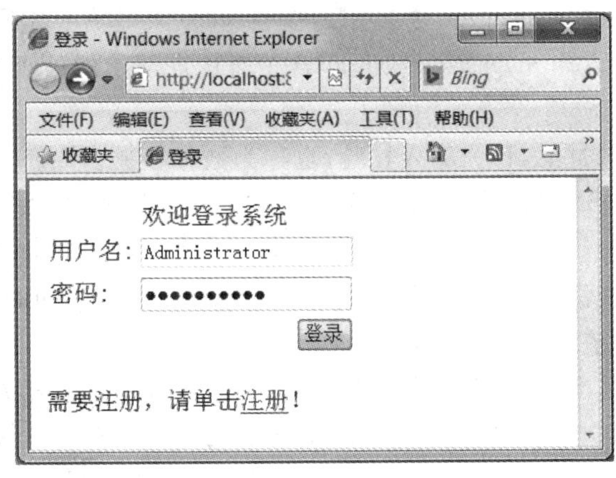

图 4.17 在运行界面输入

单击"登录"按钮,经过拦截返回到当前页面,如图 4.18 所示。

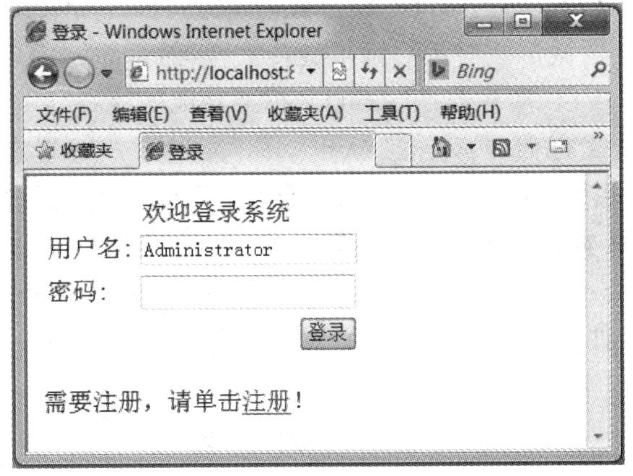

图 4.18 经过拦截返回到当前页面

4.7 小　　结

本章主要介绍了以下内容。

(1) Struts 2 是以 WebWork 为核心合并 WebWork 和 Struts 1 两个经典的 MVC 的框架,发展起来的一个优秀的 MVC 的框架。

Struts 2 的控制器,由 StrutsPrepareAndExecuteFilter 核心控制器和 Action 业务控制

器构成，Action 业务控制器由用户自定义，用于调用业务方法和返回处理结果，通常并不与物理视图关联，该处理结果与物理视图关联由核心控制器决定。

Struts 2 屏蔽了 Servlet 原始的 API，改用 Struts 2 核心控制器控制 JSP 页面跳转，用 Struts 2 取代 Servlet 的位置，而调用业务方法和返回处理结果由用户自定义的 Action 去实现，与 Struts 2 控制核心相分离，从而实现了控制逻辑和显示逻辑的分离，并降低了系统中各部分组件的耦合度。

在 Struts2 应用开发中，Action 是应用的核心，开发人员需要编写大量的 Action 类，并在 struts. xml 中配置 Action，Action 类里包含了对用户请求的处理逻辑，Action 类被称为业务控制器。

(2) 对异常输入的过滤，称为输入校验，也称为数据校验。Struts 2 输入校验包括客户端校验和服务器校验，Struts 2 输入校验方式有基于验证框架的输入校验和编程方式输入校验。

(3) Struts 2 标签库与 Struts 1 标签库相比，Struts 2 标签库功能更加强大，使用更加简单，其大部分标签可以在各种表现层使用。

Struts 2 标签库里，可以分为以下三类：UI 标签、非 UI 标签和 Ajax 标签。UI 标签又可分为两类：表单标签、非表单标签。非 UI 标签也可分为两类：控制标签、数据标签。

(4) Struts 2 文件上传默认使用 Jakartad 的 Common-FileUpload 文件上传框架。为了获取上传文件的信息，如上传文件名等，需要为 Action 类增加一些 getter 和 setter 方法。

(5) Struts 2 框架大部分的功能，包括解析请求参数、将请求参数赋值给 Action 属性、执行数据校验和文件上传等，都是通过拦截器来完成的。当 StrutsPrepareAndExecuteFilter 拦截到用户请求后，大量拦截器会对用户请求进行处理，然后才调用用户自定义的 Action 类中的方法来处理请求，所以，拦截器是 Struts 2 框架功能的核心。

Struts 2 内建的大量拦截器都是以 name-class 对的形式配置在 struts-default. xml 文件中，但还是有一些功能需要程序员自定义拦截器来完成。

(6) 为了深入理解本章知识点和综合应用 Struts 2 框架，分别介绍了一个应用实例和 4 个例题：应用 JSP＋Struts 2＋JavaBean＋JDBC 模式开发 Web 登录程序、在 Web 登录程序中进行数据验证、文件上传应用举例和在 Web 登录程序中应用拦截器。

习　题　4

一、选择题

1. 编写 Action 类的 3 种方式不包括________。

   A. 实现 Action 接口　　　　B. 一个简单的 Java 类

   C. 实现 Validatable 接口　　　　D. 继承 ActionSupport 类

2. 不是 Action 接口定义的常量为________。

   A. SUCCESS　　B. NONE　　C. LOGIN　　D. INDEX

3. ________不是拦截器的功能。

   A. 执行数据校验　　　　B. 返回业务结果

C. 解析请求参数　　　　　　　　　　D. 将请求参数赋值给 Action 属性

二、填空题

1. Struts 2 的核心控制器是________，业务控制器是________。

2. Action 由用户自定义，用于________和________。

3. Struts 2 的主要配置文件是________，通常存储在 Web 应用项目的________目录下。

4. result 元素定义________之间的映射关系。

5. struts.xml 文件中使用________来管理 Action、Result、拦截器和拦截器栈等配置信息。

6. 必填校验器的名字是________。

7. iterator 标签用于________。

8. Struts 2 框架大部分的功能都是通过________来完成的。

三、应用题

1. 应用 Struts 2 框架，开发一个加法器，一个页面输入数据，另一个页面输出结果。

2. 参照实例 4 的步骤，完成使用 JSP＋Struts 2＋JavaBean＋JDBC 模式开发一个 Web 登录程序，完成后进行测试。

3. 参照例 4.3 的步骤，完成在 Web 登录程序中进行数据验证的开发，完成后进行测试。

4. 参照例 4.4 和例 4.5 的步骤，完成单个文件上传和多个文件上传的 Web 程序的开发，完成后进行测试。

5. 参照例 4.6 的步骤，完成在 Web 登录程序中应用拦截器的开发，完成后进行测试。

第5章 Hibernate 开发

本章要点

- Hibernate 概述
- Hibernate 应用基础
- HQL 查询
- Hibernate 关联映射
- DAO 技术
- 整合 Hibernate 与 Struts 2
- 应用举例

Hibernate 是一个开源的对象关系映射框架，它将 Java 中对象与对象之间的关系映射到数据库中表与表之间的关系，并提供了整个过程自动转换方案。本章介绍 Hibernate 概述、Hibernate 应用基础、HQL 查询、Hibernate 关联映射、DAO 技术、整合 Hibernate 与 Struts 2 等内容，并通过应用举例综合本章的知识和培养读者的开发能力。

5.1 Hibernate 概述

1. Hibernate 与 ORM

ORM(Object-Relation Mapping，对象-关系映射)是用于将对象与对象之间的关系映射到数据库表与表之间关系的一种模式。

Hibernate 是封装了 JDBC 的一种开放源代码的对象-关系映射框架，使程序员可以使用面向对象的思想来操作数据库。Hibernate 是一种对象-关系映射的解决方案，即将 Java 对象与对象之间的关系映射到数据库中表与表之间的关系。

用 Hibernate 将 STUDY 数据库的 logonTable 表映射为 LongonTable 对象，在编程时就可直接操作 LongonTable 对象来访问数据库，如图 5.1 所示。

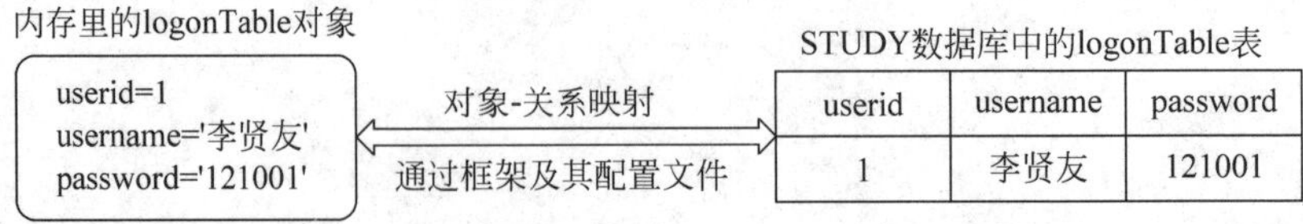

图 5.1 Hibernate 的对象-关系映射

2. Hibernate 体系结构

Hibernate 通过配置文件(hibernate. cfg. xml 或 hibernate. properties)和映射文件(*. hbm. xml)把 Java 对象或持久化对象(Persistent Object,PO)映射到数据库中的表,程序员通过操作 PO 对表进行各种操作。

Hibernate 体系结构如图 5.2 所示。

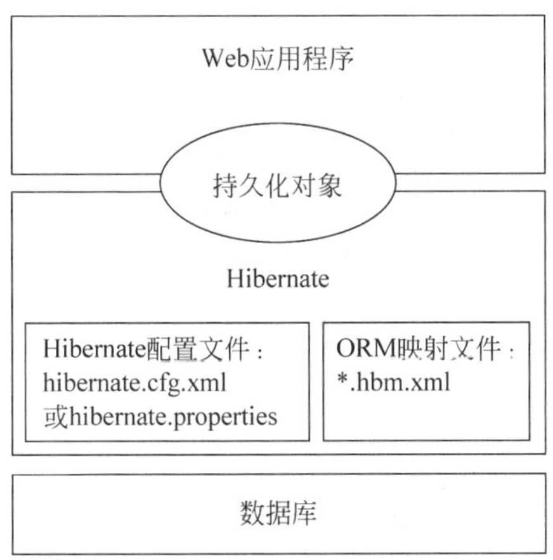

图 5.2 Hibernate 体系结构

3. 使用 Hibernate 编程基本步骤

使用 Hibernate 编程,基本步骤如下。

- 添加 Hibernate 框架,创建 Hibernate 配置文件 hibernate. cfg. xml。
- 通过 Hibernate 反向工程,从选中的数据库表生成对应的映射文件 *. hbm. xml 和 POJO 对象。
- 编写 DAO,使用 Hibernate 进行数据库操作。

问题: 什么是 POJO?

5.2 Hibernate 应用基础

在项目中使用 Hibernate 框架时,重要的工作是使用 Hibernate 的映射文件、配置文件和核心接口,下面分别介绍。

5.2.1 Hibernate 的映射文件和配置文件

1. 映射文件

映射文件 *. hbm. xml 用来将 POJO 类和数据表、类属性和表字段、类之间的关系和数据表之间的关系一一映射起来,它是 Hibernate 的核心文件。

提示：POJO(Plain Old Java Object，简单 Java 对象)，又称 VO(Value Object，值对象)，实质就是 JavaBean。POJO 是一种特殊的 Java 类，具有一些属性及其对应的 getter/seter 方法。

例如 POJO 类为 LogonTable，LogonTable.java 的代码如下：

```
package org.logonsystem.model.vo;
/ **
   * LogonTable entity. @author MyEclipse Persistence Tools
   * /
public class LogonTable implements java.io.Serializable {
  //Fields
  private Integer userid;
  private String username;
  private String password;
  //Constructors
  / ** default constructor * /
  public LogonTable() {
  }
  / ** full constructor * /
  public LogonTable(String username,String password) {
    this.username = username;
    this.password = password;
  }
  //Property accessors
  public Integer getUserid() {
    return this.userid;
  }
  public void setUserid(Integer userid) {
    this.userid = userid;
  }
  public String getUsername() {
    return this.username;
  }
  public void setUsername(String username) {
    this.username = username;
  }
  public String getPassword() {
    return this.password;
  }
  public void setPassword(String password) {
    this.password = password;
  }
}
```

其映射文件 LogonTable.hbm.xml 代码如下：

```
<?xml version="1.0" encoding="utf-8"?>
<!DOCTYPE hibernate-mapping PUBLIC "-//Hibernate/Hibernate Mapping DTD 3.0//EN"
"http://www.hibernate.org/dtd/hibernate-mapping-3.0.dtd">
<!--
  Mapping file autogenerated by MyEclipse Persistence Tools
-->
<hibernate-mapping>
  <class name="org.logonsystem.model.vo.LogonTable" table="logonTable" schema="dbo"
catalog="STUDY">
    <id name="userid" type="java.lang.Integer">
      <column name="userid" />
      <generator class="native" />
    </id>
    <property name="username" type="java.lang.String">
      <column name="username" length="20" not-null="true" />
    </property>
    <property name="password" type="java.lang.String">
      <column name="password" length="20" not-null="true" />
    </property>
  </class>
</hibernate-mapping>
```

答案：POJO(Plain Old Java Object，简单 Java 对象)，又称 VO(Value Object，值对象)，实质就是 JavaBean。POJO 是一种特殊的 Java 类，具有一些属性及其对应的 getter/seter 方法。

该映射文件可分为以下 3 部分。

1) 类、表映射

```
<class name="org.logonsystem.model.vo.LogonTable" table="logonTable" schema="dbo"
catalog="STUDY">
```

其中，name 属性指定 POJO 类 LogonTable 映射表 logonTable，table 属性指定当前类对应数据库表为 logonTable。

2) id 映射

```
<id name="userid" type="java.lang.Integer">
  <column name="userid" />
  <generator class="native" />
</id>
```

其中，id 属性中的 name="userid"指定类中属性 userid 映射 logonTable 表中主键字段 userid，column 属性中的 name="userid"指定当前映射表 logonTable 主键字段为 userid。

Hibernate 的主键生成策略分为三大类：Hibernate 对主键 id 赋值、应用程序自身对 id

赋值、由数据库对 id 赋值。

- assigned：应用程序自身对 id 赋值。
- native：由数据库对 id 赋值。
- hilo：通过 hi/lo 算法实现的主键生成机制，需要额外的数据库表保存主键生成历史状态。
- increment：主键按数值顺序递增。
- identity：采用数据库提供的主键生成机制，如 SQL Server、MySQL 中的自增主键生成机制。
- sequence：采用数据库提供的 sequence 机制生成主键，如 Oracle sequence。
- uuid. hex：由 Hibernate 基于 128 位唯一值产生算法，根据当前设备 IP、时间、JVM 启动时间、内部自增量 4 个参数生成十六进制数值(编码后长度为 32 位的字符串表示)作为主键。
- uuid. string：与 uuid. hex 类似，只是对生成的主键进行编码(长度为 16 位)。
- foreign：使用外部表的字段作为主键。
- select：Hibernate 3 新引入的主键生成机制，主要针对遗留系统的改造工程。

3）属性、字段映射

属性、字段映射将映射类属性与库表字段相关联。

```
<property name = "username" type = "java.lang.String">
  <column name = "username" length = "20" not-null = "true" />
</property>
```

其中，property 属性中的 name="username"指定类中属性 username 映射 logonTable 表中字段 username，column 属性中的 name="username"指定当前映射表 logonTable 字段为 username。

问题：映射文件 *.hbm.xml 有何作用？

2. hibernate.cfg.xml 文件

Hibernate 配置文件主要用来配置 SessionFractory 类，属性：数据库的驱动程序、URL、用户名和密码、数据库方言等。它有两种格式，分别是 hibernate.cfg.xml 和 hibernate.properties，两者的配置内容基本相同，但 hibernate.cfg.xml 使用更为方便，并且是 Hibernate 的默认配置文件。

hibernate.cfg.xml 文件举例如下。

```
<?xml version = '1.0' encoding = 'UTF-8'?>
<!DOCTYPE hibernate-configuration PUBLIC
          "-//Hibernate/Hibernate Configuration DTD 3.0//EN"
          "http://www.hibernate.org/dtd/hibernate-configuration-3.0.dtd">
<!-- Generated by MyEclipse Hibernate Tools. -->
<hibernate-configuration>
  <session-factory>
```

```
    <property name="dialect">
      org.hibernate.dialect.SQLServerDialect
    </property>
    <property name="connection.url">
      jdbc:sqlserver://localhost:1433
    </property>
    <property name="connection.username">sa</property>
    <property name="connection.password">123456</property>
    <property name="connection.driver_class">
      com.microsoft.sqlserver.jdbc.SQLServerDriver
    </property>
    <property name="myeclipse.connection.profile">
      SQL SERVER 2008
    </property>
    <mapping resource="org/logonsystem/model/vo/LogonTable.hbm.xml" />
</session-factory>
</hibernate-configuration>
```

答案： 映射文件 *.hbm.xml 用于完成类、表映射，id 映射，属性、字段映射，它是 Hibernate 的核心文件。

3. SessionFactory

SessionFactory 是 Hibernate 关键类，它是创建 Session 对象的工厂。Session 是 Hibernate 持久化操作的关键对象。

例如，HibernateSessionFactory 类是用户自定义的 SessionFactory，其代码如下。

```
package org.logonsystem.factory;
import org.hibernate.HibernateException;
import org.hibernate.Session;
import org.hibernate.cfg.Configuration;
import org.hibernate.service.ServiceRegistry;
import org.hibernate.service.ServiceRegistryBuilder;
/**
  * Configures and provides access to Hibernate sessions, tied to the
  * current thread of execution. Follows the Thread Local Session
  * pattern, see {@link http://hibernate.org/42.html }.
  */
public class HibernateSessionFactory {
    /**
      * Location of hibernate.cfg.xml file.
      * Location should be on the classpath as Hibernate uses
      * #resourceAsStream style lookup for its configuration file.
      * The default classpath location of the hibernate config file is
      * in the default package. Use #setConfigFile() to update
      * the location of the configuration file for the current session.
```

```
    */
  //创建一个线程局部变量对象
  private static final ThreadLocal<Session> threadLocal = new ThreadLocal<Session>();
  //定义一个静态的 SessionFactory 对象
  private static org.hibernate.SessionFactory sessionFactory;
  //创建一个静态的 Configuration 对象
  private static Configuration configuration = new Configuration();
  private static ServiceRegistry serviceRegistry;
  //根据配置文件得到 SessionFactory 对象
static{
try{
    //得到 configuration 对象
    configuration.configure();
    serviceRegistry = newServiceRegistryBuilder().applySettings(configuration.
                    getProperties()).buildServiceRegistry();
    sessionFactory = configuration.buildSessionFactory(serviceRegistry);
  } catch (Exception e) {
    System.err.println("%%%% Error Creating SessionFactory %%%%");
    e.printStackTrace();
  }
}
private HibernateSessionFactory() {
  }
/**
    * Returns the ThreadLocal Session instance. Lazy initialize
    * the <code>SessionFactory</code> if needed.
    *
    * @return Session
    * @throws HibernateException
    */
//取得 Session 对象
public static Session getSession() throws HibernateException {
  Session session = (Session) threadLocal.get();
  if (session == null || !session.isOpen()) {
    if (sessionFactory == null) {
      rebuildSessionFactory();
    }
    session = (sessionFactory != null) ? sessionFactory.openSession(): null;
    threadLocal.set(session);
  }
  return session;
}
/**
    * Rebuild hibernate session factory
    *
```

```
    */
//可以调用该方法重新创建 SessionFactory 对象
public static void rebuildSessionFactory() {
  try {
    configuration.configure();
    serviceRegistry = new ServiceRegistryBuilder().applySettings(configuration.
                getProperties()).buildServiceRegistry();
    sessionFactory = configuration.buildSessionFactory(serviceRegistry);
  } catch (Exception e) {
    System.err.println("%%%% Error Creating SessionFactory %%%%");
    e.printStackTrace();
  }
}
/**
    * Close the single hibernate session instance.
    *
    * @throws HibernateException
    */
//关闭 Session
public static void closeSession() throws HibernateException {
  Session session = (Session) threadLocal.get();
  threadLocal.set(null);
  if (session != null) {
    session.close();
  }
}
/**
 * return session factory
 *
 */
public static org.hibernate.SessionFactory getSessionFactory() {
  return sessionFactory;
}
/**
 * return hibernate configuration
 *
 */
public static Configuration getConfiguration() {
  return configuration;
}
}
```

从上述文件可以看出，Session 对象的创建需要以下 3 个步骤。

(1) 初始化 Hibernate 配置管理类 Configuration。

(2) 通过 Configuration 类实例创建 Session 的工厂类 SessionFactory。

(3) 通过 SessionFactory 得到 Session 实例。

问题:什么是持久化对象?

4. 持久化对象

持久化指将数据(内存中的对象)保存到可持久保存的存储设备中,即把内存中的数据存储到关系数据库中,持久化工作主要在对象和关系数据库中进行。

系统创建的 POJO 实例,当与特定的 Session 相关联,并映射到数据表,该对象就处于持久化状态。持久化对象(Persistent Objects,PO)可以是普通的 POJO/JavaBean,唯一特殊的是它们与 Session 相关联。

POJO/JavaBean 在 Hibernate 中存在 3 种状态:临时状态(Transient)、持久化状态(Persistent)和脱管状态(Detached)。当一个 POJO/JavaBean 对象没有与 Session 相关联时,这个对象就称为临时对象(Transient Object);当它与一个 Session 相关联时,就变成持久化对象(Persistent Object);如果 Session 被关闭时,这个对象就转换为脱管对象(Detached Object)。

答案:系统创建的 POJO 实例,当与特定的 Session 相关联,并映射到数据表,该对象就成为持久化对象(Persistent Objects,PO)。PO 有 3 种状态:临时状态(Transient)、持久化状态(Persistent)和脱管状态(Detached)。

5.2.2 Hibernate 工作过程

Hibernate 工作过程如下。

(1) Configuration 读取 Hibernate 的配置文件和映射文件中的信息,即加载配置文件和映射文件,并通过 Hibernate 配置文件生成一个多线程的 SessionFactory 对象。

(2) 多线程 SessionFactory 对象生成一个线程 Session 对象。

(3) Session 对象生成 Query 对象或者 Transaction 对象。

- 在查询的情况下,通过 Session 对象生成一个 Query 对象,然后利用 Query 对象执行查询操作。
- 可通过 Session 对象的 get()、load()、save()、update()、delete()和 saveOrUpdate()等方法对 PO 进行加载、保存、更新、删除等操作。
- 如果没有异常,Transaction 对象将提交这些操作结果到数据库中。

5.2.3 Hibernate 接口

Hibernate 接口有 Configuration 接口、SessionFactory 接口、Session 接口、Transaction 接口和 Query 接口,下面分别介绍。

1. Configuration 接口

Configuration 负责配置 Hibernate,使用 Hibernate 必须首先提供基础信息以完成初始化工作,为后续操作做好准备,基础信息包括数据库 URL、数据库用户名、数据库用户密码、数据库 JDBC 驱动类和数据库 dialect。

当调用下述代码时，Hibernate 会自动在目录下搜索 hibernate. cfg. xml 文件，并将其读取到内存中作为后续操作的基础配置。

```
Configuration config = new Configuration().configure();
```

2. SessionFactory 接口

SessionFactory 是产生 Session 实例的工厂，它负责创建 Session 对象。

SessionFactory 并不是轻量级的，因为在一般情况下，一个项目通常只需要一个 SessionFactory 就可以了，当需要操作多个数据库时，可以为每个数据库指定一个 SessionFactory。

SessionFactory 负责创建 Session 实例，可以通过 Configuration 实例构建 SessionFactory。

```
Configuration config = new Configuration().configure();
SessionFactory sessionFactory = config.buildSessionFactory();
```

Configuration 实例 config 会根据当前的数据库配置信息，构造 SessionFactory 实例并返回。SessionFactory 一旦构造完毕，即被赋予特定的配置信息。

3. Session 接口

Session 接口负责执行持久化对象的操作，它有 get()、load()、save()、update()和 delete()等方法用来对 PO 进行加载、保存、更新及删除等操作。

Session 对象是非线程安全的。同时，Hibernate 的 session 不同于 JSP 应用中的 HttpSession，这里指的是 Hibernate 中的 session。

Hibernate Session 的设计是非线程安全的，即一个 Session 实例同时只可由一个线程使用。同一个 Session 实例的多线程并发调用将导致难以预知的错误。

Session 实例由 SessionFactory 构建：

```
Configuration config = new Configuration().configure();
SessionFactory sessionFactory = config.buldSessionFactory();
Session session = sessionFactory.openSession();
```

4. Transaction 接口

Transaction 是 Hibernate 中进行事务操作的接口，用来管理 Hibernate 事务，它的主要方法有 commit()和 rollback()等。

事务对象可以使用 Session 的 beginTransaction()方法生成，举例如下：

```
Transaction ts = session.beginTransaction();
```

5. Query 接口

Query 接口负责执行数据库查询，主要使用 HQL 或本地 SOL(Native SQL)，用来对 PO 进行查询操作，Query 对象可以使用 Session 的 createQuery()方法生成。

Query 接口的常用方法有 setXxx()方法、list()方法和 excuteUpdate()方法等，下面分别介绍。

1）setXxx()方法

用于设置 HQL 中问号“?”或变量的值。

举例如下：

```
Query query = session.createQuery("from Course where cno = 801");
```

上面语句表示 Query 对象通过 Session 对象的 createQuery()方法创建，方法的参数值"from Course where cno=801"是 HQL 语句，表示读取所有的 Course 类型的对象，即读取 COURSE 表中所有记录。语句中查询条件的值“801”已直接给出的，如果没有给出，需要用 setXxx()方法为 HQL 中的问号“?”和变量设置参数，例如下面的语句：

```
Query query = session.createQuery("from Course where cno = ?");
Query.setString(0,"801");          //设置问号的值为"801"
```

上面的方法是通过“?”来设置参数的，还可以用“:”后跟变量的方法来设置参数，如上例可改为：

```
Query query = session.createQuery("from Course where cno = :cnoValue");
Query.setString("cnoValue ","801");        //设置变量 cnoValue 的值为"801"
```

由于上例中的 cno 为 String 类型，所以设置的时候用 setString(…)，如果是 int 型就要用 setInt(…)。还有一种通用的设置方法，就是 setParameter()方法，不管是什么类型的参数都可以应用。其使用方法是相同的，例如：

```
Query.setParameter(0,"要设置的值");
```

2）list()方法

用于返回查询结果，并把查询结果转变成 List 对象。

例如：

```
Query query = session.createQuery("from Kcb where kch = 198");
List list = query.list();
```

3）excuteUpdate()方法

用于执行更新或删除语句。

例如：

```
Query query =  session.createQuery("delete from Kcb ");
query.executeUpdate();          //删除对象
```

5.3 HQL 查询

HQL 是面向对象的查询语言，它是 Hibernate Query Language 的缩写。HQL 的语法很像 SQL 的语法，但 SQL 是数据库标准语言，HQL 的操作对象是类、实例、属性等，而 SQL 的操作对象是数据表、列等数据库对象。

HQL 的查询依赖于 Query 类，每个 Query 实例对应一个查询对象。

使用 HQL 进行查询的步骤如下。

(1) 获取 Hibernate Session 对象。

(2) 编写 HQL 语句。

(3) 以 HQL 语句作为参数，调用 Session 的 createQuery()方法创建 Query 查询对象。

(4) 如果 HQL 语句包含参数，则调用 Query 对象的 setXxx()方法为参数赋值。

(5) 调用 Query 对象的 list()或 uniqueResult()方法返回查询结果列表。

注意： HQL 语句本身的关键字、函数不区分大小写，但 HQL 中的包名、类名、实例名和属性名都要区分大小写。

1. HQL 查询的 from 子句

from 是最简单和最基本的 HQL 语句，下面以课程信息为例说明 from 子句。

```
…
Session session = HibernateSessionFactory.getSession();
Transaction ts = session.beginTransaction();
//查询所有课程
Query query = session.createQuery("from Course");
List list = query.list();                   //返回所有课程信息的列表
ts.commit();
HibernateSessionFactory.closeSession();
…
```

2. HQL 查询的 where 子句

where 子句用于指定查询条件，筛选查询结果。

1) 查询满足条件的课程信息

```
…
Session session = HibernateSessionFactory.getSession();
Transaction ts = session.beginTransaction();
//查询课程号为 801 的课程信息
Query query = session.createQuery("from Course where cno = 801");
List list = query.list();
ts.commit();
HibernateSessionFactory.closeSession();
…
```

2) 按指定参数查询

```
…
Session session = HibernateSessionFactory.getSession();
Transaction ts = session.beginTransaction();
//查询课程名为数字电路的课程信息
Query query = session.createQuery("from Course where cname = ?");
```

```
query.setParameter(0,"数字电路");
List list = query.list();
ts.commit();
HibernateSessionFactory.closeSession();
…
```

3）使用范围运算查询

```
…
Session session = HibernateSessionFactory.getSession();
Transaction ts = session.beginTransaction();
//查询课程信息,课程名为数据库系统或微机原理,且学分在3～4之间
Query query = session.createQuery("from Course where (credit between 3 and 4) and cname in('数
据库系统','微机原理')");
List list = query.list();
ts.commit();
HibernateSessionFactory.closeSession();
…
```

4）使用比较运算符查询

```
…
Session session = HibernateSessionFactory.getSession();
Transaction ts = session.beginTransaction();
//查询学分大于3且课程名不为空的课程信息
Query query = session.createQuery("from Course where credit > 3 and cname is not null");
List list = query.list();
ts.commit();
HibernateSessionFactory.closeSession();
…
```

5）使用字符串匹配运算查询

```
…
Session session = HibernateSessionFactory.getSession();
Transaction ts = session.beginTransaction();
//查询课程号中包含"05"字符串且课程名前面两个字为微机的所有课程信息
Query query = session.createQuery("from Course where cno like '%05%' and cname like '微机%'");
List list = query.list();
ts.commit();
HibernateSessionFactory.closeSession();
…
```

3. 分页查询

当查询数据较多时,单个页面往往不能显示所有结果,需要对查询结果进行分页显示。为了满足分页查询的需要,Query 对象提供了两个有用的方法。

- setFirstResult(int firstResult)。

指定从哪一个对象开始查询,默认为第 1 个对象,也就是序号 0。

• setMaxResults(int maxResult)。

指定一次最多查询出的对象的数目，默认为所有对象。

例如：

```
…
Session session = HibernateSessionFactory.getSession();
Transaction ts = session.beginTransaction();
Query query = session.createQuery("from Course ");
int pageNow = 1;                                    //需要显示第几页
int pageSize = 5;                                   //每页显示的条数
query.setFirstResult((pageNow - 1) * pageSize);     //指定从哪一个对象开始查询
query.setMaxResults(pageSize);                      //指定最大的对象数目
List list = query.list();
ts.commit();
HibernateSessionFactory.closeSession();
…
```

5.4 Hibernate 关联映射

类与类之间最普遍的关系就是关联关系，关联是有方向的，关联关系可分为两类。

• 单向关联：只需要单向访问关联端。例如，只能通过老师访问学生，或者只能通过学生访问老师。单向关联可分为一对一单向关联、一对多单向关联、多对一单向关联和多对多单向关联。

• 双向关联：关联的两端可以互相访问。例如，老师和学生之间可以互相访问。双向关联可分为一对一双向关联、一对多双向关联和多对多双向关联。

Hibernate 关联映射是实现数据库关系表与持久化类之间的映射。

5.4.1 一对一关联

一对一关联实现方式有主键关联和外键关联。主键关联限制两个数据表的主键使用相同的值，通过主键形成一对一的映射。外键关联是一个表的外键和另一个表的主键形成一对一的映射。

1. 主键关联

在注册某个学术会议的参会人员时，既要填写登录账号和密码，又要填写其他信息，这两部分信息通常存储在两个不同的表中，如表 5.1、表 5.2 所示。

表 5.1 LOGIN 表

列名	数据类型	是否主键	自增	允许 Null 值	说明
ID	int	主键			ID 号
USERNAME	varchar(20)				登录账号
PASSWORD	varchar(20)				登录密码

表 5.2　INFO 表

列名	数据类型	是否主键	自增	允许 Null 值	说明
ID	int	主键	增 1		ID 号
TRUENAME	varchar(8)			√	真实姓名
MOBILE	varchar(50)			√	移动电话

【例 5.1】 主键关联示例。

(1) 创建 Java 项目。

在 MyEclipse 2014 中，选择主菜单 File→New→Java Project，出现 New Java Project 窗口，在 Project name 栏输入 MapAssociation，如图 5.3 所示。单击 Next 按钮，再单击 Finish 按钮，MyEclipse 生成 MapAssociation 项目。

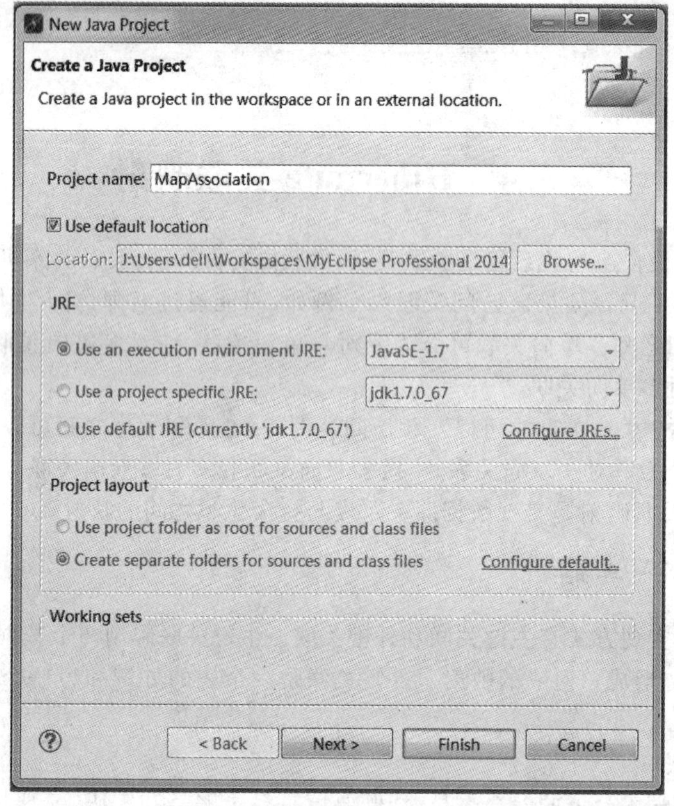

图 5.3　创建 Java 项目 MapAssociation

MapAssociation 项目完成后的目录树如图 5.4 所示。

(2) 添加 Hibernate 框架。

在项目 src 目录下创建一个名为 org.util 的包，用于放置将要生成的 HibernateSessionFactory.java 文件。

右击项目名，选择菜单 MyEclipse→Project Facets [Capabilities]→Install Hibernate Facet，出现图 5.5 所示的窗口，选择 Hibernate 版本为 4.1。

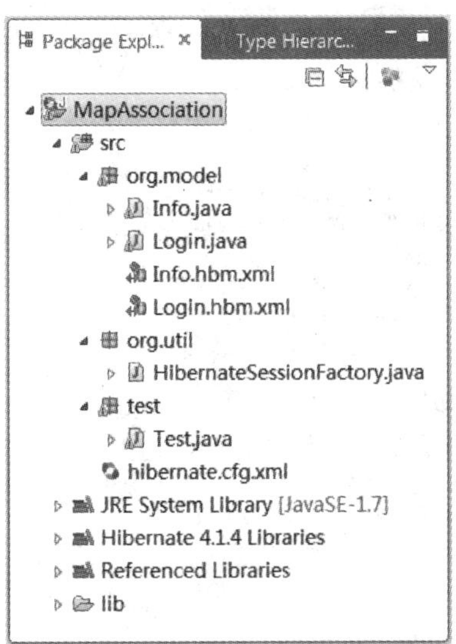

图 5.4　MapAssociation 项目目录树

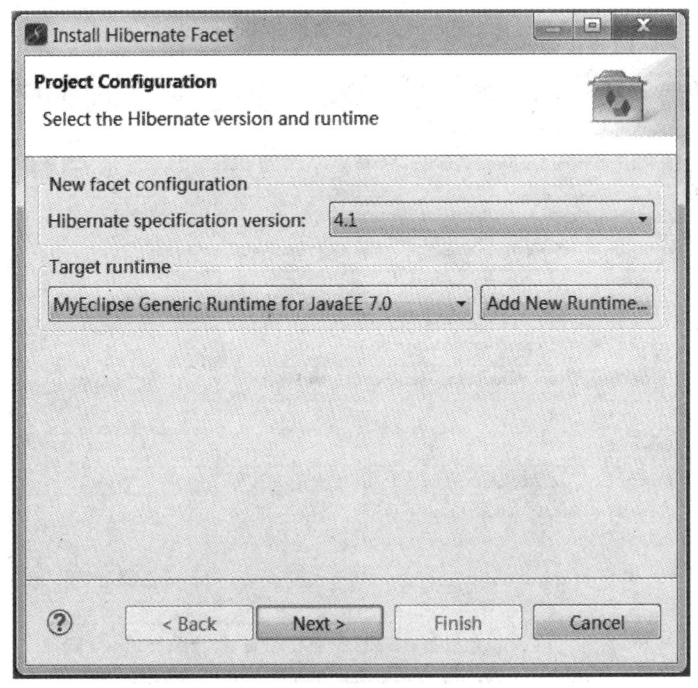

图 5.5　选择 Hibernate 4.1 版

单击 Next 按钮，进入图 5.6 所示的界面，创建 hibernate 配置文件，同时创建 SessionFactory 类，类名默认 HibernateSessionFactory，存储于 org.util 包中。

单击 Next 按钮，进入图 5.7 所示的界面，指定 Hibernate 所用数据库连接的细节。在第 2 章 2.7 节例 3.26 的第(3)步已经建好了一个名为 SQL SERVER 2008 的连接，这里在 DB Driver 只需要选择为 SQL SERVER 2008 即可。

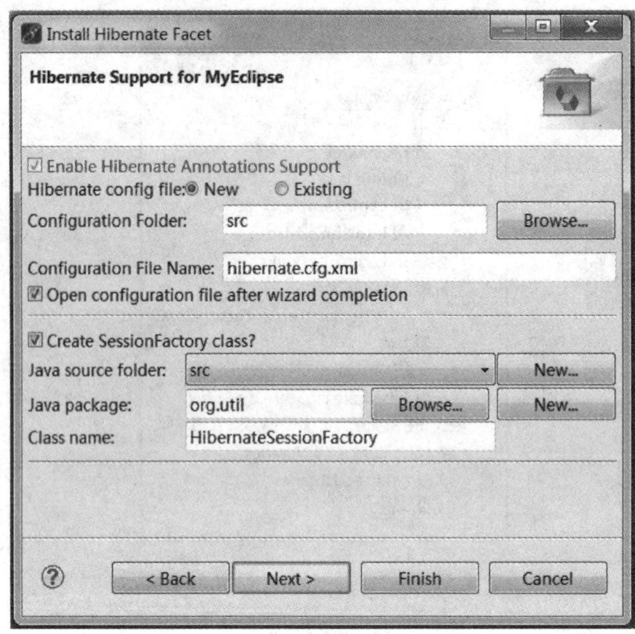

图 5.6　选择 Hibernate 配置文件和 SessionFactory 类

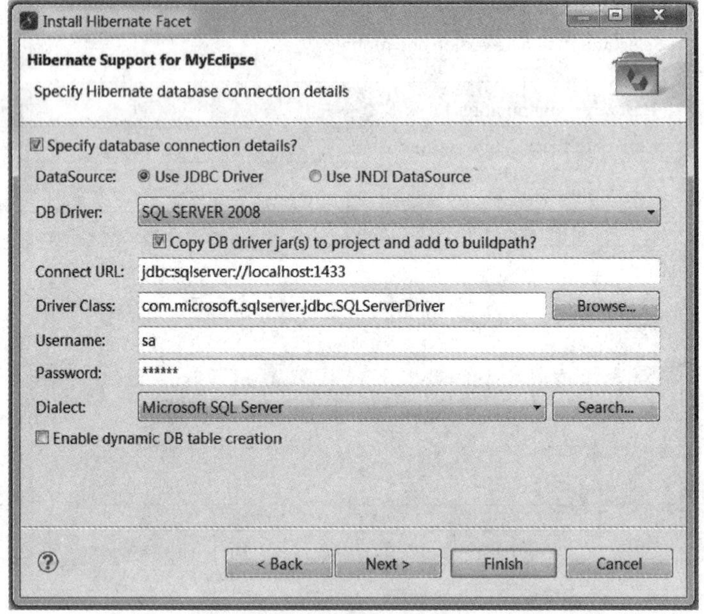

图 5.7　选择 Hibernate 所用连接

单击 Next 按钮，选择 Hibernate 框架所需要的类库(这里仅选取必需的 Core 库)，如图 5.8 所示。

单击 Finish 按钮完成添加，通过以上步骤，项目中新增了一个 Hibernate 库目录、一个 hibernate.cfg.xml 配置文件和一个 HibernateSessionFactory.java 类，数据库驱动也被自动载入，此时项目目录树如图 5.9 所示。

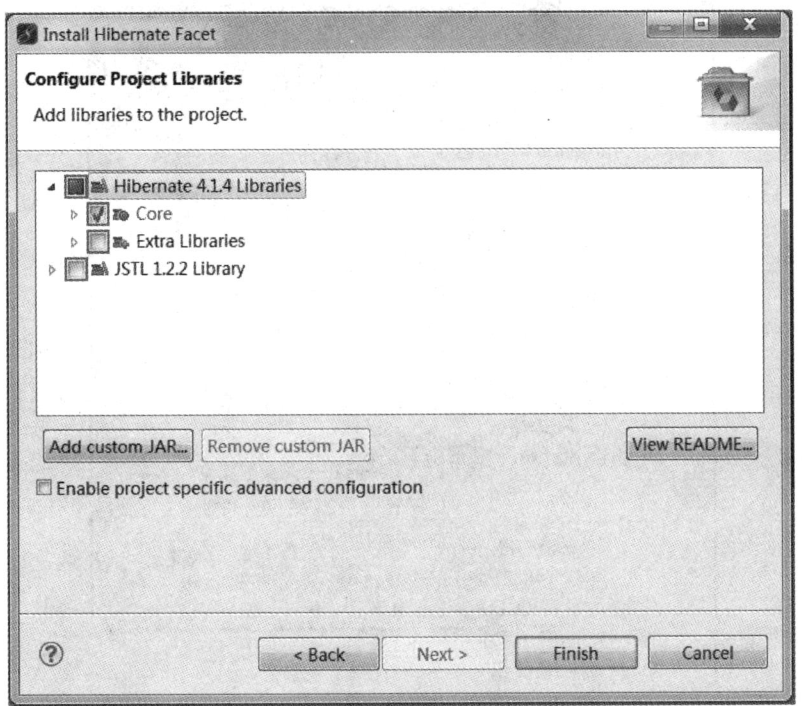

图 5.8　添加 Hibernate 的 Core 库

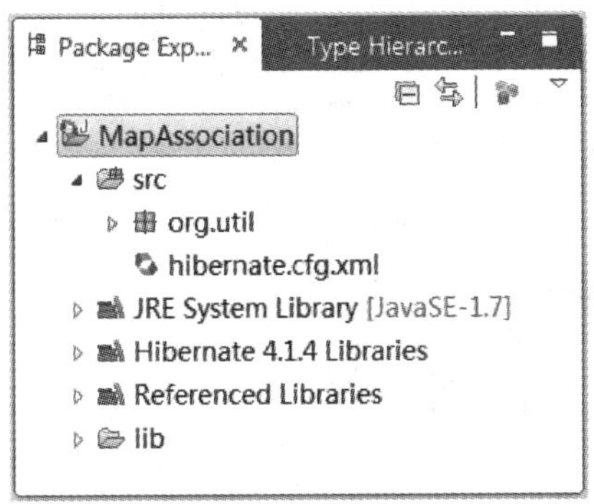

图 5.9　添加了 Hibernate 能力的 Java 项目

(3) 生成持久化对象。

在项目 src 目录下创建一个名为 org.model 的包，这个包将用来存储与数据库 INFO 表和 LOGIN 表对应的 Java 类 POJO。

选择主菜单 Window→Open Perspective→MyEclipse Database Explorer，打开 MyEclipse Database Explorer 视图。打开先前创建的 SQL SERVER 2008 连接，选中数据库表 INFO，右击，选择 Hibernate Reverse Engineering，启动 Hibernate 反向工程向导，完成从已有数据库表生成对应的持久化 Java 类和相关映射文件的配置工作，如图 5.10 所示。

选择生成的类及映射文件所在的位置，如图 5.11 所示。

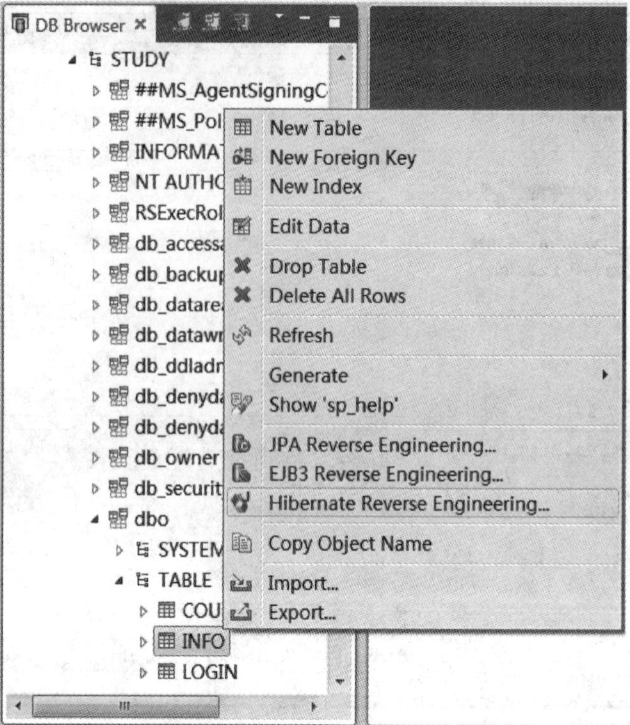

图 5.10　Hibernate 反向工程

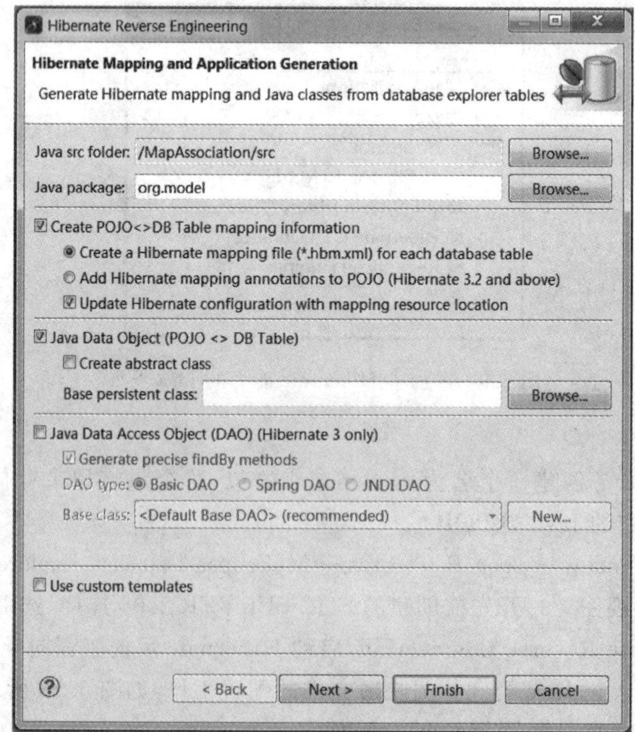

图 5.11　生成 Hibernate 映射文件和 POJO 类

单击 Next 按钮,配置映射文件的细节,选择主键生成策略为 identity,如图 5.12 所示。

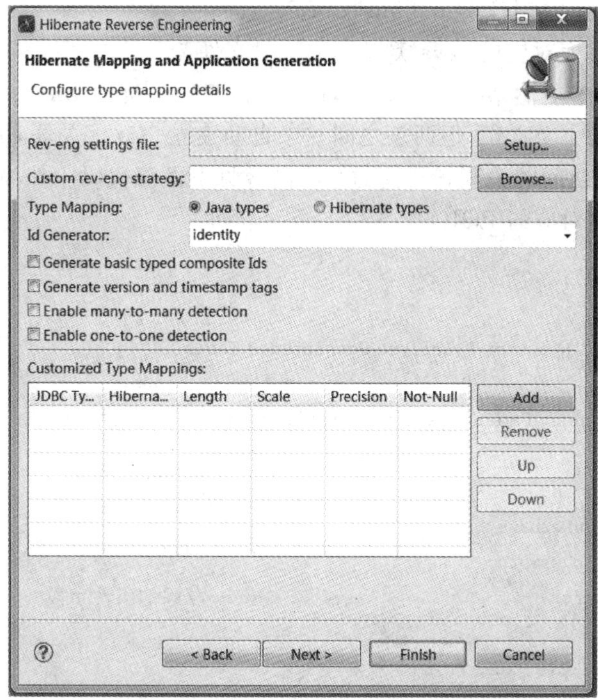

图 5.12　选择主键生成策略

单击 Next 按钮,配置反向工程的细节,这里保持默认配置,如图 5.13 所示。

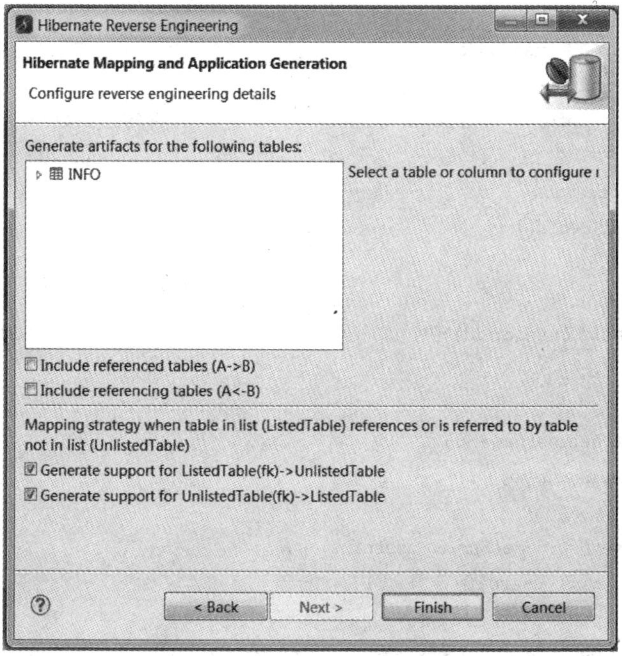

图 5.13　配置反向工程细节

单击 Finish 按钮，在项目 org. model 包下会生成 POJO 类文件 Info. java、Login. java 和映射文件 Info. hbm. xml、Login. hbm. xml。

(4) 生成数据库表对应的 Java 类对象和映射文件。

经过上面的操作，虽然 MyEclipse 自动生成了 Login. java、Info. java、Login. hbm. xml 和 Info. hbm. xml 共 4 个文件，但两表之间并未自动建立一对一关联，仍需要用户修改代码和配置，手动建立表之间的关联。具体的修改内容见下面源代码中加黑部分。

修改 LOGIN 表对应的 POJO 类文件 Login. java：

```
package org.model;
/**
  * Login entity. @author MyEclipse Persistence Tools
  */
public class Login implements java.io.Serializable {
  //Fields
  private Integer id;
  private String username;
  private String password;
  private Info info;                                  //添加属性字段
  //Constructors
  /** default constructor */
  public Login() {
  }
  /** full constructor */
  public Login(Integer id,String username,String password,Info info) {
    this.id = id;
    this.username = username;
    this.password = password;
    this.info = info;                                 //完善构造函数
  }
  //Property accessors
  public Integer getId() {
    return this.id;
  }
  public void setId(Integer id) {
    this.id = id;
  }
  public String getUsername() {
    return this.username;
  }
  public void setUsername(String username) {
    this.username = username;
  }
  public String getPassword() {
    return this.password;
```

```
    }
    public void setPassword(String password) {
        this.password = password;
    }
    //增加 info 属性的 getter 和 setter 方法
    public Info getInfo() {
        return this.info;
    }
    public void setInfo(Info info) {
        this.info = info;
    }
}
```

修改 INFO 表对应的 POJO 类文件 Info.java:

```
package org.model;
/**
 * Info entity. @author MyEclipse Persistence Tools
 */
public class Info implements java.io.Serializable {
    //Fields
    private Integer id;
    private String truename;
    private String mobile;
    private Login login;                              //添加属性字段(登录信息)
    //Constructors
    /** default constructor */
    public Info() {
    }
    /** full constructor */
    public Info(Integer id,String truename,String mobile,Login login) {
        this.id = id;
        this.truename = truename;
        this.mobile = mobile;
        this.login = login;                           //完善构造函数
    }
    //Property accessors
    public Integer getId() {
        return this.id;
    }
    public void setId(Integer id) {
        this.id = id;
    }
    public String getTruename() {
        return this.truename;
    }
```

```
    public void setTruename(String truename) {
        this.truename = truename;
    }
    public String getMobile() {
        return this.mobile;
    }
    public void setMobile(String mobile) {
        this.mobile = mobile;
    }
    //增加 login 属性的 getter 和 setter 方法
    public Login getLogin() {
        return this.login;
    }
    public void setLogin(Login login) {
        this.login = login;
    }
}
```

修改 LOGIN 表与 Login 类的 ORM 映射文件 Login. hbm. xml：

```
<?xml version = "1.0" encoding = "utf - 8"?>
<!DOCTYPE hibernate - mapping PUBLIC " - //Hibernate/Hibernate Mapping DTD 3.0//EN"
"http://www.hibernate.org/dtd/hibernate - mapping - 3.0.dtd">
<!--
    Mapping file autogenerated by MyEclipse Persistence Tools
-->
<hibernate - mapping>
    <class name = "org.model.Login" table = "LOGIN" schema = "dbo" catalog = "STUDY">
        <id name = "id" type = "java.lang.Integer">
            <column name = "ID" />
            <!-- 采用 foreign 标志生成器,直接采用外键的属性值,达到主键关联的目的 -->
                <generator class = "foreign">
                    <param name = "property"> info </param>
            </generator>
        </id>
        <property name = "username" type = "java.lang.String">
            <column name = "USERNAME" length = "20" not - null = "true" />
        </property>
        <property name = "password" type = "java.lang.String">
            <column name = "PASSWORD" length = "20" not - null = "true" />
        </property>
        <!-- name 表示属性名字,class 表示被关联的类的名字,
            constrained = "true"表明当前的主键上存在一个外键约束 -->
        <one - to - one name = "info" class = "org.model.Info" constrained = "true">
            </one - to - one>
        </class>
```

```
</hibernate-mapping>
```

修改 INFO 表与 Info 类的 ORM 映射文件 Info.hbm.xml：

```
<?xml version="1.0" encoding="utf-8"?>
<!DOCTYPE hibernate-mapping PUBLIC "-//Hibernate/Hibernate Mapping DTD 3.0//EN"
"http://www.hibernate.org/dtd/hibernate-mapping-3.0.dtd">
<!-- Mapping file autogenerated by MyEclipse Persistence Tools -->
<hibernate-mapping>
  <class name="org.model.Info" table="INFO" schema="dbo" catalog="STUDY">
    <id name="id" type="java.lang.Integer">
      <column name="ID" />
      <generator class="identity" />
    </id>
    <property name="truename" type="java.lang.String">
      <column name="TRUENAME" length="10" />
    </property>
    <property name="mobile" type="java.lang.String">
      <column name="MOBILE" length="50" />
    </property>
    <!-- name 表示属性名字,class 表示被关联的类的名字,cascade="all"表明主控类的所有操
作,对关联类也执行同样操作,lazy="false"表示此关联为立即加载 -->
    <one-to-one name="login" class="org.model.Login" cascade="all" lazy="false">
      </one-to-one>
  </class>
</hibernate-mapping>
```

(5) 创建测试类。

在 src 文件夹下创建包 test,在该包下建立测试类,命名为 Test.java,其代码如下所示。

```
package test;
import java.util.List;
import java.util.Set;
import java.util.HashSet;
import org.hibernate.Query;
import org.hibernate.Session;
import org.hibernate.Transaction;
import org.model.*;
import org.util.HibernateSessionFactory;
import java.sql.*;
public class Test {
    public static void main(String[] args) {
        //调用 HibernateSessionFactory 的 getSession 方法创建 Session 对象
        Session session = HibernateSessionFactory.getSession();
        //创建事务对象
        Transaction ts = session.beginTransaction();
        Info info = new Info();
```

```
            Login login = new Login();
            login.setUsername("liuyan");
            login.setPassword("123456");
            info.setTruename("刘燕");
            //相互设置关联
            login.setInfo(info);
            info.setLogin(login);
            //通过 Session 对象调用 session.save(info)来持久化该对象
            session.save(info);
            ts.commit();
            HibernateSessionFactory.closeSession();
        }
    }
```

(6) 运行程序，测试结果。

该程序为 Java Application，可以直接运行。在没有操作数据库的情况下，程序完成了对数据的插入。插入数据后，LOGIN 表和 INFO 表的内容如图 5.14、图 5.15 所示。

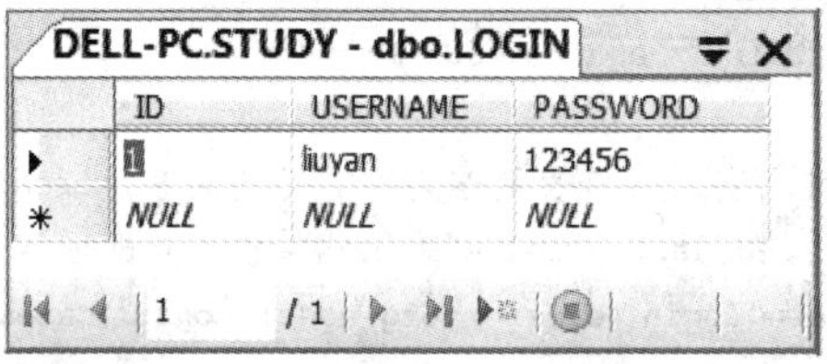

图 5.14　LOGIN 表

图 5.15　INFO 表

2. 外键关联

一个人对应一个房间，就是外键关联，但在很多情况下是几个人住一个房间，这就是多对一关联，如果将这个多变成唯一，成为一个人住一个房间，就变成一对一关联了。所以，一对一关联是多对一关联的一种特殊情况。

下面将 PERSON 表的 ROOMID 设为 ROOM 表的外键，PERSON 表和 ROOM 表如表 5.3、表 5.4 所示。

表 5.3　PERSON 表

列名	数据类型	是否主键	自增	允许 Null 值	说明
ID	int	主键	增 1		ID 号
PERSONNAME	varchar(20)				姓名
ROOMID	int			√	ROOM 表 ID 号

表 5.4　ROOM 表

列名	数据类型	是否主键	自增	允许 Null 值	说明
ID	int	主键	增 1		ID 号
ADDRESS	varchar(100)				地址

【例 5.2】 外键关联示例。

(1) 在项目 MapAssociation 的 org.model 包下编写生成数据库表对应的 Java 类对象和映射文件，然后按照以下的方法修改。

修改 PERSON 对应的 POJO 类文件 Person.java：

```
package org.model;
/**
 * Person entity. @author MyEclipse Persistence Tools
 */
public class Person implements java.io.Serializable {
  //Fields
  private Integer id;
  private String personame;
  //private Integer roomid;           //注释掉外键 roomid 属性,并删除对应的 getter/setter 方法
  private Room room;                  //增加 room 属性
  //Constructors
  /** default constructor */
  public Person() {
  }
  /** minimal constructor */
  public Person(String personame) {
    this.personame = personame;
  }
  /** full constructor */
  public Person(String personame, Room room) {
    this.personame = personame;
    this.room = room;                 //修改构造函数
  }
  //Property accessors
  public Integer getId() {
    return this.id;
  }
  public void setId(Integer id) {
    this.id = id;
  }
  public String getPersoname() {
    return this.personame;
  }
  public void setPersoname(String personame) {
```

```
    this.personame = personame;
  }
  //增加 room 属性的 getter 和 setter 方法
  public Room getRoom(){
    return this.room;
  }
  public void setRoom(Room room){
    this.room = room;
  }
}
```

修改 ROOM 表对应的 POJO 类文件 Room.java：

```
package org.model;
/**
  * Room entity. @author MyEclipse Persistence Tools
  */
public class Room implements java.io.Serializable {
  //Fields
  private Integer id;
  private String address;
  private Person person;            //增加 person 属性
  //Constructors
  /** default constructor */
  public Room() {
  }
  /** full constructor */
  public Room(String address,Person person) {
    this.address = address;
    this.person = person;          //修改构造函数
  }
  / Property accessors
  public Integer getId() {
    return this.id;
  }
  public void setId(Integer id) {
    this.id = id;
  }
  public String getAddress() {
    return this.address;
  }
  public void setAddress(String address) {
    this.address = address;
  }
  //增加 person 属性的 getter 和 setter 方法
  public Person getPerson(){
```

```
        return this.person;
    }
    public void setPerson(Person person){
        this.person = person;
    }
}
```

修改 PERSON 表与 Person 类的 ORM 映射文件 Person.hbm.xml：

```
<?xml version = "1.0" encoding = "utf - 8"?>
<!DOCTYPE hibernate - mapping PUBLIC " - //Hibernate/Hibernate Mapping DTD 3.0//EN"
"http://www.hibernate.org/dtd/hibernate - mapping - 3.0.dtd">
<! -- Mapping file autogenerated by MyEclipse Persistence Tools -- >
< hibernate - mapping >
  < class name = "org.model.Person" table = "PERSON" schema = "dbo" catalog = "STUDY">
    < id name = "id" type = "java.lang.Integer">
      < column name = "ID" />
      < generator class = "native" />
    </id >
    < property name = "personame" type = "java.lang.String">
      < column name = "PERSONAME" length = "20" not - null = "true" />
    </property >
    < many - to - one name = "room" column = "roomid" class = "org.model.Room" cascade = "all"
unique = "true"></many - to - one >
  </class >
</hibernate - mapping >
```

在 many-to-one 标签中，由 name 指定属性名，column 指定充当外键的列名，class 指定被关联的类的名称，cascade 指定主控类所有操作，关联类也执行同样操作，unique 指定唯一性约束，实现一对一。

修改 ROOM 表与 Room 类的 ORM 映射文件 Room.hbm.xml：

```
<?xml version = "1.0" encoding = "utf - 8"?>
<!DOCTYPE hibernate - mapping PUBLIC " - //Hibernate/Hibernate Mapping DTD 3.0//EN"
"http://www.hibernate.org/dtd/hibernate - mapping - 3.0.dtd">
<! -- Mapping file autogenerated by MyEclipse Persistence Tools -- >
< hibernate - mapping >
  < class name = "org.model.Room" table = "ROOM" schema = "dbo" catalog = "STUDY">
    < id name = "id" type = "java.lang.Integer">
      < column name = "ID" />
      < generator class = "native" />
    </id >
    < property name = "address" type = "java.lang.String">
      < column name = "ADDRESS" length = "100" not - null = "true" />
    </property >
    < one - to - one name = "person" class = "org.model.Person" property - ref = "room"></one - to -
```

```
one>
  </class>
</hibernate-mapping>
```


在 one-to-one 标签中，由 name 指定属性名，class 指定被关联的类的名称，property-ref 指定关联类的属性。

(2) 编写测试代码。

在 src 文件夹下的包 test 的 Test 类中加入如下代码：

```
…
Person person = new Person();
person.setPersoname("李志强");
Room room = new Room();
room.setAddress("ht406");
person.setRoom(room);
session.save(person);
…
```

(3) 运行程序，测试结果。

该程序为 Java Application，可以直接运行。在没有操作数据库的情况下，程序就完成了对数据的插入。插入数据后，PERSON 表和 ROOM 表的内容如图 5.16、图 5.17 所示。

DELL-PC.STUDY - dbo.PERSON

	ID	PERSONAME	ROOMID
▶	1	李志强	1
*	NULL	NULL	NULL

1 /1 单元格是只读的。

图 5.16　PERSON 表

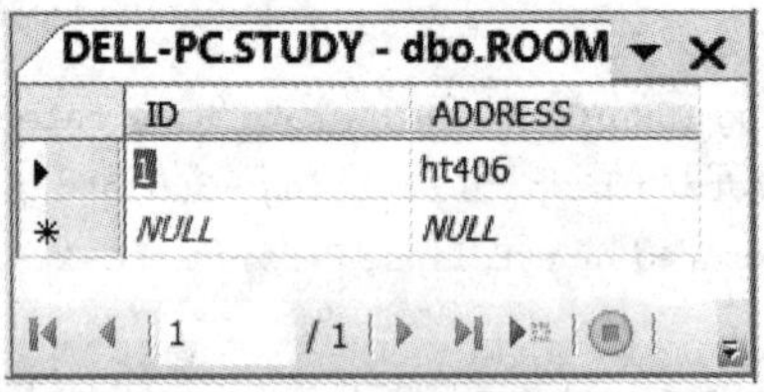

DELL-PC.STUDY - dbo.ROOM

	ID	ADDRESS
▶	1	ht406
*	NULL	NULL

1 /1

图 5.17　ROOM 表

5.4.2　多对一单向关联

将例 5.2 的一对一外键关联中的唯一修改为多，可以实现多对一单向关联。

【例 5.3】 多对一单向关联示例。

(1) 在项目 MapAssociation 的 org.model 包下修改生成的数据库表对应的 Java 类对

象和映射文件。

其对应表不变,PERSON 表对应的类也不变,对应的 Person.hbm.xml 文件修改如下:

```
<?xml version = "1.0" encoding = "utf - 8"?>
<!DOCTYPE hibernate - mapping PUBLIC " - //Hibernate/Hibernate Mapping DTD 3.0//EN"
"http://www.hibernate.org/dtd/hibernate - mapping - 3.0.dtd">
<! -- Mapping file autogenerated by MyEclipse Persistence Tools -- >
< hibernate - mapping >
  < class name = "org.model.Person" table = "PERSON" schema = "dbo" catalog = "STUDY">
    < id name = "id" type = "java.lang.Integer">
      < column name = "ID" />
      < generator class = "native" />
    </id >
    < property name = "personame" type = "java.lang.String">
      < column name = "PERSONAME" length = "20" not - null = "true" />
    </property >
    < many - to - one name = "room" column = "roomid" class = "org.model.Room" cascade = "all" >
</many - to - one >
  </class >
</hibernate - mapping >
```

在 many-to-one 标签中,由 name 指定属性名,column 指定充当外键的列名,class 指定被关联的类的名称,cascade 指定主控类所有操作,关联类也执行同样操作。

ROOM 表不变,对应的 POJO 类文件 Room.java 修改如下:

```
package org.model;
/ **
  * Room entity. @author MyEclipse Persistence Tools
  * /
public class Room implements java.io.Serializable {
  //Fields
  private Integer id;
  private String address;
  //private Person person;           //删除 person 属性
  //Constructors
  / ** default constructor * /
  public Room() {
  }
  / ** full constructor * /
  public Room(String address,Person person) {
    this.address  =  address;
    //this.person  =  person;        //修改构造函数
  }
  //Property accessors
  public Integer getId() {
```

```
        return this.id;
    }
    public void setId(Integer id) {
        this.id = id;
    }
    public String getAddress() {
        return this.address;
    }
    public void setAddress(String address) {
        this.address = address;
    }
}
```

即删除了 person 属性及其 getter 和 setter 方法。

最后，在映射文件 Room.hbm.xml 中删除下面这一行：

```
< one - to - one name = "person" class = "org.model.Person" property - ref = "room"></one - to -
one >
```

(2) 编写测试代码。

在 src 文件夹下的包 test 的 Test 类中加入如下代码：

```
…
Room room = new Room();
room.setAddress("ht406");
Person person = new Person();
person.setPersoname("周星宇");
person.setRoom(room);
session.save(person);n);
…
```

(3) 运行程序，测试结果。

该程序为 Java Application，可以直接运行。在完全没有操作数据库的情况下，程序就完成了对数据的插入。插入数据后，PERSON 表和 ROOM 表的内容如图 5.18、图 5.19 所示。

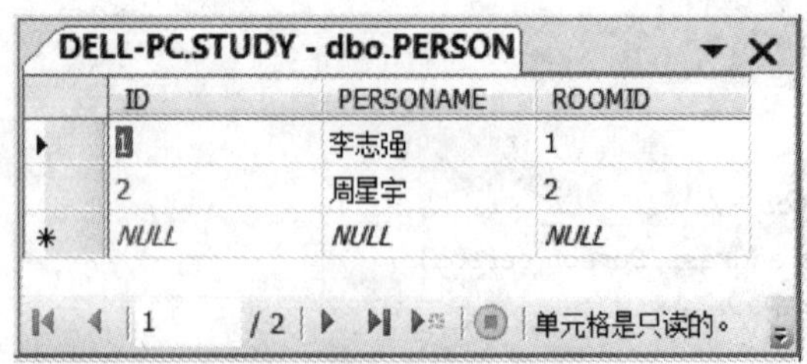

图 5.18　PERSON 表

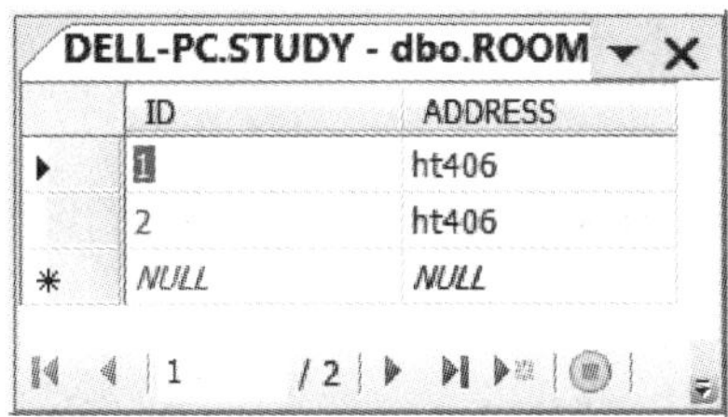

图 5.19 ROOM 表

5.4.3 一对多双向关联

通过修改例 5.3 来完成一对多双向关联的实现，如下面的例题。

【例 5.4】 一对多双向关联示例。

(1) 在项目 MapAssociation 的 org. model 包下修改生成数据库表对应的 Java 类对象和映射文件。

PERSON 表对应的 POJO 及其映射文件不用改变，现在来修改 ROOM 表对应的 POJO 类及其映射文件。对应的 POJO 类文件 Room. java 修改如下。

```
package org.model;
import java.util.*;                        //导入用于集合操作的 Jar 包
/**
 * Room entity. @author MyEclipse Persistence Tools
 */
public class Room implements java.io.Serializable {
  //Fields
  private Integer id;
  private String address;
  //private Person person;                 //删除 person 属性
  private Set person = new HashSet();      //定义集合,存储多个 Person 对象
  //Constructors
  /** default constructor */
  public Room() {
  }
  /** full constructor */
  public Room(String address,Person person) {
    this.address = address;
    //this.person = person;                //修改构造函数
  }
  //Property accessors
  public Integer getId() {
    return this.id;
  }
  public void setId(Integer id) {
    this.id = id;
  }
```

```
    public String getAddress() {
        return this.address;
    }
    public void setAddress(String address) {
        this.address = address;
    }
    //Person 集合的 getter/setter 方法
    public Set getPerson(){
        return person;
    }
    public void setPerson(Set person){
        this.person = person;
    }
}
```

ROOM 表与 Room 类的 ORM 映射文件 Room.hbm.xml 修改如下：

```
…
<?xml version = "1.0" encoding = "utf - 8"?>
<!DOCTYPE hibernate - mapping PUBLIC " - //Hibernate/Hibernate Mapping DTD 3.0//EN"
"http://www.hibernate.org/dtd/hibernate - mapping - 3.0.dtd">
<!-- Mapping file autogenerated by MyEclipse Persistence Tools -->
<hibernate - mapping>
  <class name = "org.model.Room" table = "ROOM" schema = "dbo" catalog = "STUDY">
    <id name = "id" type = "java.lang.Integer">
      <column name = "ID" />
      <generator class = "native" />
    </id>
    <property name = "address" type = "java.lang.String">
      <column name = "ADDRESS" length = "100" not - null = "true" />
    </property>
    <set name = "person" inverse = "false" cascade = "all">
      <key column = "roomid"/>
      <one - to - many class = "org.model.Person"/>
    </set>
  </class>
</hibernate - mapping>
```

set 标签表示此属性为 Set 集合类型，由 name 指定属性名；inverse 表示关联关系的维护工作由谁来负责，默认 false，表示由主控方负责，true 表示由被控方负责，由于该例是双向操作，故需要设为 false，也可不写；cascade 用于指定级联程度。

key 标签的 column 指定充当外键的字段名。

one-to-many 标签的 class 指定被关联的类名字。

cascade 配置的级联程度，有以下取值。

- all：表示所有操作句在关联层级上进行连锁操作。

- save-update：表示只有 save 和 update 操作进行连锁操作。
- delete：表示只有 delete 操作进行连锁操作。
- all-delete-orphan：在删除当前持久化对象时，它相当于 delete；在保存或更新当前持久化对象时，它相当于 save-update。另外，它还可以删除与当前持久化对象断开关联关系的其他持久化对象。

(2) 编写测试代码。

在 src 文件夹下的包 test 的 Test 类中加入如下代码：

```
…
Person person1 = new Person();
Person person2 = new Person();
Room room = new Room();
room.setAddress("ht408");
person1.setPersoname("张思远");
person2.setPersoname("刘国飞");
person1.setRoom(room);
person2.setRoom(room);
//通过 Session 对象调用 session.save(person1)和 session.save(person2),会自动保存 room
session.save(person1);
session.save(person2);
…
```

(3) 运行程序，测试结果。

该程序为 Java Application，可以直接运行。在没有操作数据库的情况下，程序就完成了对数据的插入。插入数据后，PERSON 表和 ROOM 表的内容如图 5.20、图 5.21 所示。

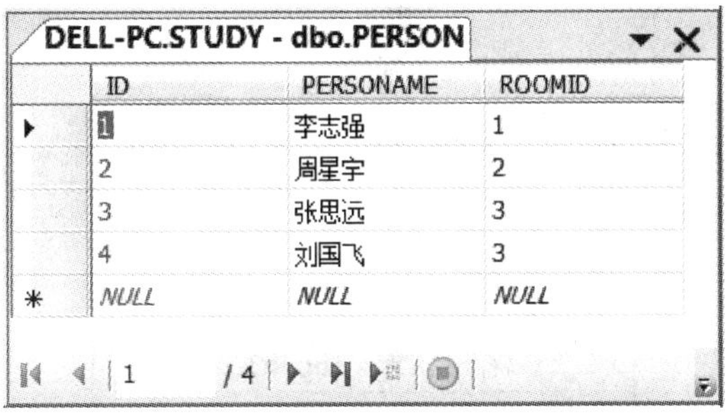

DELL-PC.STUDY - dbo.PERSON

ID	PERSONAME	ROOMID
1	李志强	1
2	周星宇	2
3	张思远	3
4	刘国飞	3
NULL	NULL	NULL

1 /4

图 5.20　PERSON 表

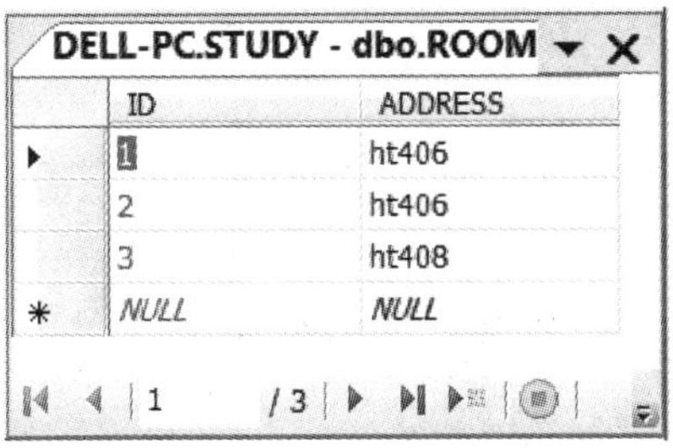

DELL-PC.STUDY - dbo.ROOM

ID	ADDRESS
1	ht406
2	ht406
3	ht408
NULL	NULL

1 /3

图 5.21　ROOM 表

由于是双向关联，当然也可以从 ROOM 的一方来保存 PERSON，在 Test. java 中加入如下代码：

```
…
Person person1 = new Person();
Person person2 = new Person();
Room room = new Room();
person1.setPersoname("张思远");
person2.setPersoname("刘国飞");
Set persons = new HashSet();
persons.add(person1);
persons.add(person2);
room.setAddress("ht408");
room.setPerson(persons);
//通过 Session 对象调用 session.save(room),会自动保存 person1 和 person2
session.save(room);
…
```

运行程序，插入数据后，PERSON 表和 ROOM 表的内容如图 5.22、图 5.23 所示。

DELL-PC.STUDY - dbo.PERSON

ID	PERSONAME	ROOMID
1	李志强	1
2	周星宇	2
3	张思远	3
4	刘国飞	3
5	张思远	4
6	刘国飞	4
NULL	NULL	NULL

1 /6 单元格是只读的。

图 5.22　PERSON 表

DELL-PC.STUDY - dbo.ROOM

ID	ADDRESS
1	ht406
2	ht406
3	ht408
4	ht408
NULL	NULL

1 /4

图 5.23　ROOM 表

5.4.4 多对多关联

多对多关联包括多对多单向关联和多对多双向关联。

1. 多对多单向关联

学生和课程就是多对多的关系，一个学生可以选择多门课程，一门课程可以被多个学生选择。多对多关系在关系数据库中必须依赖一张连接表来实现。如表5.5、表5.6和表5.7所示。

表5.5 STUDENT表

列名	数据类型	是否主键	自增	允许Null值	说明
STUDENTID	int	主键	增1		学生ID号
STUDENTNO	varchar(10)				学号
STUDENTNAME	varchar(10)			√	姓名
BIRTHDAY	date			√	出生日期

表5.6 COURSE表

列名	数据类型	是否主键	自增	允许Null值	说明
COURSEID	int	主键	增1		课程ID号
COURSENO	varchar(10)				课程号
COURSENAME	varchar(20)			√	课程名

表5.7 STUDENTCOURSE表

列名	数据类型	是否主键	自增	允许Null值	说明
STUDENTID	int	主键			学生ID号
COURSEID	int	主键			课程ID号

由于是单向关联，只能从一方访问另一方。下面以从学生一方访问选修的课程一方为例，实现多对多单向关联。

【例5.5】 单向多对多关联示例。

在项目MapAssociation的org.model包下修改生成的数据库表对应Java类对象和映射文件。

STUDENT表对应的POJO类修改如下。

```
package org.model;
import java.util.*;
/**
  * Student entity. @author MyEclipse Persistence Tools
  */
public class Student implements java.io.Serializable {
  //Fields
  private Integer studentid;
  private String studentno;
```

```
    private String studentname;
    private String birthday;
    private Set courses = new HashSet();    //定义集合,存储多个 Course 对象
    //Constructors
    /** default constructor */
    public Student() {
    }
    /** minimal constructor */
    public Student(String studentno) {
      this.studentno = studentno;
    }
    /** full constructor */
    public Student(String studentno,String studentname,String birthday) {
      this.studentno = studentno;
      this.studentname = studentname;
      this.birthday = birthday;
    }
   //Property accessors
    public Integer getStudentid() {
      return this.studentid;
    }
    public void setStudentid(Integer studentid) {
      this.studentid = studentid;
    }
    public String getStudentno() {
      return this.studentno;
    }
    public void setStudentno(String studentno) {
      this.studentno = studentno;
    }
    public String getStudentname() {
      return this.studentname;
    }
    public void setStudentname(String studentname) {
      this.studentname = studentname;
    }
    public String getBirthday() {
      return this.birthday;
    }
    public void setBirthday(String birthday) {
      this.birthday = birthday;
    }
    //Course 集合的 getter/setter 方法
    public Set getCourses(){
      return courses;
```

```
    }
    public void setCourses(Set courses){
        this.courses = courses;
    }
}
```

STUDENT 表与 Student 类的 ORM 映射文件 Student.hbm.xml 修改如下：

```
…
<hibernate-mapping>
    <class name="org.model.Student" table="STUDENT" schema="dbo" catalog="STUDY">
        <id name="studentid" type="java.lang.Integer">
            <column name="STUDENTID" />
            <generator class="identity" />
        </id>
        <property name="studentno" type="java.lang.String">
            <column name="STUDENTNO" length="10" not-null="true" />
        </property>
        <property name="studentname" type="java.lang.String">
            <column name="STUDENTNAME" length="10" />
        </property>
        <property name="birthday" type="java.lang.String">
            <column name="BIRTHDAY" />
        </property>
        <set name="courses" table="STUDENTCOURSE" lazy="true" cascade="all">
            <key column="STUDENTID"></key>
            <many-to-many class="org.model.Course" column="COURSEID"/>
        </set>
    </class>
</hibernate-mapping>
```

set 标签表示此属性为 Set 集合类型，由 name 指定属性名，table 指定连接表的名称，lazy 表示此关联为延迟加载，延迟加载只有到了用的时候才进行加载，避免大量暂时无用的关系对象，cascade 指定级联程度。

key 标签的 column 指定参照 STUDENT 表的外键名称。

many-to-many 标签的 class 指定被关联的类名字，column 指定参照 COURSE 表的外键名称。

2. 多对多双向关联

多对多双向关联，既可以从学生一方访问课程一方，又可以从课程一方访问学生一方。在例 4.6 基础上，修改课程的代码即可。

【例 5.6】 双向多对多关联示例。

将 COURSE 表所对应的 POJO 类文件修改如下：

```
package org.model;
import java.util.HashSet;
```

```
import java.util.Set;
public class Course implements java.io.Serializable{
  private int courseid;
  private String coursenober;
  private String coursename;
  private Set students = new HashSet();      //定义集合,存储多个 Student 对象
  //省略上述各属性的 getter 和 setter 方法
}
```

COURSE 表与 Course 类的 ORM 映射文件 Course.hbm.xml 修改如下：

```
…
<hibernate-mapping>
  <class name="org.model.Course" table="course">
  …
  <set name="students" table="STUDENTCOURSE" lazy="true" cascade="all">
    <key column="COURSEID"></key>
    <many-to-many class="org.model.Student" column="STUDENTID"/>
  </set>
  </class>
</hibernate-mapping>
```

set 标签表示此属性为 Set 集合类型，由 name 指定属性名，table 指定连接表的名称，lazy 表示此关联为延迟加载，cascade 指定级联程度。

key 标签的 column 指定参照 COURSE 表的外键名称。

many-to-many 标签的 class 指定被关联的类名字，column 指定参照 STUDENT 表的外键名称。

问题：DAO 模式有何作用?

5.5 DAO 模式

DAO(Data Access Object，数据访问对象)是程序员定义的一种接口，专门负责对数据库的访问，它介于数据库资源和业务逻辑之间，其意图是将底层数据访问操作与高层业务逻辑完全分开。

DAO 模式是一种标准的 Java EE 设计模式，它的核心思想是所有数据库访问都通过 DAO 组件来完成的，DAO 组件封装了数据库的 insert、delete、update、select(插入、删除、修改、查询)等原子操作，业务逻辑组件依赖 DAO 组件提供的原子操作，实现系统的业务逻辑。

通过定义一个用户数据库访问对象的 DAO 接口，提供 insert、delete、update、select 等抽象方法，不同类型数据库的用户访问对象只要实现这个接口就可以进行数据库访问了。

答案：DAO 模式是一种标准的 Java EE 设计模式，它的核心思想是所有数据库访问都通过 DAO 组件来完成，DAO 组件封装了数据库的 insert、delete、update、select(插入、删除、修改、查询)等原子操作，业务逻辑组件依赖 DAO 组件提供的原子操作，实现系统的业务逻辑。

5.6 整合 Hibernate 与 Struts 2

在 Java EE 中，按照 MVC 设计思想，整合 Hibernate 与 Struts 2 两个框架，可以采用以下方案。

(1) 使用 Hibernate 把数据库表映射为 POJO 类，并用 DAO 技术将其封装入接口，形成模型层(M)。

(2) JSP 纯粹作为视图层(V)，显示应用程序界面和数据。

(3) Struts 2 作为控制器层(C)，负责调用数据模型和控制网页跳转。

由上述方案，得到 JSP+ Struts 2+DAO+Hibernate 模式，如图 5.24 所示。

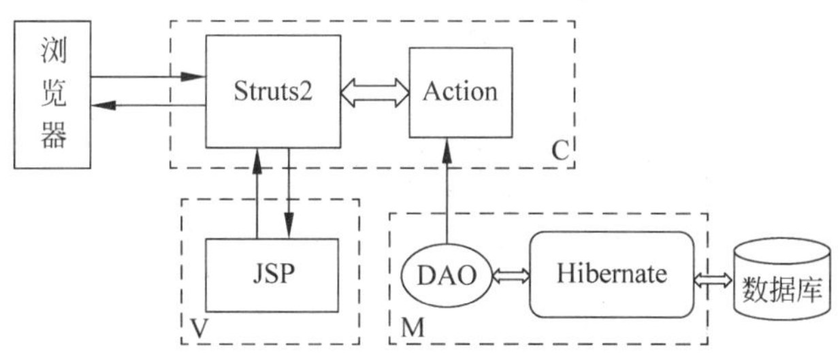

图 5.24 JSP+ Struts 2+DAO+Hibernate 模式

5.7 应用举例

为了深入理解本章知识点和综合应用 Hibernate 框架进行项目开发，介绍 3 个应用实例：应用 JSP+Hibernate 模式开发 Web 登录程序、应用 JSP+DAO+Hibernate 模式开发 Web 登录程序和应用应用 JSP+Struts 2+DAO+Hibernate 模式开发 Web 登录程序。

5.7.1 应用 JSP+Hibernate 模式开发 Web 登录程序

实例 2 靠手工编写 JavaBean 和 JDBC 类的功能，现在通过 Hibernate 框架即可自动生成相应的 JavaBean 取代了原 JDBC 的功能，可以概括为 Hibernate=JavaBean+JDBC，由此可得应用了 Hibernate 的 Model1 模式的系统结构图 JSP+Hibernate 模式，如图 5.25 所示。

【实例 5】 采用 JSP+Hibernate 模式开发一个 Web 登录程序。

开发要求：参照实例 2(3.6.2 节)，改用 Hibernate 自动生成原本要靠手工编写的 JavaBean 和 JDBC 类的功能。

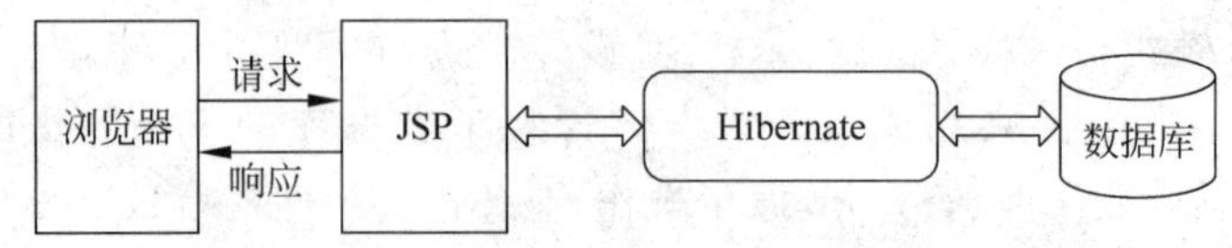

图 5.25　JSP＋Hibernate 模式

1. 创建 Java EE 项目

创建 JspHibernate 项目，在项目 src 下创建两个包：org.logonsystem.factory 和 org.logonsystem.model.vo。

JspHibernate 项目完成后的目录树如图 5.26 所示。

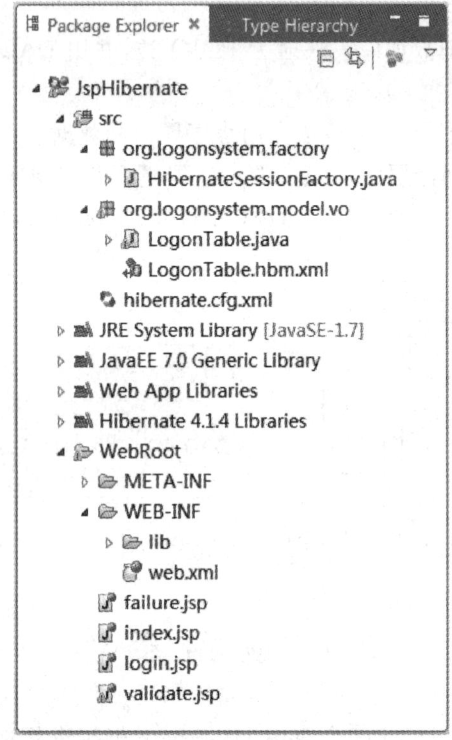

图 5.26　JspHibernate 项目目录树

2. 添加 Hibernate 框架

右击项目 JspHibernate，选择菜单 MyEclipse→Project Facets [Capabilities]→Install Hibernate Facet 启动向导，出现图 5.27 所示的窗口，选择 Hibernate 版本为 4.1。

单击 Next 按钮，进入图 5.28 所示的界面，创建 Hibernate 配置文件，同时创建 SessionFactory 类，类名默认 HibernateSessionFactory，存储于 org.logonsystem.factory 包中。

单击 Next 按钮，进入图 5.29 所示的界面，指定 Hibernate 所用数据库连接的细节。在第 2 章 2.7 节例 3.26 的第(3)步已经建好了一个名为 SQL SERVER 2008 的连接，这里在 DB Driver 只需要选择 SQL SERVER 2008 即可。

单击 Next 按钮，选择 Hibernate 框架所需要的类库(这里仅选取必需的 Core 库)。

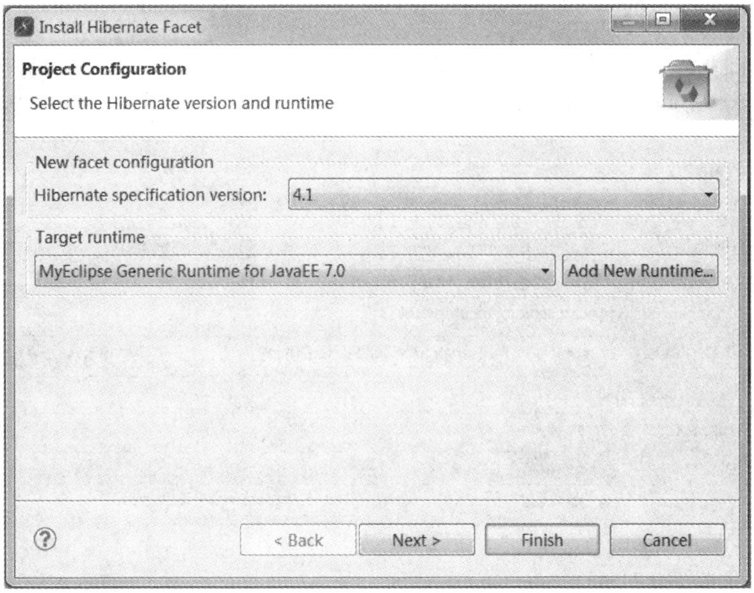

图 5.27　选择 Hibernate 4.1 版

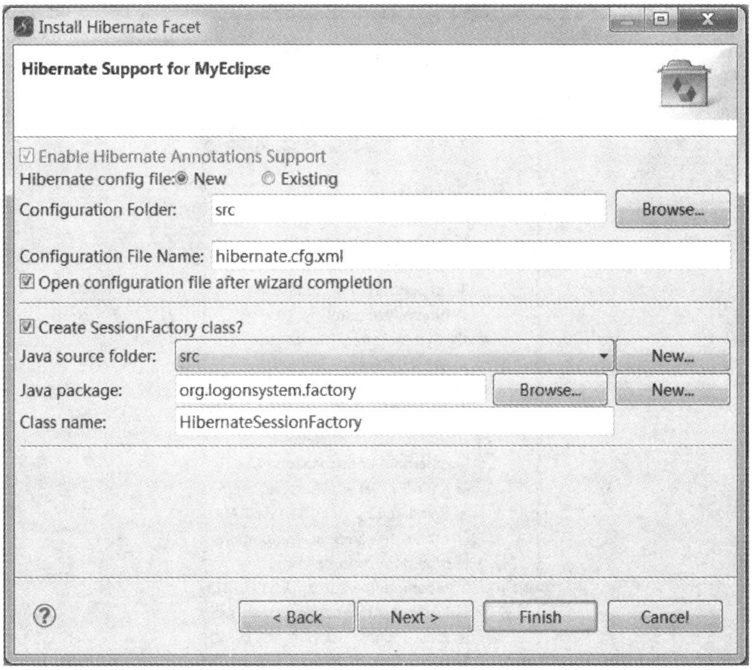

图 5.28　选择 Hibernate 配置文件和 SessionFactory 类

单击 Finish 按钮完成添加，通过以上步骤，项目中新增了一个 Hibernate 库目录、一个 hibernate.cfg.xml 配置文件和一个 HibernateSessionFactory.java 类，数据库驱动也被自动载入，此时项目目录树如图 5.30 所示。

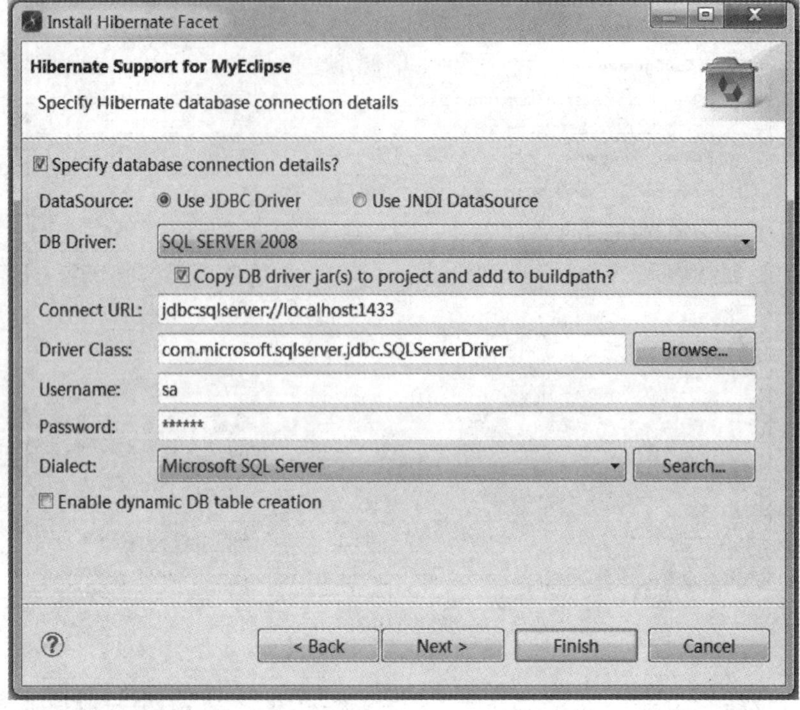

图 5.29 选择 Hibernate 所用连接

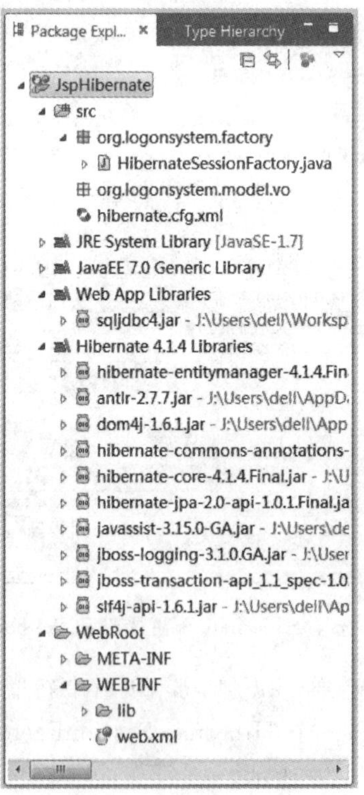

图 5.30 添加了 Hibernate 的项目

问题：Hibernate 反向工程怎样操作？

3. 生成持久化对象

选择主菜单 Window → Open Perspective → MyEclipse Database Explorer，打开 MyEclipse Database Explorer 视图。打开先前创建的 SQL SERVER 2008 连接，选中数据库表 logonTable，右击，选择 Hibernate Reverse Engineering，启动 Hibernate 反向工程向导，完成从已有数据库表生成对应的持久化 Java 类和相关映射文件的配置工作，如图 5.31 所示。

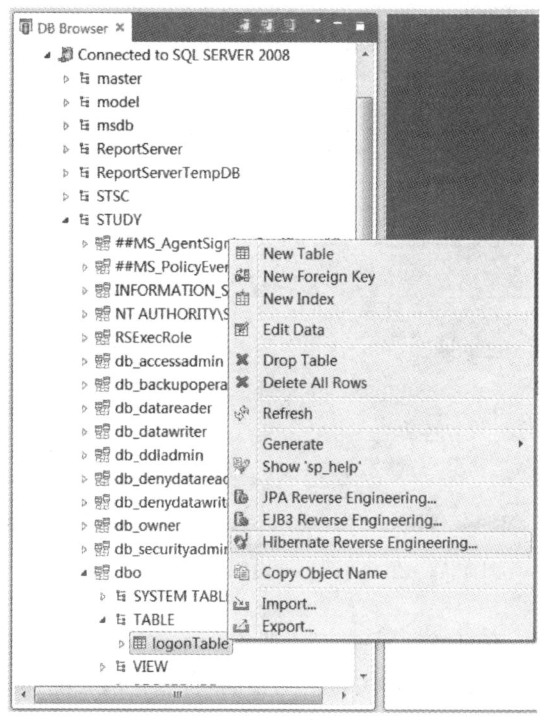

图 5.31　Hibernate 反向工程

选择生成的类及映射文件所在的位置，如图 5.32 所示。

单击 Next 按钮，配置映射文件的细节，选择主键生成策略为 native。

单击 Next 按钮，配置反向工程的细节，这里保持默认配置。

单击 Finish 按钮，在项目 org. logonsystem. model. vo 包下会生成 POJO 类文件 LogonTable. java 和映射文件 LogonTable. hbm. xml。

答案：打开 MyEclipse Database Explorer 视图，打开已创建的 SQL Server 2008 连接，右击选中的数据库表，选择 Hibernate Reverse Engineering，即启动 Hibernate 反向工程向导，可自动完成从已有数据库表生成对应的持久化 Java 类和相关映射文件的配置工作。

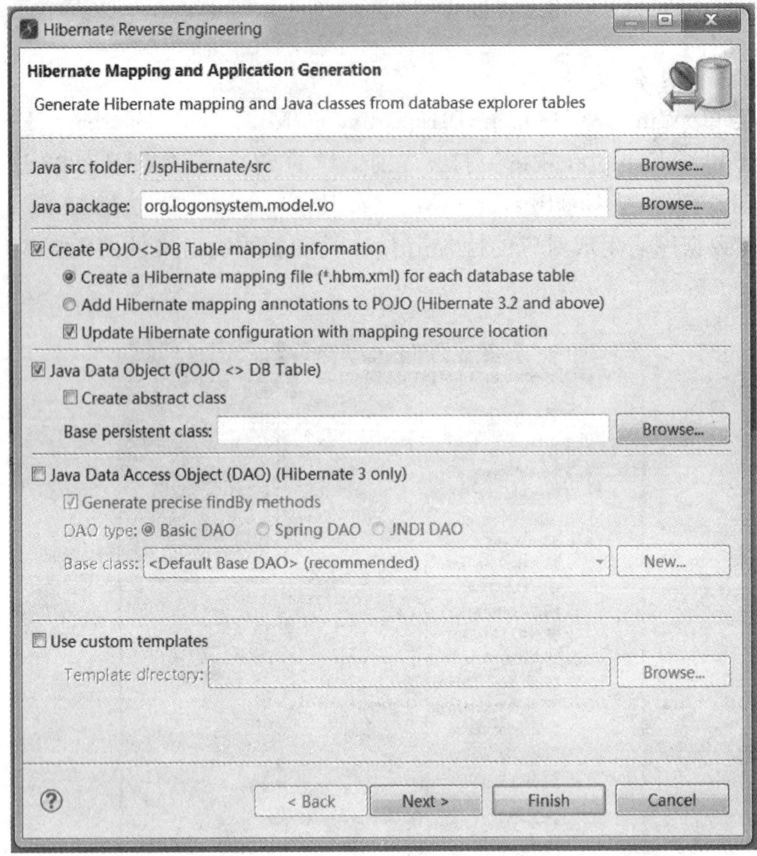

图 5.32　生成 Hibernate 映射文件和 POJO 类

4. 编写 JSP

本例同实例 2 一样，有 4 个 JSP 文件，其中 login. jsp（登录页）、index. jsp（主页）和 failure. jsp（出错页）这 3 个文件的源代码完全相同，仅仅 validate. jsp（验证页）文件的代码，改为使用 Hibernate 框架以面向对象的方式访问数据库，修改后的 validate. jsp 代码如下：

```
<%@ page language="java" pageEncoding="gb2312" import="org.logonsystem.factory.*,org.hibernate.*,java.util.*,org.logonsystem.model.vo.LogonTable"%>
<html>
  <head>
    <meta http-equiv="Content-Type" content="text/html;charset=gb2312">
  </head>
  <body>
    <%
      request.setCharacterEncoding("gb2312");          //设置请求编码
      String usr=request.getParameter("username");     //获取提交的用户名
      String pwd=request.getParameter("password");     //获取提交的密码
      boolean validated=false;                         //验证成功标识
      LogonTable logon=null;
      //获取 LogonTable 对象,如果是第 1 次访问,则用户对象为空,如果是第 2 次或以后,直接登
```

```
//录无须重复验证
logon = (LogonTable)session.getAttribute("logon");
//如果是第 1 次访问,会话中尚未存储 logon1 持久化对象,故为 null
if(logon == null){
  //查询 logonTable 表中的记录
  String hql = "from LogonTable u where u.username = ? and u.password = ?";
  Query query = HibernateSessionFactory.getSession().createQuery(hql);
  query.setParameter(0,usr);
  query.setParameter(1,pwd);
  List users = query.list();
  Iterator it = users.iterator();
  while(it.hasNext())
  {
    if(users.size()!= 0){
      logon = (LogonTable)it.next();              //创建持久化的 JavaBean 对象 logon
      session.setAttribute("logon",logon);        //把 logon 对象存储在会话中
      validated = true;                           //标识为 true 表示验证成功通过
    }
  }
}
else{
  validated = true;                 //该用户已登录过并成功验证,标识为 true 无须重复验证
}
if(validated)
{
  //验证成功跳转到 index.jsp
%>
  <jsp:forward page = "index.jsp"/>
<%
}
else
{
  //验证失败跳转到 failure.jsp
%>
  <jsp:forward page = "failure.jsp"/>
<%
}
%>
</body>
</html>
```

5. 部署和运行 Java EE 项目

(1) 部署 Java EE 项目

项目开发完成后,将项目部署到服务器上。

(2) 运行 Java EE 项目

启动 Tomcat 8. x，在浏览器中输入 http://localhost：8080/JspHibernate/并按 Enter 键，将显示图 3.47 和图 3.48 所示的登录页。

5.7.2 应用 JSP+DAO+Hibernate 模式开发 Web 登录程序

在实例 5 中，采用 Hibernate 实现了对数据库表的对象化操作，但在 validate. jsp(验证页)文件的代码中仍然有操作数据库的语句，例如：

```
//查询 logonTable 表中的记录
        String hql = "from LogonTable u where u.username = ? and u.password = ?";
        Query query = HibernateSessionFactory.getSession().createQuery(hql);
        query.setParameter(0,usr);
        query.setParameter(1,pwd);
        List users = query.list();
...
```

使用 DAO 模式即可解决屏蔽数据库操作语句的问题。

【实例 6】 采用 JSP+DAO+Hibernate 模式开发一个 Web 登录程序。

开发要求：用 DAO 接口来操作 Hibernate 生成的 UserTable 对象。

1. 创建 Java EE 项目

创建 JspDaoHibernate 项目，JspDaoHibernate 项目完成后的目录树如图 5.33 所示。

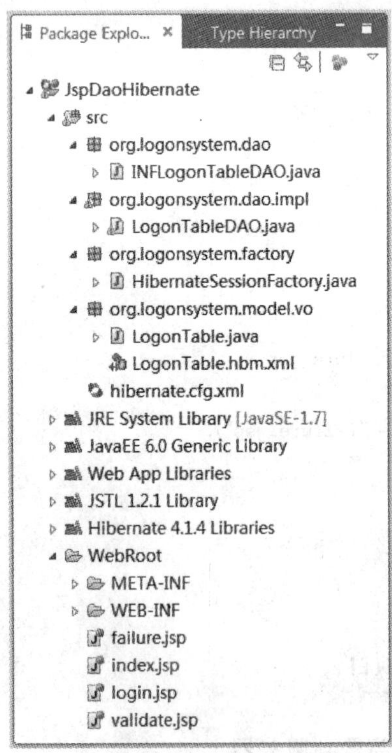

图 5.33 JspDaoHibernate 项目目录树

2. 添加 Hibernate 框架

操作方法与实例 5 的第 2 步完全相同。

3. 生成 POJO 类

操作方法与实例 5 的第 3 步完全相同。

4. 定义并实现 DAO

在项目 src 下创建包 org.logonsystem.dao，右击 org.logonsystem.dao，选择菜单 New→Interface，在 New Java Interface 窗口的 Name 栏输入 INFLogonTableDAO，如图 5.34 所示，单击 Finish 按钮，创建一个 DAO 接口。

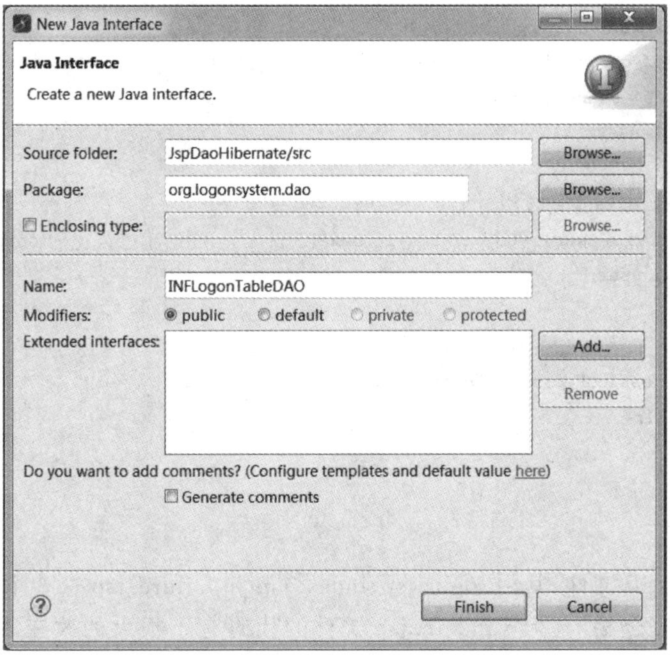

New Java Interface		
Java Interface		
Create a new Java interface.		
Source folder:	JspDaoHibernate/src	Browse...
Package:	org.logonsystem.dao	Browse...
☐ Enclosing type:		Browse...
Name:	INFLogonTableDAO	
Modifiers:	◉ public ○ default ○ private ○ protected	
Extended interfaces:		Add... / Remove
Do you want to add comments? (Configure templates and default value here)		
	☐ Generate comments	
?		Finish / Cancel

图 5.34　New Java Interface 窗口

编写 DAO 接口 INFLogonTableDAO 代码如下：

```
package org.logonsystem.dao;
import org.logonsystem.model.vo.*;
public interface INFLogonTableDAO {
  public LogonTable validateUser(String username,String password);
}
```

接口中定义了一个 validateUser()方法，用于验证用户，这个方法的具体实现在 org.logonsystem.dao.impl 包下的 LogonTableDAO 类中。

在 src 下创建 org.logonsystem.dao.impl 包，在包中创建类 LogonTableDAO，此类实现了接口中的 validateUser()方法，编写 DAO 接口实现类 LogonTableDAO 代码如下：

```
package org.logonsystem.dao.impl;
import org.logonsystem.dao.*;
```

```
import org.logonsystem.model.vo. * ;
import org.hibernate. * ;
import org.logonsystem.factory. * ;
import java.util. * ;
public class LogonTableDAO implements INFLogonTableDAO{
  public LogonTable validateUser(String username,String password){
    //查询 LogonTable 表中的记录
    String hql = "from UserTable u where u.username = ? and u.password = ?";
    Query query = HibernateSessionFactory.getSession().createQuery(hql);
    query.setParameter(0,username);
    query.setParameter(1,password);
    List users = query.list();
    Iterator it = users.iterator();
    while(it.hasNext())
    {
      if(users.size()!= 0){
        LogonTable user = (LogonTable)it.next();        //创建持久化的 JavaBean 对象 user
        return user;
      }
    }
    HibernateSessionFactory.closeSession();
    return null;
  }
}
```

5. 编写 JSP

本例有 4 个 JSP 文件，其中 login.jsp、index.jsp 和 failure.jsp 这 3 个文件的源代码与实例 5 的源代码完全相同，但 validate.jsp 文件的代码有了很大的改变，validate.jsp 代码如下：

```
<%@ page language = "java" pageEncoding = "gb2312" import = "org.logonsystem.model.vo
.LogonTable,org.logonsystem.dao. * ,org.logonsystem.dao.impl. * " %>
<html>
  <head>
    <meta http-equiv = "Content-Type" content = "text/html;charset = gb2312">
  </head>
  <body>
    <%
      request.setCharacterEncoding("gb2312");          //设置请求编码
      String usr = request.getParameter("username");   //获取提交的用户名
      String pwd = request.getParameter("password");   //获取提交的密码
      boolean validated = false;                       //验证成功标识
      LogonTable logon = null;
      //获取 LogonTable 对象,如果是第 1 次访问,用户对象为空,如果是第 2 次或以后,直接登录
      //无须重复验证
```

```
        logon = (LogonTable)session.getAttribute("logon");
        //如果是第 1 次访问,会话中尚未存储 logon1 持久化对象,故为 null
        if(logon == null){
          INFLogonTableDAO logonTableDAO = new LogonTableDAO();
          //直接使用 DAO 接口封装好了的验证功能
          logon = logonTableDAO.validateUser(usr,pwd);
            if(logon!= null){
              session.setAttribute("logon",logon);      //把 logon 对象存储在会话中
              validated = true;                          //标识为 true 表示验证成功通过
            }
        }
        else{
          validated = true;               //该用户已登录过并成功验证,标识为 true 无须重复验证
        }
        if(validated)
        {
          //验证成功跳转到 index.jsp
      %>
          <jsp:forward page = "index.jsp"/>
      <%
        }
        else
        {
          //验证失败跳转到 failure.jsp
      %>
          <jsp:forward page = "failure.jsp"/>
      <%
        }
      %>
   </body>
</html>
```

6. 部署和运行 Java EE 项目

1) 部署 Java EE 项目

项目开发完成后,将项目部署到服务器上。

2) 运行 Java EE 项目

启动 Tomcat 8.x,在浏览器中输入 http://localhost:8080/JspDaoHibernate/并按 Enter 键,将显示图 3.47 和图 3.50 所示的登录页。

5.7.3 应用 JSP+ Struts 2+DAO+Hibernate 模式开发 Web 登录程序

按照 MVC 设计思想,同时整合 Struts 2 和 Hibernate 两个框架,得到 JSP+ Struts 2+DAO+Hibernate 模式,如图 5.24 所示。

【实例 7】 采用 JSP+Struts 2+DAO+Hibernate 模式开发一个 Web 登录程序。

开发要求：将前面介绍过的 Struts 2 和 Hibernate 两大框架整合起来使用，参照图 5.24 所示的系统结构，使用 MVC 的设计思想开发。其中，JSP 作为视图 V 显示登录、成功或失败页；Struts 2 作为控制器 C 处理页面跳转；Hibernate 用作数据模型 M，它与前台程序的接口以 DAO 形式提供。

1. 创建 Java EE 项目

创建 JspStruts2DaoHibernate 项目，JspStruts2DaoHibernate 项目完成后的目录树如图 5.35 所示。

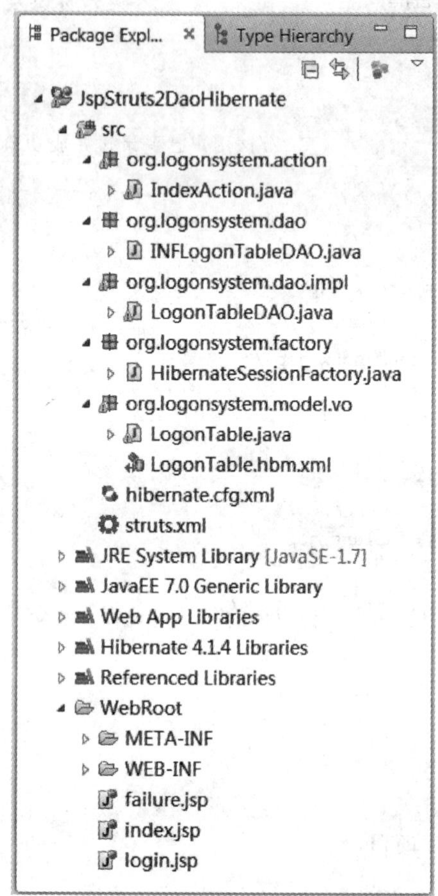

图 5.35　JspStruts2DaoHibernate 项目目录树

2. 添加 Hibernate 框架、生成 POJO 类和编写 DAO-M 层开发

(1) 添加 Hibernate。操作方法同实例 5 第 2 步，略。

(2) 生成 POJO 类。操作方法同实例 5 第 3 步，略。

(3) 在项目 src 下创建包 org.logonsystem.dao 和 org.logonsystem.dao.impl，分别用于存储 DAO 接口 INFLogonTableDAO 及其实现类 LogonTableDAO。DAO 接口和类的代码与实例 6 相同，略。

3. 加载 Struts 2 类库、实现及配置 Action-C 层开发

(1) 加载、配置 Struts 2。步骤与实例 4 第 2、3 步相同，稍有差别的是，这里仅需要加载 Struts 2 的 9 个 jar 包即可，因在刚刚添加 Hibernate 时，数据库的驱动包已经被自动载入，无须重复加载。

配置文件 web.xml 内容与实例 4 相同。

(2) 实现 Action。在项目 src 文件夹下建立包 org.logonsystem.action，在包里创建 IndexAction 类，IndexAction.java 的代码如下。

```
package org.logonsystem.action;
import java.sql.*;
import java.util.*;
import org.logonsystem.dao.*;
import org.logonsystem.dao.impl.*;
import org.logonsystem.factory.HibernateSessionFactory;
import org.logonsystem.model.vo.*;
import com.opensymphony.xwork2.*;
public class IndexAction extends ActionSupport{
  private LogonTable logon;
  //处理用户请求的 execute 方法
  public String execute() throws Exception{
    String usr=logon.getUsername();            //获取提交的用户名
    String pwd=logon.getPassword();            //获取提交的密码
    boolean validated=false;                   //验证成功标识
    ActionContext context=ActionContext.getContext();
    Map session=context.getSession();          //获得会话对象,用来保存当前登录用户的信息
    LogonTable logon1=null;
    //获取 LogonTable 对象,如果是第 1 次访问,用户对象为空,如果是第 2 次或以后,直接登录
    //无须重复验证
    logon1=(LogonTable)session.get("logon");
    //如果是第 1 次访问,会话中尚未存储 logon1 持久化对象,故为 null
    if(logon1==null){
      INFLogonTableDAO logonTableDAO = new LogonTableDAO();
      //直接使用 DAO 接口封装好了的验证功能
      logon1 = logonTableDAO.validateUser(usr,pwd);
      if(logon1!= null){
        session.put("logon",logon1);           //把 logon1 对象存储在会话中
        validated = true;                      //标识为 true 表示验证成功通过
      }
    }
    else{
      validated = true;                  //该用户已登录过并成功验证,标识为 true 无须重复验证
    }
    if(validated)
    {
```

```
        //验证成功返回字符串"success"
        return "success";
      }
      else{
        //验证失败返回字符串"error"
        return "error";
      }
    }
    public LogonTable getLogon(){
      return logon;
    }
    public void setLogon(LogonTable logon){
      this.logon = logon;
    }
}
```

将上段代码与实例 4 第 5 步的 IndexAction 类的代码比较一下，就会发现，由于使用 DAO 进行封装，其中已没有操作数据库的代码。

(3) 配置 Action。在 src 下创建文件 struts. xml，配置内容与实例 4 相同。

4. 编写 JSP-V 层开发

V 层开发的任务只剩下编写 3 个 JSP 文件：login. jsp、index. jsp 和 failure. jsp。它们的代码与实例 4 相同。

5. 部署和运行 Java EE 项目

1）部署 Java EE 项目

项目开发完成后，将项目部署到服务器上。

2）运行 Java EE 项目

启动 Tomcat 8. x，在浏览器中输入 http://localhost：8080/JspStruts2DaoHibernate/并按 Enter 键，将显示图 3.47 和图 3.50 所示的登录页。

5.8 小　　结

本章主要介绍了以下内容。

(1) Hibernate 是封装了 JDBC 的一种开放源代码的对象-关系映射框架，使程序员可以使用面向对象的思想来操作数据库。Hibernate 是一种对象-关系映射的解决方案，即将 Java 对象与对象之间的关系映射到数据库中表与表之间的关系。

(2) Hibernate 映射文件 *. hbm. xml 用来将 POJO 类和数据表、类属性和表字段、类之间的关系和数据表之间的关系一一映射起来，它是 Hibernate 的核心文件。

Hibernate 配置文件主要用来配置 SessionFractory 类、数据库的驱动程序、URL、用户名和密码、数据库方言等。它有两种格式：hibernate. cfg. xml 和 hibernate. properties，两者的配置内容基本相同，但 hibernate. cfg. xml 使用更为方便，并且是 Hibernate 的默认配置文件。

SessionFactory 是 Hibernate 关键类，它是创建 Session 对象的工厂。Session 是 Hibernate 持久化操作的关键对象。

系统创建的 POJO 实例，当与特定的 Session 相关联，并映射到数据表，该对象就处于持久化状态。持久化对象(Persistent Objects，PO)可以是普通的 POJO/JavaBean，唯一特殊的是它们与 Session 相关联。

(3) Hibernate 接口有 Configuration 接口、SessionFactory 接口、Session 接口、Transaction 接口和 Query 接口。

(4) HQL 是面向对象的查询语言，它是 Hibernate Query Language 的缩写。HQL 的语法很像 SQL 的语法，但 SQL 是数据库标准语言；HQL 的操作对象是类、实例和属性等，而 SQL 的操作对象是数据表、列等数据库对象。HQL 的查询依赖于 Query 类，每个 Query 实例对应一个查询对象。

(5) 类与类之间最普遍的关系就是关联关系，关联是有方向的，关联关系可分为单向关联和双向关联两类。

Hibernate 关联映射是实现数据库关系表与持久化类之间的映射。

(6) 为了深入理解本章知识点和综合应用 Struts 2 框架，介绍了 3 个应用实例：应用 JSP＋Hibernate 模式开发 Web 登录程序、JSP＋DAO＋Hibernate 模式开发 Web 登录程序和 JSP＋Struts 2＋DAO＋Hibernate 模式开发 Web 登录程序。

习 题 5

一、选择题

1. Hibernate 中用于加载配置文件的是________。

   A. SessionFractory　　B. Configuration

   C. Session　　D. Transaction

2. Hibernate 的默认配置文件是________。

   A. hibernate. cfg. xml　　B. hibernate. properties

   C. hibernate. hbm. xml　　D. hibernate. xml

3. Hibernate 中的 SessionFactory 对象是________。

   A. 非线程安全的　　B. PO 对象

   C. 线程安全的　　D. 不是线程安全的

二、填空题

1. Hibernate 是封装了________的对象-关系映射框架。

2. Hibernate 的每个数据库表对应一个扩展名为________的映射文件。

3. Hibernatet 中 PO 对象的 3 种状态是________、________和________。

4. ________是 Hibernate 持久化操作的关键对象。

5. SessionFactory 是 Hibernate 关键类，它是创建________对象的工厂。

6. 持久化对象可以是普通的 POJO/JavaBean，唯一特殊的是它们与________相关联。

7. HQL 是________，它的操作对象是类、实例、属性等。

8. Hibernate 关联映射是实现________之间的映射。

三、应用题

1. 参照实例 5 的步骤,完成使用 JSP＋Hibernate 模式开发一个 Web 登录程序,完成后进行测试。

2. 参照实例 6 的步骤,完成使用 JSP＋DAO＋Hibernate 模式开发一个 Web 登录程序,完成后进行测试。

3. 参照实例 7 的步骤,完成使用 JSP＋Struts 2＋DAO＋Hibernate 模式开发一个 Web 登录程序,完成后进行测试。

第 6 章　Spring 开发

本章要点

- Spring 框架概述
- Spring 依赖注入
- Spring 核心接口及配置
- Spring AOP
- 用 Spring 集成 Java EE 各框架
- 应用举例

Spring 为应用开发提供了一个轻量级的解决方案，包括基于依赖注入的核心机制、基于 AOP 的面向切面管理、与多种持久层的技术整合等。本章介绍 Spring 框架概述、Spring 依赖注入、Spring 核心接口及配置、Spring AOP、用 Spring 集成 Java EE 各框架等内容，并通过应用举例综合本章的知识培养读者的开发能力。

6.1　Spring 框架概述

Spring 是一个轻量级的基于依赖注入和面向切面管理的容器框架，其轻量级是指从软件大小与开销两方面而言 Spring 都是轻量的。Spring 框架的主要优势之一是其分层架构，整个框架由 7 个定义良好的组件（或模块）组成，每个组件都可以单独存在，也可以与其他一个或多个联合实现。Spring 组件统一构建在核心容器之上，核心容器定义了创建、管理、配置 Bean 的方式，如图 6.1 所示。

1. Spring Core

核心容器，提供 Spring 框架的基本功能。核心容器的主要组件是 BeanFactory 和 ApplicationContext。通过控制反转（IoC）模式将应用程序的配置和依赖性规范与实际的应用程序代码分开。

2. Spring Context

Spring 上下文是一个配置文件，向 Spring 框架提供上下文信息，包括企业服务，如 JNDI、EJB、电子邮件、国际化、校验和调度等。

3. Spring AOP

通过配置管理特性，Spring AOP 模块直接将面向切面的编程功能集成到框架中，可以很容易地使 Spring 框架管理的任何对象支持 AOP。Spring AOP 模块为基于 Spring 3 的

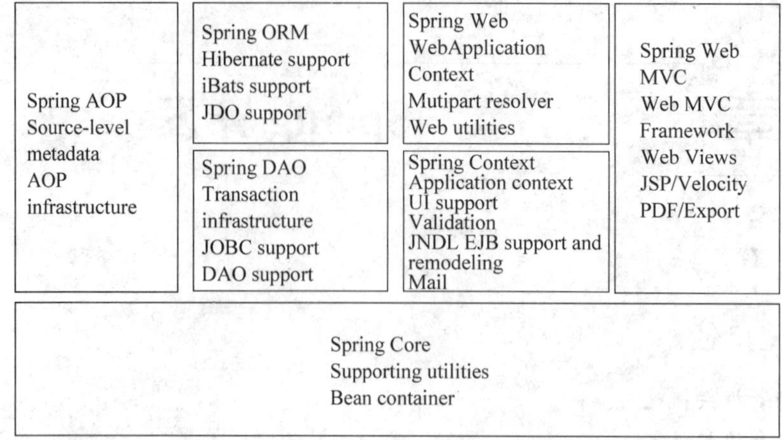

图 6.1　Spring 的框架组成结构

应用程序中的对象提供了事务管理服务。通过使用 Spring AOP,不必依赖 EJB 组件,就可以将声明性事务管理集成到应用程序中。

4. Spring DAO

JDBC DAO 抽象层提供了有用的异常层次结构,用来管理异常处理和不同数据库供应商抛出的错误消息。异常层次结构简化了错误处理,并且极大地降低了需要编写的异常代码数量(如打开和关闭连接)。

5. Spring ORM

Spring 框架插入了若干 ORM 框架,提供 ORM 的对象关系工具,其中包括 JDO、Hibernate 和 iBatis SQL Map,并且都遵从 Spring 的通用事务和 DAO 异常层次结构。

6. Spring Web

Web 上下文模块建立在应用程序上下文模块之上,为基于 Web 的应用程序提供上下文。它建立在应用程序上下文模块之上,简化了处理多份请求及将请求参数绑定到域对象的工作。Spring 框架支持与 Jakarta Struts 的集成。

7. Spring Web MVC

MVC 框架是一个全功能构建 Web 应用程序的 MVC 实现。通过策略接口实现高度可配置,MVC 容纳了大量视图技术,其中包括 JSP、Velocity、Tiles、iText 和 POI。

问题:什么是 Bean?

6.2　Spring 依赖注入

Spring 框架的核心功能如下。

- Spring 容器作为超级工厂,负责创建和管理所有的 Java 对象,这些 Spring 容器中的一切 Java 对象称作 Bean。
- Spring 容器管理容器中 Bean 之间的依赖关系,Spring 使用依赖注入(Dependency

Injection)的方式来管理 Bean 之间的依赖关系。

当某个 Java 对象(调用者)需要调用另一个 Java 对象(被依赖对象)的方法时,有传统做法、工厂模式和使用 Spring 容器 3 种方式。

1) 传统做法

调用者主动创建被依赖对象,然后再调用被依赖对象的方法。调用者需要通过"new 被依赖对象控制器()"的代码创建对象,导致调用者和被依赖对象实现类的硬编码耦合,不利于项目升级维护。

2) 工厂模式

调用者首先找到被依赖对象的工厂,然后主动通过工厂获取被依赖对象,再调用被依赖对象的方法,这种方法避免了类层次的硬编码耦合,唯一的缺点是带来调用组件与被依赖对象工厂的耦合。

3) 使用 Spring 容器

调用者无须主动获取被依赖对象,只需要被动接受 Spring 容器为调用者成员变量赋值,这是一种优秀的解耦方式。

调用者获取被依赖对象的方式由原来主动获取变为被动接受,控制由应用程序转移到外部容器,这种方式称为控制反转(Inversion of Control,IoC),从 Spring 容器角度来看,Spring 容器为调用者注入依赖的实例,因此称为依赖注入(Dependency Injection),控制反转和依赖注入是同一种方式的两种名称。

答案:Spring 容器中的一切 Java 对象称作 Bean。

6.2.1 工厂模式

在工厂模式中,调用者面向被依赖对象的接口编程,然后被依赖对象通过工厂创建,调用者再通过工厂获取被依赖对象,耦合由类层次的硬编码耦合,改变为只需要调用者与工厂的耦合,举例如下。

问题:什么是工厂模式?

【例 6.1】 工厂模式的实现。

(1) 创建 Java Project 项目。

创建项目 FactoryPattern,FactoryPattern 项目完成后的目录树如图 6.2 所示。

(2) 建立工厂类 Factory、被依赖对象的类 Chinese 和 American 及其接口 Person,测试类(调用者)Test。

在 src 文件夹下建包 factory,在该包内建立工厂类 Factory,代码如下:

```
package factory;
import inf.Person;
import infImpl.American;
import infImpl.Chinese;
```

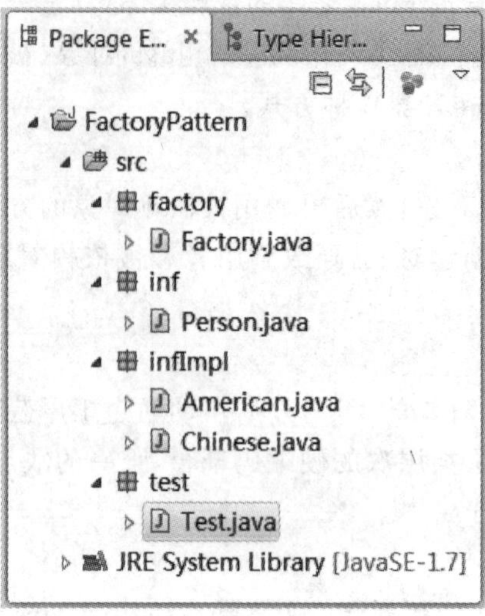

图 6.2　FactoryPattern 项目目录树

```
public class Factory {
  public Person getPerson(String name){
    if(name.equals("Chinese")){
      return new Chinese();
    }else if(name.equals("American")){
      return new American();
    }else{
      throw new IllegalArgumentException("参数不正确");
    }
  }
}
```

在 src 文件夹下建立包 inf,在该包下建立接口 Person,代码如下：

```
package inf;
public interface Person {
  void sayHello();
  void sayGoodbye();
}
```

在 src 文件夹下建立包 infImpl,在该包下建立 Chinese 类和 American 类,分别实现 Person 接口。

Chinese.java 代码如下：

```
package infImpl;
import inf.Person;
public class Chinese implements Person{
  public void sayHello() {
    System.out.println("戴维,您好!");
```

```
    }
    public void sayGoodbye() {
        System.out.println("戴维,再见!");
    }
}
```

American.java 代码如下：

```
package infImpl;
import inf.Person;
public class American implements Person{
    public void sayHello() {
        System.out.println("Hello,David!");
    }
    public void sayGoodbye() {
        System.out.println("Goodbye,David!");
    }
}
```

在 src 文件夹下建包 test，在该包内建立测试类 Test，代码如下：

```
package test;
import inf.Person;
import factory.Factory;
public class Test {
    public static void main(String[] args) {
        Person person = null;
        person = new Factory().getPerson("Chinese");
        person.sayHello();
        person.sayGoodbye();
        person = new Factory().getPerson("American");
        person.sayHello();
        person.sayGoodbye();
    }
}
```

答案：调用者首先找到被依赖对象的工厂，然后主动通过工厂获取被依赖对象，再调用被依赖对象的方法，这种方法避免了类层次的硬编码耦合，唯一的缺点是带来调用组件与被依赖对象工厂的耦合。

(3) 运行结果。

该程序为 Java 应用程序，可直接运行，运行结果如图 6.3 所示。

通过本例可看出，调用者(测试类)要用到 Chinese 类和 American 类的对象，传统做法是直接创建，这里没有直接创建它们的对象，而是通过工厂类来取得，这就降低了程序的耦合性。

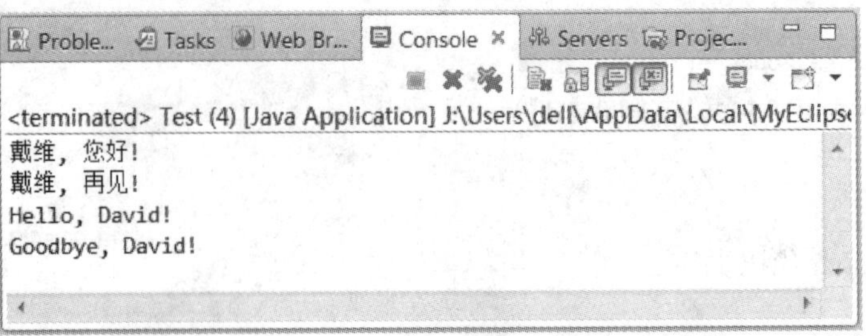

图 6.3　工厂模式运行结果

问题：什么是依赖注入？

6.2.2　依赖注入

在工厂模式中，调用者需要被依赖对象时，无须直接创建其实例，而是通过工厂类来取得，而 Spring 提供了更好的方式，不用创建工厂，而是直接使用 Spring 的依赖注入。

依赖注入指调用者无须主动获取被依赖对象，只需要被动接受 Spring 容器为调用者成员变量赋值，这是一种优秀的解耦方式。

下面举例说明依赖注入应用。

【例 6.2】 依赖注入应用。

(1) 项目 FactoryPattern 更名为 FactoryPatternSpring。

在 MyEclipse 中，将例 6.1 的项目 FactoryPattern 更名为 FactoryPatternSpring，FactoryPatternSpring 项目完成后的目录树如图 6.4 所示。

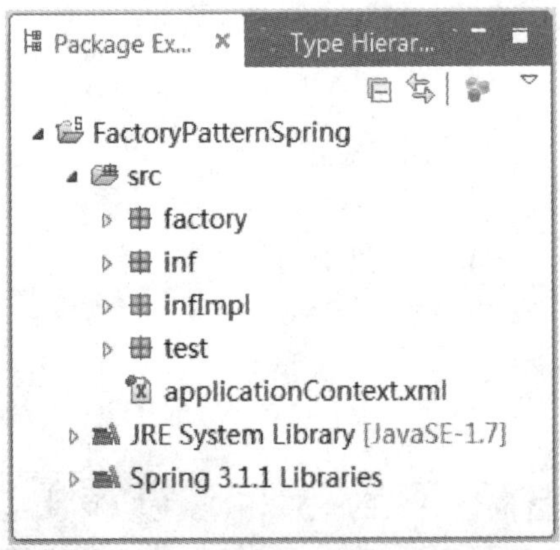

图 6.4　FactoryPatternSpring 项目目录树

(2) 为项目 FactoryPatternSpring 添加 Spring 开发能力。

右击项目名，选择 MyEclipse→Project Facets [Capabilities]→Install Spring Facet 菜单项，将出现图 6.5 所示的对话框，选中要应用的 Spring 的版本。

选择结束后，单击 Next 按钮，出现图 6.6 所示的界面，用于创建 Spring 的配置文件，配置文件默认存储在项目 src 文件夹下，名为 applicationContext.xml。

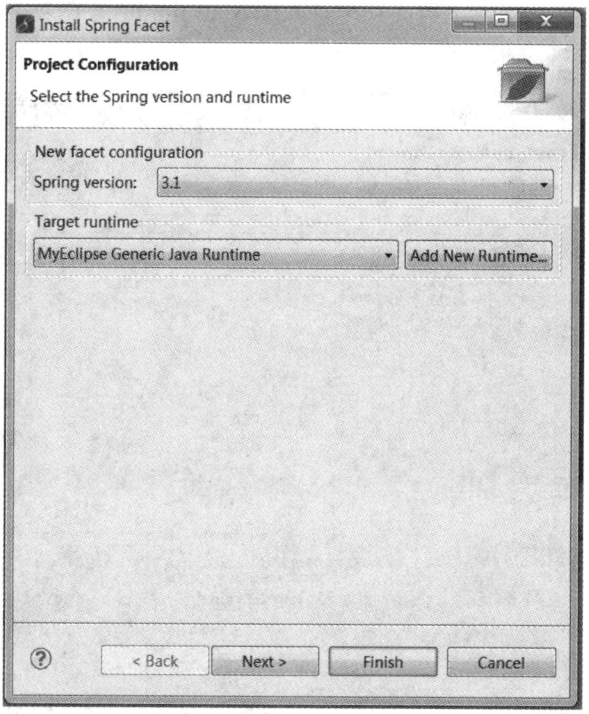

图 6.5　选择 Spring 版本

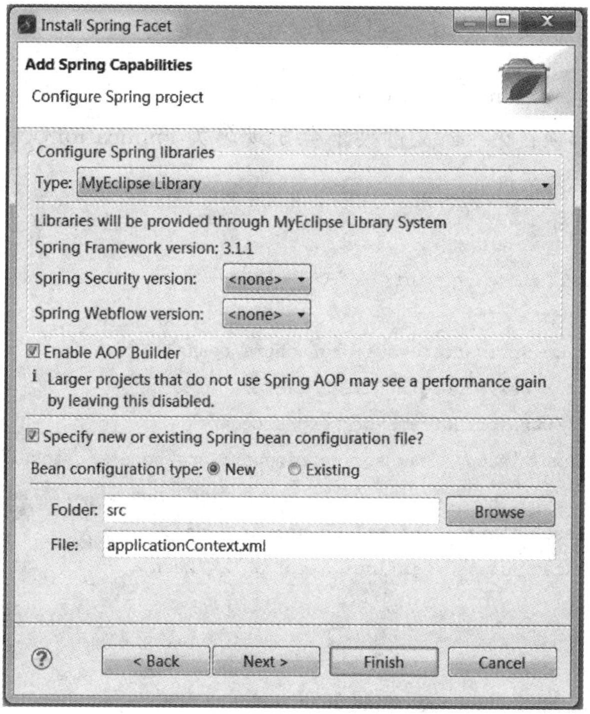

图 6.6　创建 Spring 配置文件

单击 Next 按钮，出现图 6.7 所示的界面，选择 Spring 的核心类库，单击 Finish 按钮完成操作。

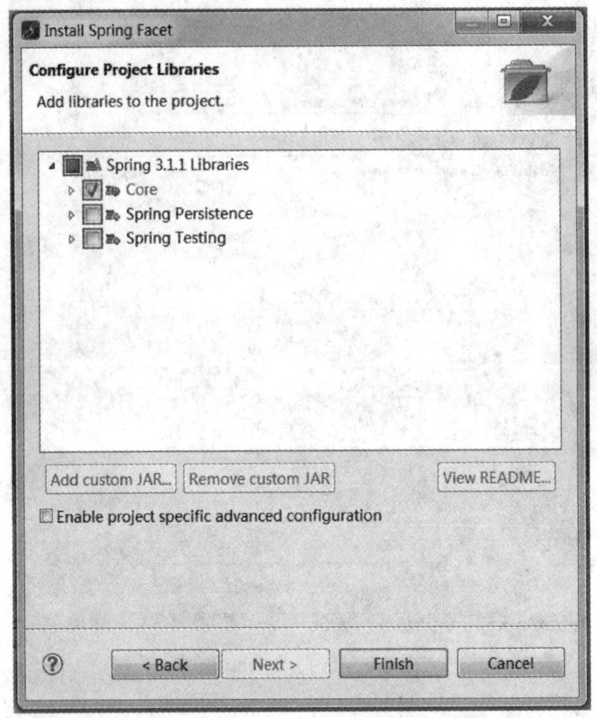

图 6.7　选择 Spring 核心类库

(3) 修改配置文件 applicationContext.xml。

以上操作完成后，项目的 src 文件夹下会出现名为 applicationContext.xml 的文件，这就是 Spring 的核心配置文件。

修改后，其代码如下：

```
<?xml version = "1.0" encoding = "UTF-8"?>
<beans
  xmlns = "http://www.springframework.org/schema/beans"
  xmlns:xsi = "http://www.w3.org/2001/XMLSchema-instance"
  xmlns:p = "http://www.springframework.org/schema/p"
  xsi:schemaLocation = "http://www.springframework.org/schema/beans
  http://www.springframework.org/schema/beans/spring-beans-3.1.xsd">
  <bean id = "chinese" class = "infImpl.Chinese"></bean>
  <bean id = "american" class = "infImpl.American"></bean>
</beans>
```

(4) 修改测试类。

配置完成后，即可修改 Test 类，代码如下：

```
package test;
```

```
import inf.Person;
import factory.Factory;
import org.springframework.context.ApplicationContext;
import org.springframework.context.support.FileSystemXmlApplicationContext;
public class Test {
  public static void main(String[ ] args) {
    ApplicationContext ctx = new FileSystemXmlApplicationContext("src/applicationContext.xml");
    Person person = null;
    person = (Person) ctx.getBean("chinese");        //依赖注入获取"chinese"
    person.sayHello();
    person.sayGoodbye();
    person = (Person) ctx.getBean("american");       //依赖注入获取"american"
    person.sayHello();
    person.sayGoodbye();
  }
}
```

(5) 运行结果。

运行该测试类,运行结果与图 6.2 相同。

可以看出,对象 ctx 相当于原来的 Factory 工厂,它取代了 Factory。

在 applicationContext.xml 文件配置中:

```
<bean id = "chinese" class = " infImpl Chinese"></bean>
<bean id = "american" class = " infImpl American"></bean>
```

id 是 ctx.getBean 的参数值(一个字符串),class 是一个类。

调用者在 Test 类里通过依赖注入获得 Chinese 对象和 American 对象:

```
human = (Human) ctx.getBean("chinese");
human = (Human) ctx.getBean("american");
```

答案:Spring 容器为调用者注入依赖的实例,这种方式称为依赖注入(Dependency Injection),又称为控制反转(Inversion of Control,IoC),依赖注入是一种优秀的解耦方式。

6.2.3 依赖注入的两种方式

依赖注入有两种方式:设置注入和构造注入。

1. 设置注入

设置注入通过 setter 方法注入被调用者的实例,由于简单、直观被广泛使用。

【例 6.3】 设置注入示例。

(1) 创建 Java Project 项目。

创建项目 SetInjection,SetInjection 项目完成后的目录树如图 6.8 所示。

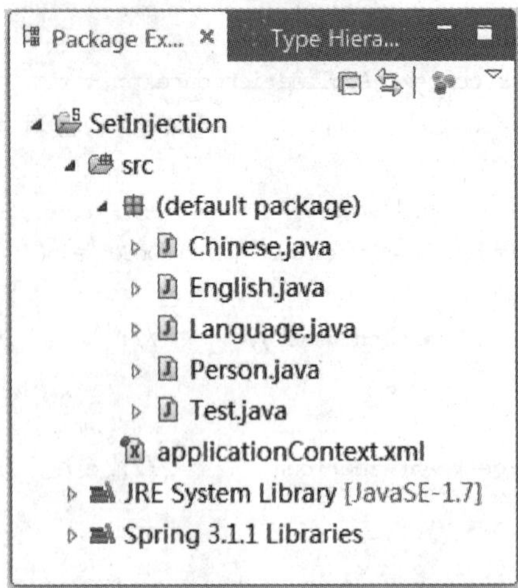

图 6.8　SetInjection 项目目录树

(2) 建立接口 Person 及其实现类 Chinese、Language 接口及其实现类 English。

在项目的 src 文件夹下建立下面的源文件。

Person 接口 Person.java 代码如下：

```
public interface Person {
  void speak();
}
```

Person 实现类 Chinese.java 代码如下：

```
public class Chinese implements Person{
  private Language language;
  public void speak() {
    System.out.println(language.lang());
  }
  public void setLanguage(Language language) {
    this.language = language;
  }
}
```

Language 接口 Language.java 代码如下：

```
public interface Language {
  public String lang();
}
```

Language 实现类 English.java 代码如下：

```
public class English implements Language{
  public String lang() {
    return "李明会说英语!";
```

```
    }
}
```

可以看出，在 Person 的实现类中，要用到 Language 的对象，由于 Language 是一个接口，要用它的实现类为其创建对象，这里只是写了一个 set 方法。

(3) 为项目 SetInjection 添加 Spring 开发能力，修改 Spring 的配置文件。

为项目添加 Spring 开发能力与例 6.2 第(2)步相同。

修改 Spring 的配置文件来完成其对象的注入。applicationContex.xml 代码如下：

```
<?xml version = "1.0" encoding = "UTF - 8"?>
< beans
  xmlns = "http://www.springframework.org/schema/beans"
  xmlns:xsi = "http://www.w3.org/2001/XMLSchema - instance"
  xmlns:p = "http://www.springframework.org/schema/p"
  xsi:schemaLocation = "http://www.springframework.org/schema/beans
http://www.springframework.org/schema/beans/spring - beans - 3.1.xsd">
  <! -- 定义第 1 个 Bean,注入 Chinese 类对象 -->
  < bean id = "chinese" class = "Chinese">
    <! -- property 元素用来指定需要容器注入的属性,language 属性需要容器注入 ref 就指向
language 注入的 id -->
    < property name = "language" ref = "english"></property >
  </bean >
  <! -- - 定义第 2 个 Bean,注入 English 类对象 -->
  < bean id = "english" class = "English"></bean >
</beans >
```

每个 bean 的 id 属性是该 bean 的唯一标识，程序通过 id 属性访问 bean，而且各个 bean 之间的依赖关系也通过 id 属性关联。

(4) 建立测试类 Test。

测试代码如下：

```
import org.springframework.context.ApplicationContext;
import org.springframework.context.support.FileSystemXmlApplicationContext;
public class Test {
  public static void main(String[ ] args) {
    ApplicationContext ctx = new FileSystemXmlApplicationContext("src/applicationContext.xml");
    Person human = null;
    human = (Person) ctx.getBean("chinese");
    human.speak();
  }
}
```

(5) 运行结果。

程序运行结果如图 6.9 所示。

2. 构造注入

用构造函数来设置依赖注入的方式，称为构造注入。这种方式在构造实例时，就已经为

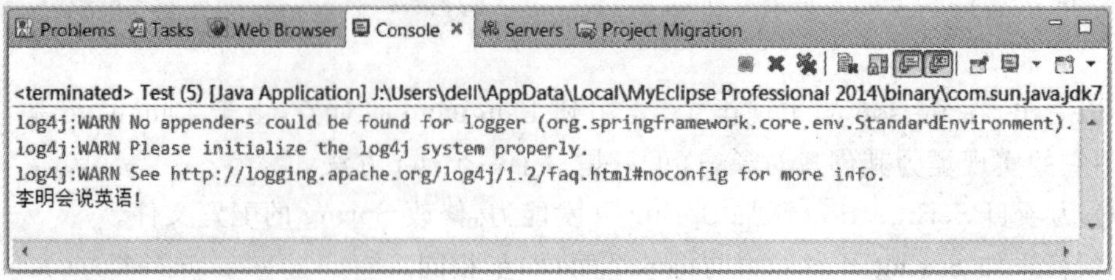

```
Problems  Tasks  Web Browser  Console ×  Servers  Project Migration
<terminated> Test (5) [Java Application] J:\Users\dell\AppData\Local\MyEclipse Professional 2014\binary\com.sun.java.jdk7
log4j:WARN No appenders could be found for logger (org.springframework.core.env.StandardEnvironment).
log4j:WARN Please initialize the log4j system properly.
log4j:WARN See http://logging.apache.org/log4j/1.2/faq.html#noconfig for more info.
李明会说英语!
```

图 6.9 设置注入示例运行结果

其完成了属性的初始化。在应用开发中,一般以设置注入为主,构造注入为辅。

【例 6.4】 构造注入示例。

在 MyEclipse 中,将例 6.3 的项目名称 SetInjection 更名为 StructuralInjection。对 Chinese 类进行以下修改:

```
public class Chinese implements Person{
  private Language language;
  //构造注入需要带参数的构造函数
  public Chinese(Language language){
    this.language = language;
  }
  public void speak() {
    System.out.println(language.lang());
  }
}
```

配置文件 applicationContex.xml 进行以下修改:

```
<?xml version="1.0" encoding="UTF-8"?>
<beans
  xmlns="http://www.springframework.org/schema/beans"
  xmlns:xsi="http://www.w3.org/2001/XMLSchema-instance"
  xmlns:p="http://www.springframework.org/schema/p"
  xsi:schemaLocation="http://www.springframework.org/schema/beans
    http://www.springframework.org/schema/beans/spring-beans-3.1.xsd">
  <!-- 定义第一个 Bean,注入 Chinese 类对象 -->
  <bean id="chinese" class="Chinese">
    <!-- 使用构造注入,为 Chinese 实例注入 Language 实例 -->
    <constructor-arg ref="english"></constructor-arg>
  </bean>
  <!-- 注入 English-->
  <bean id="english" class="English"></bean>
</beans>
```

测试类不变,运行结果与例 6.3 相同。

6.3 Spring 容器

Spring 有两个核心接口，BeanFactory（Bean 工厂）接口和 ApplicationContext（应用上下文）接口，其中，ApplicationContext 接口是 BeanFactory 接口的子接口，它们都可代表 Spring 容器，Spring 容器是生成 Bean 实例的工厂，并对容器中的 Bean 进行管理。

6.3.1 Spring 核心接口

下面分别介绍 Spring 的两个核心接口，BeanFactory 接口和 ApplicationContext 接口。

1. BeanFactory

Spring 容器最基本的接口是 BeanFactory，BeanFactory 负责创建、配置、管理 Bean。BeanFactory 采用了工厂设计模式，但与其他工厂模式不同，其他工厂模式只分发一种类型的对象，而 Bean Factory 是一个通用的工厂，可以创建和分发各种类型的 Bean。

在 Spring 中有几种 BeanFactory 的实现，其中最常使用的是 org. springframework. bean. factory. xml. XmlBeanFactory，它根据 XML 文件中的定义装载 Bean。

要创建 XmlBeanFactory，需要传递一个 java. io. InputStream 对象给构造函数。InputStream 对象提供 XML 文件给工厂。例如，下面的代码片段使用一个 java. io. FileInputStream 对象把 Bean XML 定义文件给 XmlBeanFactory：

```
BeanFactory factory = new XmlBeanFactory(new FileInputStream(" applicationContext.xml"));
```

为了从 BeanFactory 得到 Bean，只要简单地调用 getBean()方法，把需要的 Bean 的名字当作参数传递进去即可。由于得到的是 Object 类型，所以要进行强制类型转化。

```
MyBean myBean = (MyBean)factory.getBean("myBean");
```

当 getBean()方法被调用的时候，工厂就会实例化 Bean，并使用依赖注入开始设置 Bean 的属性。这样就在 Spring 容器中开始了 Bean 的生命周期。

2. ApplicationContext

大多数的情况下，不会使用 BeanFactory 实例作为 Spring 容器，而是使用 ApplicationContext 实例作为容器，ApplicationContext 接口是 BeanFactory 接口的子接口，除了提供 BeanFactory 所支持的全部功能外，还有以下额外功能。

(1) 默认会预初始化所有 singleton Bean。

(2) 提供国际化的支持。

(3) 事件机制。

(4) 资源访问。

(5) 同时加载多个配置文件。

在 ApplicationContext 的诸多实现中，有如下 3 个常用的实现。

- ClassPathXmlApplicationContext：从类路径中的 XML 文件载入上下文定义信息，把上下文定义文件当成类路径资源。
- FileSystemXmlApplicationContext：从文件系统中的 XML 文件载入上下文定义

信息。

• XmlWebApplicationContext：从 Web 系统中的 XML 文件载入上下文定义信息。

例如：

```
ApplicationContext context = new FileSystemXmlApplicationContext ("c:/foo.xml");
ApplicationContext context = new ClassPathXmlApplicationContext ("foo.xml");
ApplicationContext context =
    WebApplicationContextUtils.getWebApplicationContext (request.getSession().getServletContext ());
```

ApplicationContext 与 BeanFactory 另一个区别是单实例 Bean 的加载。BeanFactory 延迟载入所有 Bean，直到 getBean()方法被调用时才创建 Bean，而 ApplicationContext 会在上下文启动后预载入所有单实例 Bean。

6.3.2 Spring 基本配置

装配 Bean 就是告诉容器需要哪些 Bean 和如何使用依赖注入，将它们配合起来。

1. 使用 XML 装配

Bean 装配可以从任何配置资源获得，但 XML 是最常见的 Spring 应用系统配置源。

下面的 XML 文件装配了两个 Bean，分别是 foo 和 bar。

```
<?xml version = "1.0" encoding = "UTF - 8"?>
…
<beans …>                                              //根元素
  <bean id = "foo" class = "com.spring.Foo"/>          //Bean 实例
  <bean id = "bar" class = "com.spring.Bar"/>          //Bean 实例
</beans>
```

在 XML 文件中定义 Bean，上下文定义文件的根元素<beans>，<beans>有多个<bean>子元素，每个<bean>元素定义了一个被装配到 Spring 容器中 Bean（任何一个 Java 对象）。

2. 添加一个 Bean

在 Spring 中对一个 Bean 的最基本配置包括 Bean 的 id 和它的全称类名。向 Spring 容器中添加一个 Bean 只需要向 XML 文件中添加一个<bean>元素。如下面的语句：

```
<bean id = "foo" class = "com.spring.Foo"/>
```

(1) 原型模式与单实例模式。Spring 中的 Bean 在默认情况下是单实例模式。在容器分配 Bean 的时候，它总是返回同一个实例。但是，如果每次向 ApplicationContext 请求一个 Bean 的时候需要得到一个不同的实例，需要将 Bean 定义为原型模式。

<bean>的 singleton 属性告诉 ApplicationContext 这个 Bean 是不是单实例 Bean，默认是 true，如果把它设置为 false，这个 Bean 定义则为原型 Bean。

```
<bean id = "foo" class = "com.spring.Foo" singleton = "false"/>       //原型模式 Bean
```

(2) request 或 session。对于每次 HTTP 请求或 HttpSession，使用 request 或 session

定义的 Bean 都将产生一个新实例,即每次 HTTP 请求或 HttpSession 将会产生不同的 Bean 实例。只有在 Web 应用中使用 Spring 时,该作用域才有效。

(3) global session。每个全局的 HttpSession 对应一个 Bean 实例。典型情况下,仅在使用 portlet context 的时候有效。只有在 Web 应用中使用 Spring 时,该作用域才有效。

在 Bean 的定义中设置自己的 init-method,这个方法在 Bean 被实例化时马上被调用。同样,也可以设置自己的 destroy-method,这个方法在 Bean 从容器中删除之前调用。

一个典型的例子是连接池 Bean。

```
public class MyConnectionPool{
…
  public void initalize(){      //initialize connection pool}
  public void close(){          //release connection}
…
}
```

Bean 的定义如下:

```
<bean id = "connectionPool" class = "com.spring.MyConnectionPool"
     init - method = "initialize"           //当 Bean 被载入容器时调用 initialize 方法
     destroy - method = "close">            //当 Bean 从容器中删除时调用 close 方法
</bean>
```

问题:什么是 AOP?

6.4 Spring AOP

面向对象编程(Orient Object Programming,OOP)将程序分解为各个层次的对象,而面向切面编程(Aspect Orient Programming,AOP)则将程序运行过程分解为各个切面,面向切面编程与面向对象编程互为补充。

6.4.1 AOP 的基本概念

AOP 是从动态的角度考虑程序运行过程,用于处理系统中分布于各个模块中的交叉关注点问题,常用于处理具有横切性质的系统服务,如日志记录、安全检查、事务处理、性能统计和异常处理等。

AOP 基本概念如下。

1. 横切关注点(Cross-cutting concerns)

日志记录与安全检查等服务,常被安插到程序的各个业务流程中,这些服务逻辑在 AOP 中称为横切关注点。

例如,原来的业务流程较为单纯,如图 6.10 所示。

为了加入日志与安全检查等服务,类的程序代码中被生硬地写入了相关的 Logging、Security 服务程序片段,如图 6.11 所示。

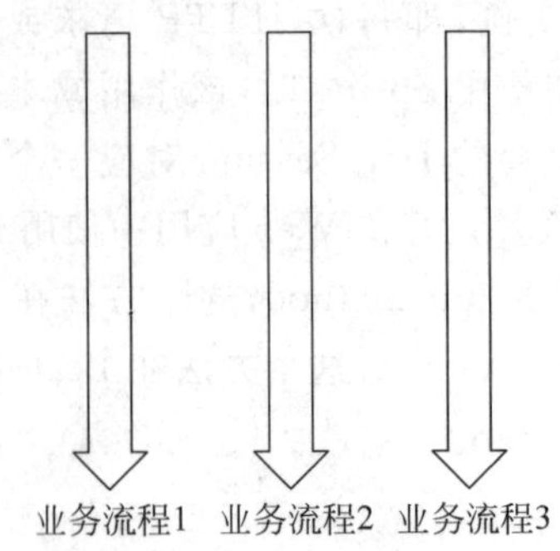

图 6.10　原来的业务流程

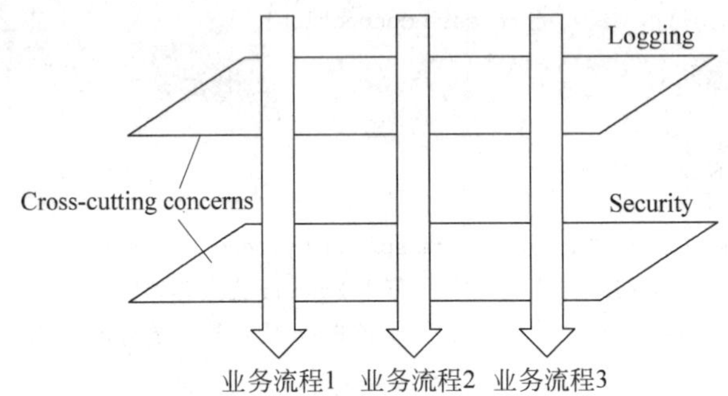

图 6.11　加入各种服务的业务流程

如果把横切关注点直接编写业务流程中，不仅会使得维护程序的成本提高，而且会使业务流程的编写更为复杂。AOP 通过把横切关注点织入到业务逻辑中，可以比较成功地解决上述问题。

2. 切面(Aspect)

将散落在各个业务类中的横切关注点收集起来，设计各自独立可重用的类，这种类称为切面。

例如，在动态代理中将日志的动作设计为 LogHandler 类，LogHandler 类在 AOP 术语中就是切面的一个具体实例。在需要该服务的时候，缝合 Weave 到应用程序中；不需要服务的时候，也可以马上从应用程序中脱离，应用程序中的可重用组件不用做任何的修改。在动态代理中的 HelloSpeaker 所代表的角色就是应用程序中可重用的组件，在它需要日志服务时并不用修改本身的程序代码。

3. 连接点(Joinpoint)

切面在应用程序执行时加入目标对象的业务流程中的特定点，称为连接点。连接点是 AOP 的核心概念之一。

4. 通知(Advice)

切面在某个具体连接点采取的行为或动作，称为通知。

实际上，通知是切面的具体实现。它是在某一特定的连接点处织入目标业务程序中的服务对象。它又分为在连接点之前执行的前置通知(Before Advice)和在连接点之后执行的后置通知(After Advice)。

5. 切入点(Pointcut)

切入点指定某个通知在哪些连接点被织入到应用程序之中。

切入点是通知要被织入到应用程序中的所有连接点的集合。可以在一个文件中,例如在 XML 文件中,定义一个通知的切入点,即它的所有连接点。

6. 织入(Weaving)

将通知加入应用程序的过程,称为织入。对于静态 AOP 而言,织入是在编译时完成的,通常在编译过程中增加一个步骤。而动态 AOP 是在程序运行时动态织入的。

7. 代理(Proxy)

代理是由 AOP 框架生成的一个对象,用来执行切面的内容,包括静态代理和动态代理。

8. 目标(Target)

通知被应用的对象,称为目标(Target)。

9. 引入(Introduction)

通过引入,人们可以在一个对象中加入新的方法和属性,而不用修改它的程序。

答案:面向切面编程(AOP)是从动态的角度考虑程序运行过程,用于处理系统中分布于各个模块中的交叉关注点问题,常用于处理具有横切性质的系统服务,如日志记录、安全检查、事务处理、性能统计和异常处理等。

6.4.2 代理机制

程序中经常需要为某些动作或事件作记录,留下日志信息,其代码如下:

```
import java.util.logging. * ;
public class HelloSpeaker{
  pirvate Logger logger = Logger.getLogger(this.getClass().getName());
  public void hello(String name){
    logger.log(Level.INFO,"hello method starts…");     //方法开始执行时留下日志
    Sytem.out.println("hello," + name);                //程序的主要功能
    logger.log(Level.INFO,"hello method ends…");       //方法执行完毕时留下日志
  }
}
```

上述程序设计,在方法执行前后加上日志动作,如果程序中多处都有需求,将增加 HelloSpeaker 类的额外职责,加大了维护工作量,而使用 AOP 中代理(Proxy)机制,可以解决上述问题。

代理有两种方式:静态代理(Static Proxy)和动态代理(Dynamic Proxy)。

1. 静态代理

在静态代理实现中,代理类和被代理类必须实现同一个接口,在代理类中实现日志记录等相关服务,并在需要时呼叫被代理类,这样,被代理类可以仅保留相关职责。

【例 6.5】 静态代理示例。

(1) 创建 Java Project 项目。

创建项目 StaticProxy,StaticProxy 项目完成后的目录树如图 6.12 所示。

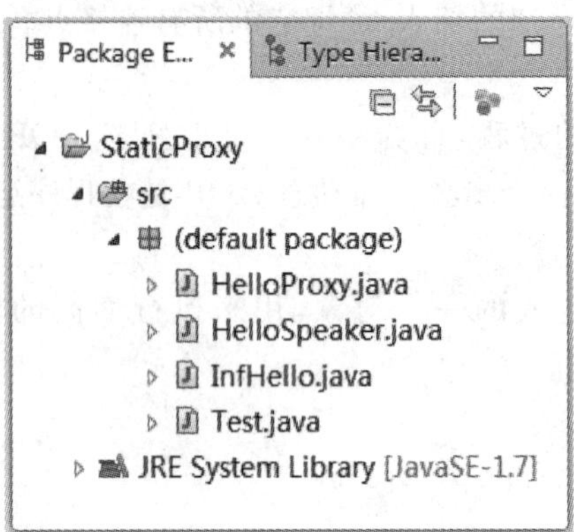

图 6.12 StaticProxy 项目目录树

(2) 编写 Java 类。

在项目的 src 文件夹下建立下面的源文件。

首先定义一个 InfHello 接口。

```
public interface InfHello{
  public void hello(String name);
}
```

编写实现 InfHello 接口的业务逻辑类 HelloSpeaker。

```
public class HelloSpeaker implements InfHello{
  public void hello(String name){
    System.out.println("hello," + name);
  }
}
```

可以看出,在 HelloSpeaker 类中没有任何日志服务的代码。

编写实现 InfHello 接口的代理类 HelloProxy.java,日志服务被放到代理类中。

```
import java.util.logging.*;
public class HelloProxy implements InfHello{
  private Logger logger = Logger.getLogger(this.getClass().getName());
  private InfHello helloObject;
  public HelloProxy(InfHello helloObject){
    this.helloObject = helloObject;
  }
  public void hello(String name){
    log("hello method starts…");                    //日志服务
    helloObject.hello(name);                         //执行业务逻辑
    log("hello method ends…");                      //日志服务
```

```
    }
    private void log(String msg){
        logger.log(Level.INFO,msg);
    }
}
```

(3) 建立测试类 Test。

测试类代码如下：

```
public class Test{
    public static void main(String[ ] args){
        InfHello proxy = new HelloProxy(new HelloSpeaker());
        proxy.hello("Lee");
    }
}
```

(4) 运行结果。

程序运行结果如图 6.13 所示。

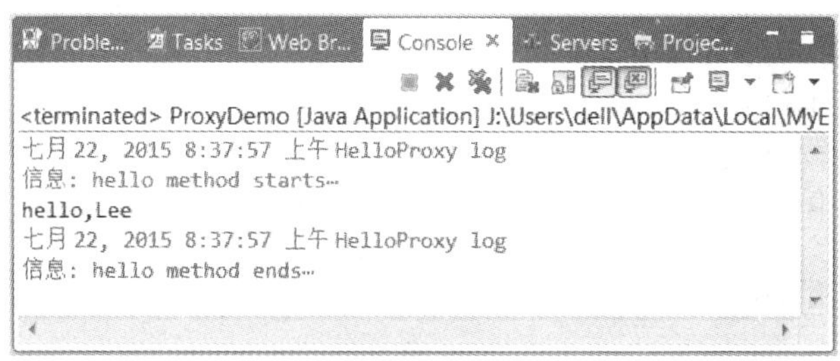

图 6.13　静态代理示例运行结果

2. 动态代理

动态代理可以使用一个 Handler(处理者)为各个类服务。

【例 6.6】 动态代理示例。

(1) 创建 Java Project 项目。

创建项目 DynamicProxy,DynamicProxy 项目完成后的目录树如图 6.14 所示。

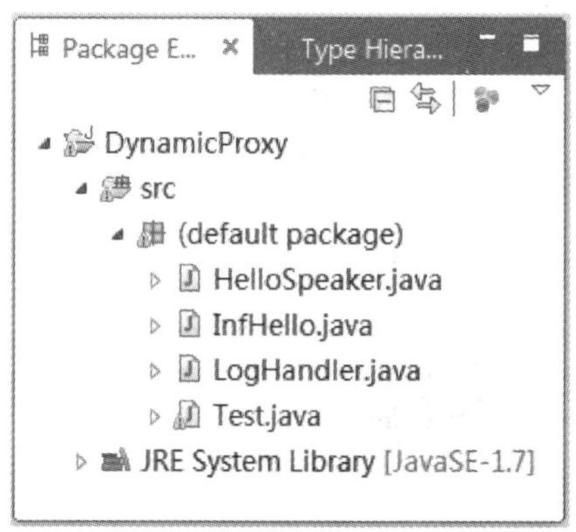

图 6.14　DynamicProxy 项目目录树

(2) 编写 Java 类。

在项目的 src 文件夹下建立下面的源文件。

首先定义所要代理的接口。

InfHello.java 代码如下：

```
public interface InfHello{
  public void hello(String name);
}
```

编写实现 InfHello 接口的业务逻辑类 HelloSpeaker。

```
public class HelloSpeaker implements InfHello{
  public void hello(String name){
    System.out.println("hello," + name);
  }
}
```

编写代理类 LogHandler,这里与上例不同。

```
import java.lang.reflect.Method;
public class LogHandler implements InvocationHandler{
  private Object sub;
  public LogHandler() {
  }
  public LogHandler(Object obj){
    sub = obj;
  }
  public Object invoke(Object proxy,Method method,Object[] args) throws Throwable{
    System.out.println("Method to start");
    method.invoke(sub,args);
    System.out.println("Method to complete execution");
    return null;
  }
}
```

(3) 建立测试类 Test。

在测试类 Test 中,使用 LogHandler 来绑定被代理类。

```
import java.lang.reflect.Proxy;
public class Test {
  public static void main(String[] args) {
    HelloSpeaker helloSpeaker = new HelloSpeaker();
    LogHandler logHandler = new LogHandler(helloSpeaker);
    Class cls = helloSpeaker.getClass();
    InfHello iHello = (InfHello)Proxy.newProxyInstance(cls.getClassLoader(),cls.getInterfaces(),
logHandler);
    iHello.hello("Lee");
```

```
    }
}
```

(4) 运行结果。

程序运行结果如图 6.15 所示。

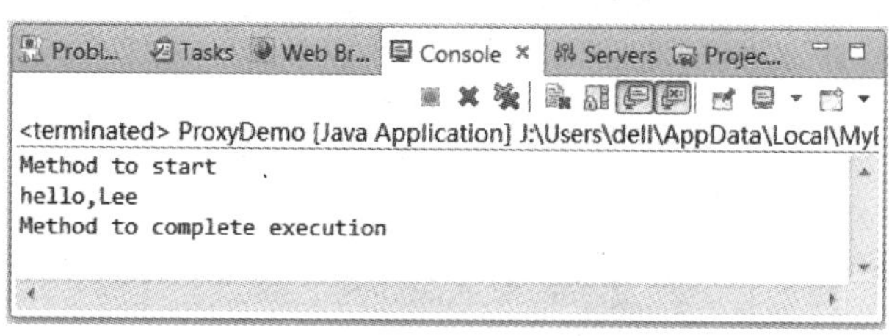

图 6.15 动态代理示例运行结果

6.4.3 通知

切面在某个具体连接点采取的行为或动作，称为通知（Advice），通知是切面的具体实现。

Spring 提供了 5 种通知类型：Interception Around、Before、After Returning、Throw 和 Introduction。它们分别在以下情况被调用。

- Interception Around Advice：在目标对象的方法执行前后被调用。
- Before Advice：在目标对象的方法执行前被调用。
- After Returning Advice：在目标对象的方法执行后被调用。
- Throw Advice：在目标对象的方法抛出异常时被调用。
- Introduction Advice：一种特殊类型的拦截通知，只有在目标对象的方法调用完毕后执行。

【例 6.7】 前置通知 Before Advice 示例。

(1) 创建 Web Project 项目。

创建项目 SpringAdvices，SpringAdvices 项目完成后的目录树如图 6.16 所示。

(2) 编写 Java 类。

定义接口 InfHello。

```
public interface InfHello{
  public void hello(String name);
}
```

定义实现 InfHello 接口的目标对象类 HelloSpeaker。

```
public class HelloSpeaker implements InfHello{
  public void hello(String name){
    System.out.println("Hello," + name);
  }
}
```

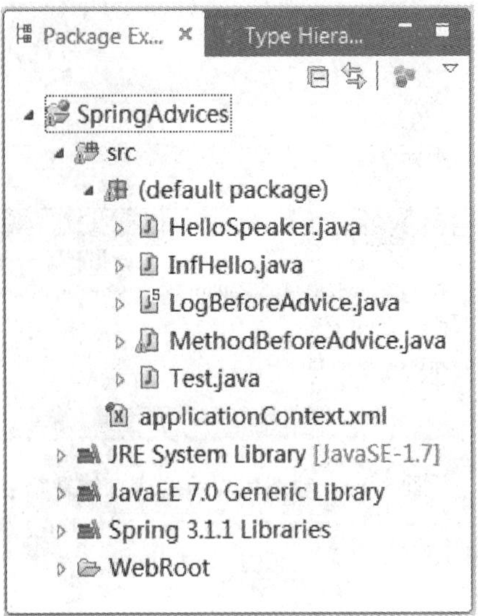

图 6.16　SpringAdvices 项目目录树

前置通知会在目标对象的方法执行之前被呼叫，为了实现这一点，需要扩展 MethodBeforeAdvice 接口，这个接口提供了获取目标方法、参数及目标对象的方法。

MethodBeforeAdvice 接口的代码如下：

```
import java.lang.ref.*;
import java.lang.reflect.Method;
public interface MethodBeforeAdvice{
  void before(Method method,Object[] args,Object target) throws Exception;
}
```

定义实现 MethodBeforeAdvice 接口的独立服务类 LogBeforeAdvice。

```
import java.lang.reflect.*;
import java.util.logging.Level;
import java.util.logging.Logger;
import org.springframework.aop.MethodBeforeAdvice;
public class LogBeforeAdvice implements MethodBeforeAdvice{
  private Logger logger = Logger.getLogger(this.getClass().getName());
  public void before(Method method,Object[] args,Object target) throws Exception{
    logger.log(Level.INFO,"method starts…" + method);
  }
}
```

(3) 添加 Spring 开发能力。

步骤同 6.2.2 节例 6.2，applicationContext.xml 的代码修改如下：

```
<?xml version = "1.0" encoding = "UTF-8"?>
<beans
  xmlns = "http://www.springframework.org/schema/beans"
```

```
    xmlns:xsi = "http://www.w3.org/2001/XMLSchema - instance"
    xmlns:p = "http://www.springframework.org/schema/p"
    xsi:schemaLocation = "http://www.springframework.org/schema/beans
        http://www.springframework.org/schema/beans/spring - beans - 3.1.xsd">
    <bean id = "logBeforeAdvice" class = "LogBeforeAdvice" />
    <bean id = "helloSpeaker" class = "HelloSpeaker" />
    <bean id = "helloProxy" class = "org.springframework.aop.framework.ProxyFactoryBean">
      <property name = "proxyInterfaces">
        <value> InfHello </value>
      </property>
      <property name = "target">
        <ref bean = "helloSpeaker" />
      </property>
      <property name = "interceptorNames">
        <list>
          <value> logBeforeAdvice </value>
        </list>
      </property>
    </bean>
</beans>
```

（4）建立测试类 Test。

测试类 Test 代码如下：

```
import org.springframework.context.ApplicationContext;
import org.springframework.context.support.FileSystemXmlApplicationContext;
public class Test{
  public static void main(String[ ] args){
    ApplicationContext context = new FileSystemXmlApplicationContext("
        /WebRoot/WEB - INF/classes/applicationContext.xml");
    InfHello helloProxy = (InfHello)context.getBean("helloProxy");
    helloProxy.hello("Lee");
  }
}
```

（5）运行结果。

程序运行结果如图 6.17 所示。

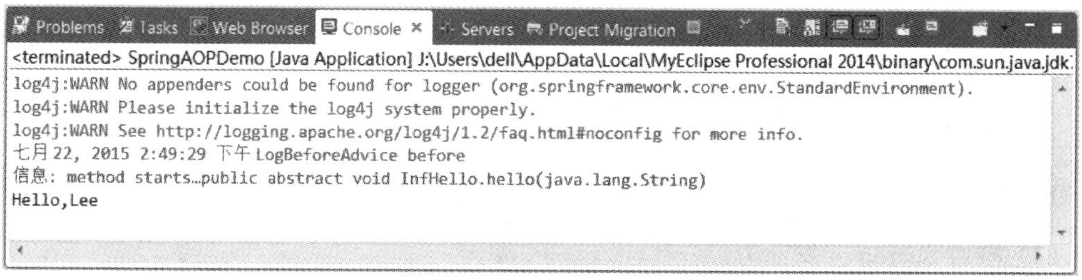

```
Problems  Tasks  Web Browser  Console ×  Servers  Project Migration
<terminated> SpringAOPDemo [Java Application] J:\Users\dell\AppData\Local\MyEclipse Professional 2014\binary\com.sun.java.jdk
log4j:WARN No appenders could be found for logger (org.springframework.core.env.StandardEnvironment).
log4j:WARN Please initialize the log4j system properly.
log4j:WARN See http://logging.apache.org/log4j/1.2/faq.html#noconfig for more info.
七月 22, 2015 2:49:29 下午 LogBeforeAdvice before
信息: method starts…public abstract void InfHello.hello(java.lang.String)
Hello,Lee
```

图 6.17　前置通知示例运行结果

6.4.4 切入点

切入点(Pointcut)是指定某个通知在哪些连接点被织入到应用程序之中。

【例 6.8】 切入点 SpringPointcut 示例。

(1) 创建 Web Project 项目。

创建一个切入点项目 SpringPointcut,SpringPointcut 项目完成后的目录树如图 6.18 所示。

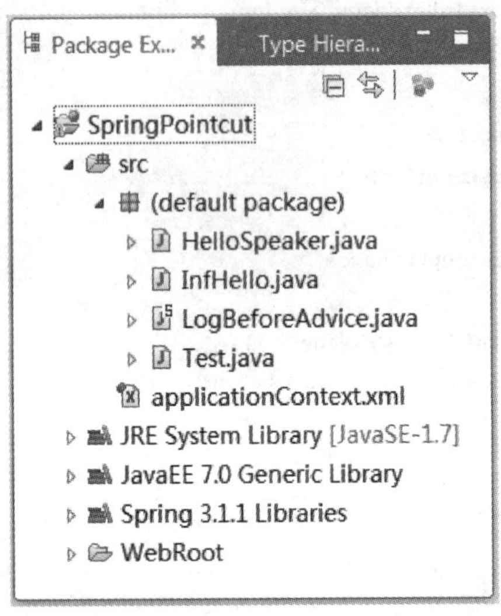

图 6.18 SpringPointcut 项目目录树

(2) 编写 Java 类。

建立接口 Person 及其实现类 Chinese、Language 接口及其实现类 English。

定义接口 InfHello。

```
public interface InfHello{
  public void helloDoctor(String name);
  public void helloMaster(String name);
}
```

定义 InfHello 接口实现类 HelloSpeaker。

```
public class HelloSpeaker implements InfHello{
  public void helloDoctor(String name){
    System.out.println("Hello,Dr. " + name);
  }
    public void helloMaster(String name){
    System.out.println("Hello,Master " + name);
  }
}
```

(3) 添加 Spring 开发能力。

步骤同 6.2.2 节例 6.2,applicationContext.xml 的代码修改如下:

```
<?xml version="1.0" encoding="UTF-8"?>
<beans
  xmlns="http://www.springframework.org/schema/beans"
  xmlns:xsi="http://www.w3.org/2001/XMLSchema-instance"
  xmlns:p="http://www.springframework.org/schema/p"
  xsi:schemaLocation="http://www.springframework.org/schema/beans
  http://www.springframework.org/schema/beans/spring-beans-3.1.xsd">
  <bean id="logBeforeAdvice" class="LogBeforeAdvice" />
  <bean id="helloAdvisor" class="org.springframework.aop.support.NameMatchMethodPointcutAdvisor">
    <property name="mappedName">
      <value>hello*</value>
    </property>
    <property name="advice">
      <ref bean="logBeforeAdvice" />
    </property>
  </bean>
  <bean id="helloSpeaker" class="HelloSpeaker" />
  <bean id="helloProxy" class="org.springframework.aop.framework.ProxyFactoryBean">
    <property name="proxyInterfaces">
      <value>InfHello</value>
    </property>
    <property name="target">
      <ref bean="helloSpeaker" />
    </property>
    <property name="interceptorNames">
      <list>
        <value>helloAdvisor</value>
      </list>
    </property>
  </bean>
</beans>
```

(4) 建立测试类 Test。

Test.java 代码如下：

```
import org.springframework.context.ApplicationContext;
import org.springframework.context.support.FileSystemXmlApplicationContext;
public class Test {
  public static void main(String[] args) {
    ApplicationContext context = new FileSystemXmlApplicationContext(
      "/WebRoot/WEB-INF/classes/applicationContext.xml");
    InfHello helloProxy = (InfHello) context.getBean("helloProxy");
    helloProxy.helloDoctor("Lee");
    helloProxy.helloMaster("Qian");
  }
}
```

(5) 运行结果。

程序运行结果如图 6.19 所示。

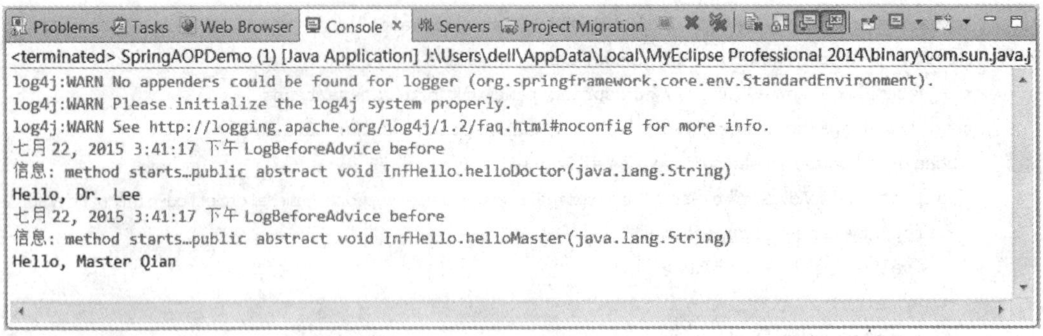

```
Problems  Tasks  Web Browser  Console ×  Servers  Project Migration
<terminated> SpringAOPDemo (1) [Java Application] J:\Users\dell\AppData\Local\MyEclipse Professional 2014\binary\com.sun.java.j
log4j:WARN No appenders could be found for logger (org.springframework.core.env.StandardEnvironment).
log4j:WARN Please initialize the log4j system properly.
log4j:WARN See http://logging.apache.org/log4j/1.2/faq.html#noconfig for more info.
七月 22, 2015 3:41:17 下午 LogBeforeAdvice before
信息: method starts…public abstract void InfHello.helloDoctor(java.lang.String)
Hello, Dr. Lee
七月 22, 2015 3:41:17 下午 LogBeforeAdvice before
信息: method starts…public abstract void InfHello.helloMaster(java.lang.String)
Hello, Master Qian
```

图 6.19　切入点示例运行结果

6.5　Spring 事务支持

声明式事务管理的配置方式，通常有以下 4 种。

(1) 使用 TransactionProxyFactoryBean 为目标 Bean 生成事务代理的配置。此方式是传统的难以阅读的方式。

(2) 采用 Bean 继承的事务代理配置方式，比较简洁，但依然是增量式配置。

(3) 采用 BeanNameAutoProxyCreator，根据 Bean Name 自动生成事务代理的方式。这是直接利用 Spring 的 AOP 框架配置事务代理的方式，这种方式避免了增量式配置，效果很好。

(4) 采用 DefaultAdvisorAutoProxyCreator，直接利用 Spring 的 AOP 框架配置事务代理的方式，效果很好，只是这种配置方式的可读性比第 3 种方式差。

6.6　用 Spring 集成 Java EE 各框架

用 Spring 集成 Java EE 各框架，包括 Spring 与 Hibernate 集成，Struts 2 与 Spring 集成，Struts 2、Spring 和 Hibernate 的整合，下面分别介绍。

6.6.1　Spring 与 Hibernate 集成

在 5.7.2 节实例 6 中应用 Hibernate 和 DAO 技术形成一个数据访问的"持久层"，屏蔽了后台数据库的动作，但是，持久层与前端的 JSP 程序仍然存在耦合性。在实例 6 项目的 validate.jsp 文件代码中：

```
…
  if(logon == null){
        INFLogonTableDAO logonTableDAO = new LogonTableDAO();
        //直接使用 DAO 接口封装好的验证功能
```

```
        logon = logonTableDAO.validateUser(usr,pwd);
          if(logon!= null){
            session.setAttribute("logon",logon);        //把 logon 对象存储在会话中
            validated = true;                           //标识为 true 表示验证成功通过
          }
      }
...
```

其中的两行加黑语句，先要用 new 关键字生成接口 INFLogonTableDAO 的实例化对象 logonTableDAO，如果接口的实现类 LogonTableDAO 有改变，该语句也应做出更改，运用 Spring 的依赖注入可以消除这种耦合性。

Spring 与 Hibernate 集成的设计思想是：Spring 作为一个容器，在它里面注册 DAO 和 Hibernate 组件，实现对后端各个组件的统一管理和部署，从而得出 JSP＋Spring＋DAO＋Hibernate 模式，如图 6.20 所示。

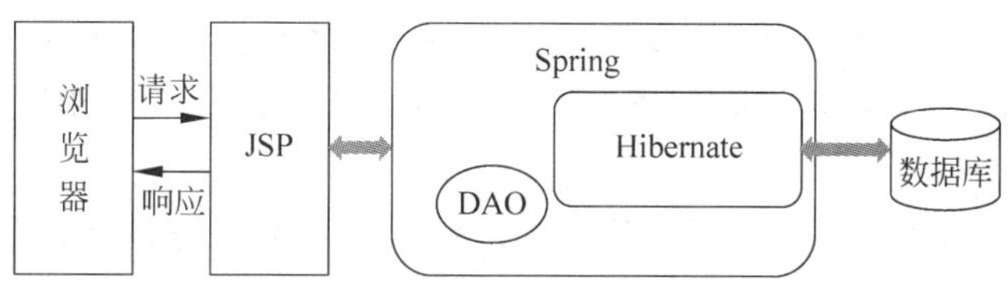

图 6.20　JSP＋Spring＋DAO＋Hibernate 模式

6.6.2　Struts 2 与 Spring 集成

Struts 2 与 Spring 集成的设计思想是：Spring 作为一个容器，在它里面注册 Action 组件，实现对前端各个控制器的统一管理和部署，从而得出 JSP＋Struts 2＋Spring＋JavaBean＋JDBC 模式，如图 6.21 所示。

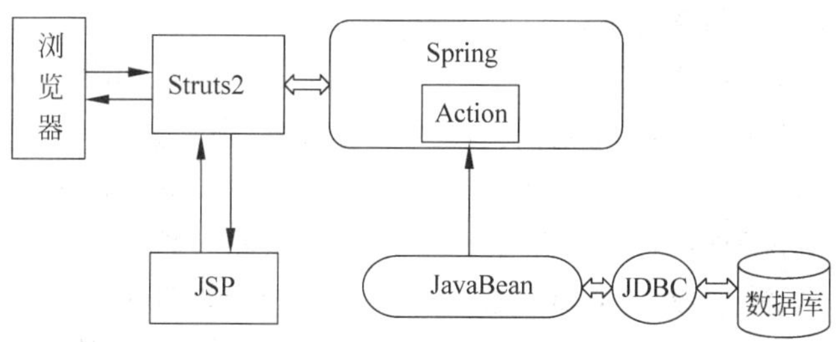

图 6.21　JSP＋ Struts 2＋Spring＋JavaBean＋JDBC 模式

6.6.3　Struts 2、Spring 和 Hibernate 的整合

Struts 2、Spring 和 Hibernate 三者全集成(简称 SSH2)的设计思想是：Spring 作为一个统一的容器来使用，在它里面注册 Action、DAO 和 Hibernate 等组件，实现以 Spring 为核心的对各个组件的统一管理和部署，得出 SSH2 全整合的模式 JSP＋Struts 2＋Spring＋DAO＋Hibernate，如图 6.22 所示。

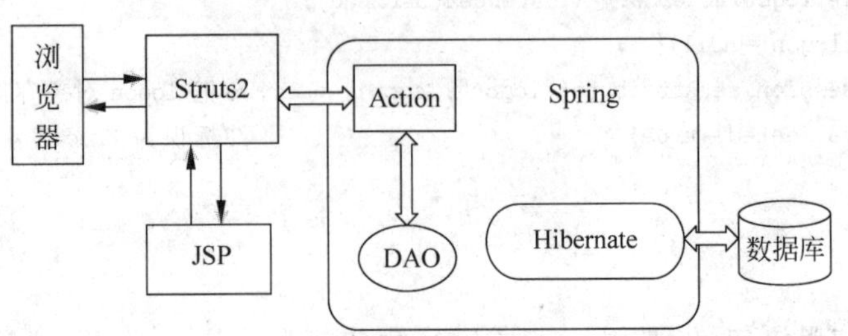

图 6.22 JSP+Struts 2+Spring+DAO+Hibernate 模式

6.7 应 用 举 例

为了深入理解本章知识点和综合应用 Hibernate 框架进行项目开发,介绍 1 个应用实例:应用 JSP+Struts 2+Spring+DAO+Hibernate 模式开发 Web 登录程序。

【实例 8】 采用 JSP+Struts 2+Spring+DAO+Hibernate 模式开发一个 Web 登录程序。

开发要求:系统采用 SSH2 架构,用 Spring 作为一个统一的容器管理 Action、DAO 和 Hibernate 等组件。

1. 创建 Java EE 项目

新建 Java EE 项目,项目命名为 JspStruts2SpringDaoHibernate,JspStruts2SpringDaoHibernate 项目完成后的目录树如图 6.23 所示。

2. 添加 Spring 核心容器

具体操作见例 6.2 第(2)步,但稍有不同的是,在选择 Spring 核心类库时要补充选中 Spring Persistence,如图 6.24 所示。

3. 添加 Hibernate 并持久化 logonTable 表

右击项目名,选择菜单 MyEclipse→Project Facets [Capabilities]→Install Hibernate Facet 启动向导,出现图 6.25 所示的窗口,选择 Hibernate 版本。

单击 Next 按钮,出现对话框,取消选择 Create SessionFactory class? 复选项。上方 Spring Config 后的下拉列表会自动填入 Spring 配置文件的路径,SessionFactory Id 框为 Hibernate 注入的一个新 Id,此处取默认项 sessionFactory,如图 6.26 所示。

完成后,还要在 applicationContext.xml 中配置数据库驱动,代码如下:

```
<?xml version = "1.0" encoding = "UTF - 8"?>
<beans
…
  <bean id = "dataSource" class = "org.apache.commons.dbcp.BasicDataSource">
     <property name = "driverClassName" value = "com.microsoft.sqlserver.jdbc.SQLServerDriver">
     </property>
     <property name = "url" value = "jdbc:sqlserver://localhost:1433"></property>
     <property name = "username" value = "sa"></property>
```

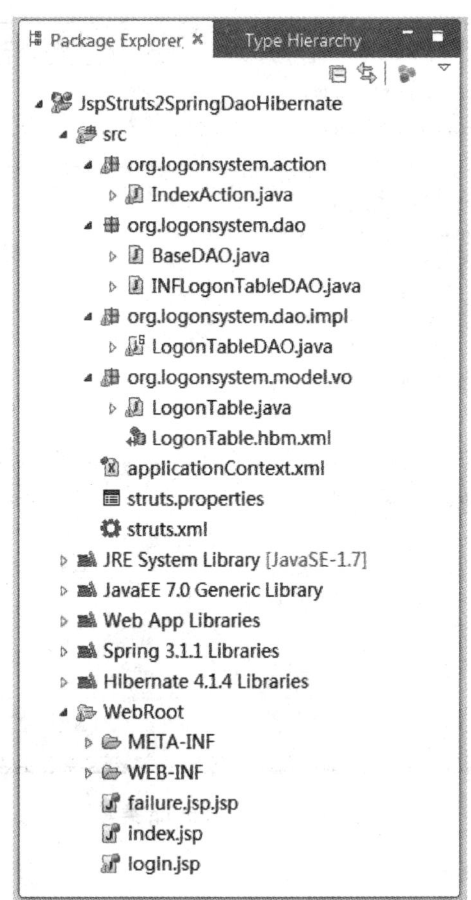

图 6.23　JspStruts2SpringDaoHibernate 项目目录树

```
    <property name = "password" value = "123456"></property>
  </bean>
...
</beans>
```

在项目 src 下创建包 org.logonsystem.model.vo，最终生成的 POJO 类及映射文件存储于该包里。操作方法同实例 5 中的第 3 步，略。

4. 定义、实现并注册 DAO 组件

在项目 src 下创建包 org.logonsystem.dao，在该包下建立一个基类 BaseDAO 和一个接口 INFLogonTableDAO。

基类 BaseDAO 的代码如下：

```
package org.logonsystem.dao;
import org.hibernate.*;
public class BaseDAO {
  private SessionFactory sessionFactory;
  public SessionFactory getSessionFactory(){
```

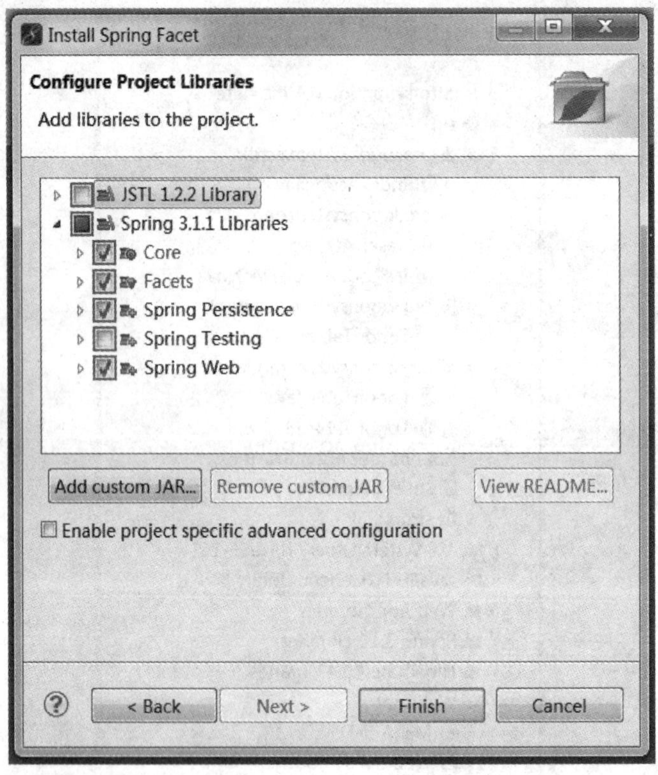

图 6.24　添加 Spring 类库

```
        return sessionFactory;
    }
    public void setSessionFactory(SessionFactory sessionFactory){
        this.sessionFactory = sessionFactory;
    }
    public Session getSession(){
        Session session = sessionFactory.openSession();
        return session;
    }
}
```

接口 INFLogonTableDAO 代码如下：

```
package org.logonsystem.dao;
import org.logonsystem.model.vo.*;
public interface INFLogonTableDAO {
    public LogonTable validateUser(String username,String password);
}
```

在 src 下创建 org.logonsystem.dao.impl 包，在包中创建接口 INFLogonTableDAO 实现类 LogonTableDAO，该类继承了 BaseDAO 并实现了接口中的 validateUser()方法。

Install Hibernate Facet
Project Configuration
Select the Hibernate version and runtime
New facet configuration
Hibernate specification version:
4.1
Target runtime
MyEclipse Generic Runtime for JavaEE 7.0
Add New Runtime...
< Back
Next >
Finish
Cancel

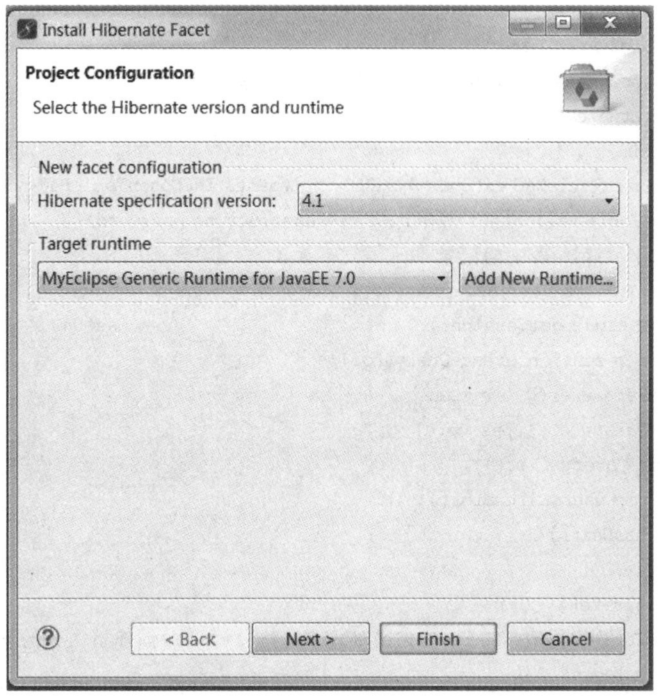

图 6.25　选择 Hibernate 版本

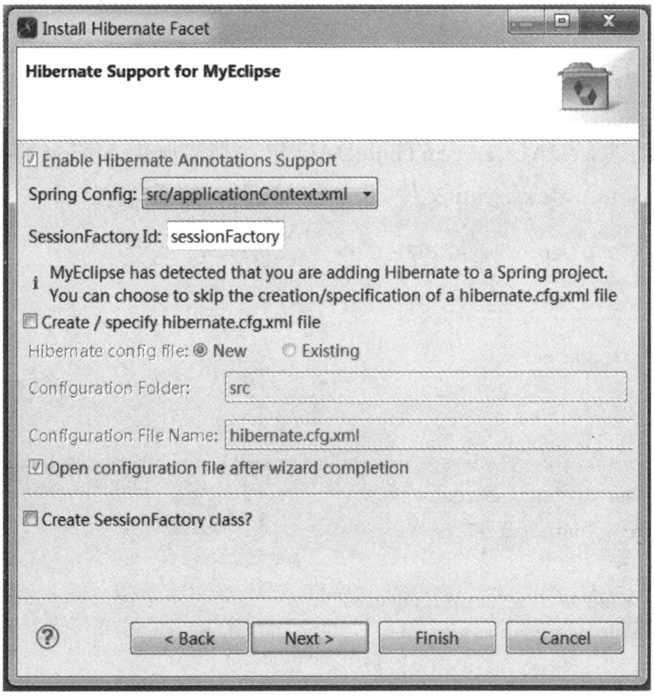

Install Hibernate Facet
Hibernate Support for MyEclipse
Enable Hibernate Annotations Support
Spring Config:
src/applicationContext.xml
SessionFactory Id:
sessionFactory
MyEclipse has detected that you are adding Hibernate to a Spring project.
You can choose to skip the creation/specification of a hibernate.cfg.xml file
Create / specify hibernate.cfg.xml file
Hibernate config file:
New
Existing
Configuration Folder:
src
Configuration File Name:
hibernate.cfg.xml
Open configuration file after wizard completion
Create SessionFactory class?
< Back
Next >
Finish
Cancel

图 6.26　将 Hibernate 交由 Spring 管理

```
package org.logonsystem.dao.impl;
import org.logonsystem.dao.*;
import org.logonsystem.model.vo.*;
import org.hibernate.*;
import java.util.*;
public class LogonTableDAO extends BaseDAO implements INFLogonTableDAO{
  public LogonTable validateUser(String username,String password){
    //查询 logonTable 表中的记录
    String hql = "from UserTable u where u.username = ? and u.password = ?";
    Session session = getSession();                    //从 BaseDAO 继承的方法中获得会话
    Query query = session.createQuery(hql);
    query.setParameter(0,username);
    query.setParameter(1,password);
    List users = query.list();
    Iterator it = users.iterator();
    while(it.hasNext())
    {
      if(users.size()!= 0){
        LogonTable logon = (LogonTable)it.next();       //创建持久化的 JavaBean 对象 logon
        return logon;
      }
    }
    session.close();                                   //关闭会话
    return null;
  }
}
```

将以上编写的 BaseDAO、LogonTableDAO 组件都注册到 Spring 容器中。

修改 applicationContext.xml 文件，添加注册信息(加黑语句)。

```
<?xml version = "1.0" encoding = "UTF-8"?>
<beans
…
  <bean id = "dataSource"
    …
  </bean>
  <bean id = "sessionFactory" class = "org.springframework.orm.hibernate4.LocalSessionFactoryBean">
    <property name = "dataSource">
      <ref bean = "dataSource" />
    </property>
    <property name = "hibernateProperties">
      <props>
        <prop key = "hibernate.dialect">
          org.hibernate.dialect.SQLServerDialect
        </prop>
      </props>
```

```
    </property>
    <property name = "mappingResources">
      <list>
        <value>
          org/logonsystem/model/vo/LogonTable.hbm.xml
        </value></list>
    </property></bean>
  <bean id = "transactionManager"
      class = "org.springframework.orm.hibernate4.HibernateTransactionManager">
    <property name = "sessionFactory" ref = "sessionFactory" />
  </bean>
  <tx:annotation-driven transaction-manager = "transactionManager" />
  <bean id = "baseDAO" class = "org.logonsystem.dao.BaseDAO">
    <property name = "sessionFactory" ref = "sessionFactory"/>
  </bean>
  <bean id = "logonTableDAO" class = "org.logonsystem.dao.impl.LogonTableDAO"
        parent = "baseDAO"/>
</beans>
```

5. 添加 Struts 2 框架

操作同实例 4(4.6.1 节)第 2 步、第 3 步,略。

6. 集成 Spring 与 Struts 2

1) 添加 Spring 支持包

要使得 Struts 2 与 Spring 这两个框架能集成在一起,就要在项目的\WebRoot\WEB-INF\lib 目录下添加一个 Spring 支持包,其 Jar 文件名为 struts2-spring-plugin-2.3.16.3.jar,位于 struts-2.3.16.3-all.zip\struts-2.3.16.3\lib(实例 4 第 2 步所下载的 Struts 2 完整版软件包)目录下。

2) 修改 web.xml 内容

修改 web.xml 内容,使得程序增加对 Spring 的支持(加黑部分),代码如下所示。

```
<?xml version = "1.0" encoding = "UTF-8"?>
<web-app xmlns:xsi = "http://www.w3.org/2001/XMLSchema-instance" xmlns = "http://xmlns
.jcp.org/xml/ns/javaee" xsi:schemaLocation = "http://xmlns.jcp.org/xml/ns/javaee http://
xmlns.jcp.org/xml/ns/javaee/web-app_3_1.xsd" id = "WebApp_ID" version = "3.1">
  <filter>
    <filter-name>struts2</filter-name>
    <filter-class>org.apache.struts2.dispatcher.ng.filter.StrutsPrepareAndExecuteFilter
</filter-class>
    <init-param>
      <param-name>actionPackages</param-name>
      <param-value>com.mycompany.myapp.actions</param-value>
    </init-param>
  </filter>
  <filter-mapping>
```

```
    <filter-name>struts2</filter-name>
    <url-pattern>/*</url-pattern>
  </filter-mapping>
  <listener>
    <listener-class>
      org.springframework.web.context.ContextLoaderListener
    </listener-class>
  </listener>
  <context-param>
    <param-name>contextConfigLocation</param-name>
    <param-value>classpath:applicationContext.xml</param-value>
  </context-param>
  <display-name>JspStruts2SpringDaoHibernate</display-name>
  <welcome-file-list>
    <welcome-file>login.jsp</welcome-file>
  </welcome-file-list>
</web-app>
```

3）指定 Spring 为容器

在 src 目录下创建 struts.properties 文件，把 Struts 2 类的生成交给 Spring 去完成。文件内容如下：

```
struts.objectFactory=spring
```

7. 实现、注册 Action 组件

在 src 目录下建立包 org. logonsystem.action，用于存储控制器组件的源代码。

IndexAction.java 代码如下：

```
package org.logonsystem.action;
import java.sql.*;
import java.util.*;
import org.logonsystem.dao.*;
import org.logonsystem.dao.impl.*;
import org.logonsystem.model.vo.*;
import com.opensymphony.xwork2.*;
import org.springframework.context.*;
import org.springframework.context.support.*;/
public class IndexAction extends ActionSupport{
  private LogonTable logon;
  //处理用户请求的 execute 方法
  public String execute() throws Exception{
    String usr=logon.getUsername();                    //获取提交的用户名
    String pwd=logon.getPassword();                    //获取提交的密码
    boolean validated=false;                           //验证成功标识
    ApplicationContext sp_context=new FileSystemXmlApplicationContext("file:C:/Documents
and Settings/Administrator/Workspaces/MyEclipse Professional 2014/JspStruts2SpringDaoHibernate/
```

```
src/applicationContext.xml");
    ActionContext context = ActionContext.getContext();
    Map session = context.getSession();          //获得会话对象,用来保存当前登录用户的信息
    LogonTable logon1 = null;
    //获取 LogonTable 对象,如果是第 1 次访问,用户对象为空,如果是第 2 次或以后,直接登录
    //无须重复验证
    logon1 = (LogonTable)session.get("logon");
    //如果是第 1 次访问,会话中尚未存储 logon1 持久化对象,故为 null
    if(logon1 == null){
      INFLogonTableDAO logonTableDAO = (INFLogonTableDAO)sp_context.
        getBean("logonTableDAO");
      logon1 = logonTableDAO.validateUser(usr,pwd);
      if(logon1!= null){
        session.put("logon",logon1);                //把 logon1 对象存储在会话中
        validated = true;                           //标识为 true 表示验证成功通过
      }
    }
    else{
      validated = true;                  //该用户已登录过并成功验证,标识为 true 无须重复验证
    }
    if(validated)
    {
      //验证成功返回字符串"success"
      return "success";
    }
    else{
      //验证失败返回字符串"error"
      return "error";
    }
  }
  public LogonTable getLogon(){
    return logon;
  }
  public void setLogon(LogonTable logon){
    this.logon = logon;
  }
}
```

在 applicationContext.xml 注册该 Action 组件,代码如下:

```
<bean id = "index" class = "org.logonsystem.action.IndexAction"/>
```

在 struts.xml 文件中配置 Action,代码如下:

```
...
<struts>
  <package name = "default" extends = "struts-default">
```

```
        <!-- 用户登录 -->
        <action name="index" class="index">
            <result name="success">/index.jsp</result>
            <result name="error">/failure.jsp</result>
        </action>
    </package>
    <constant name="struts.i18n.encoding" value="gb2312"></constant>
</struts>
```

8. 编写 JSP

本例同样包含 3 个 JSP 文件：login.jsp（登录页）、index.jsp（主页）和 failure.jsp（出错页），它们的源代码与实例 4 完全一样，此处不再列出。

9. 部署和运行 Java EE 项目

1) 部署 Java EE 项目

项目开发完成后，将项目部署到服务器上。

2) 运行 Java EE 项目

启动 Tomcat 8.x，在浏览器中输入 http://localhost:8080/JspStruts2SpringDaoHibernate/并按 Enter 键，将显示图 3.47 和图 3.48 所示的登录页。

6.8 小　　结

本章主要介绍了以下内容。

(1) Spring 为应用开发提供了一个轻量级的解决方案，包括基于依赖注入的核心机制、基于 AOP 的面向切面管理、与多种持久层的技术整合等。Spring 框架的主要优势之一是其分层架构，整个框架由 7 个定义良好的组件（或模块）组成，每个组件都可以单独存在，也可以与其他一个或多个联合实现。Spring 组件统一构建在核心容器之上，核心容器定义了创建、管理、配置 Bean 的方式。

(2) Spring 框架的核心功能为：Spring 容器作为超级工厂，负责创建和管理所有的 Java 对象，这些 Spring 容器中的一切 Java 对象称作 Bean。Spring 容器管理容器中 Bean 之间的依赖关系，Spring 使用依赖注入（Dependency Injection）的方式来管理 Bean 之间的依赖关系。

(3) 当某个 Java 对象（调用者）需要调用另一个 Java 对象（被依赖对象）的方法时，有传统做法、工厂模式和使用 Spring 容器 3 种方式。

在使用 Spring 容器方式中，调用者获取被依赖对象的方式由原来主动获取变为被动接受，控制由应用程序转移到外部容器，这种方式称为控制反转（Inversion of Control，IoC），从 Spring 容器角度来看，Spring 容器为调用者注入依赖的实例，因此称为依赖注入（Dependency Injection），控制反转和依赖注入是同一种方式的两种名称。

(4) Spring 有两个核心接口：BeanFactory（Bean 工厂）接口和 ApplicationContext（应用上下文）接口。其中，ApplicationContext 接口是 BeanFactory 接口的子接口，它们都可代表 Spring 容器，Spring 容器是生成 Bean 实例的工厂，并对容器中的 Bean 进行管理。

(5) AOP(面向切面编程)是从动态的角度考虑程序运行过程,用于处理系统中分布于各个模块中的交叉关注点问题,常用于处理具有横切性质的系统服务,如日志记录、安全检查、事务处理、性能统计和异常处理等。

AOP 基本概念有横切关注点(Cross-cutting concerns)、切面(Aspect)、连接点(Joinpoint)、通知(Advice)、切入点(Pointcut)、织入(Weaving)、代理(Proxy)、目标(Target)和引入(Introduction)等。

(6) 用 Spring 集成 Java EE 各框架,包括 Spring 与 Hibernate 集成,Struts 2 与 Spring 集成,Struts 2、Spring 和 Hibernate 的整合。

(7) 为了深入理解本章知识点和综合应用 Struts 2、Spring 和 Hibernate 的整合方案,介绍了应用 JSP+Struts 2+Spring+DAO+Hibernate 模式开发 Web 登录程序。

习　题　6

一、选择题

1. Spring 的核心部分是________。

A. MVC　　B. IoC　　C. ORM　　D. AOP

2. Java EE 主流框架中用于降低模块耦合度的是________。

A. Hibernate　　B. Struts 2　　C. JSF　　D. Spring

3. 依赖注入是________。

A. ORM　　B. AOP　　C. DI　　D. DAO

4. Spring 框架中用于切面处理的是________。

A. ORM　　B. MVC　　C. IoC　　D. AOP

二、填空题

1. Spring 容器中的________称作 Bean。

2. Spring 的两个核心接口是________和________。

3. 当某个 Java 对象(调用者)需要调用另一个 Java 对象(被依赖对象)的方法时,有________、________和________ 3 种方式。

4. 切面在某个具体连接点采取的行为或动作,称为________。

5. 依赖注入的两种方式是________和________。

6. 代理分为________和________。

三、应用题

1. 实现例 6.4 构造注入示例。

2. 参照实例 8 的步骤,完成使用 JSP+Struts 2+Spring+DAO+Hibernate 模式开发一个 Web 登录程序,完成后进行测试。

第7章 学生成绩管理系统开发

本章要点

- 需求分析与设计
- 搭建系统框架
- 持久层开发
- 业务层开发
- 表示层开发

本项目采用 Struts 2＋Spring＋Hibernate 架构进行开发，采用分层次开发方法。本章介绍学生成绩管理系统的需求分析与设计、搭建系统框架、持久层开发、业务层开发和表示层开发等内容。

7.1 需求分析与设计

7.1.1 需求分析

学生成绩管理系统主要功能需求如下。

(1) 用户在登录界面输入用户名和密码后，经验证确认正确，进入主界面。

(2) 用户可进行学生信息录入。

(3) 用户可进行学生信息查询、修改和删除。

(4) 用户可进行课程信息录入。

(5) 用户可进行课程信息查询、修改和删除。

(6) 用户可进行成绩信息录入。

(7) 用户可进行成绩信息查询、修改和删除。

7.1.2 系统设计

在需求分析基础上进行系统设计，系统模块结构图如图 7.1 所示。

7.1.3 数据库设计

1. 概念设计

1) 实体

学生成绩管理系统实体如下。

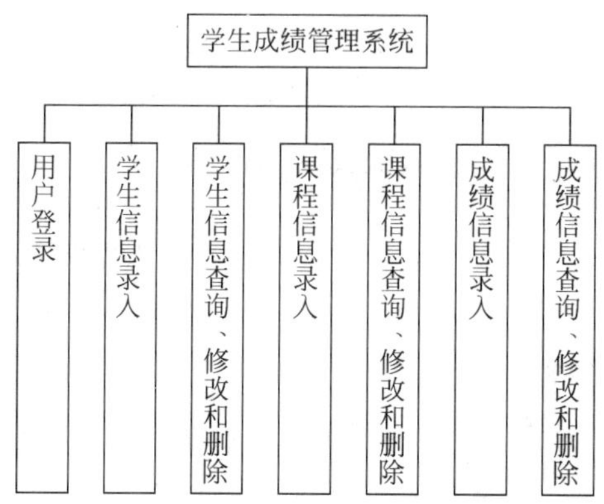

图 7.1 学生成绩管理系统模块结构图

(1) 学生：具有学号、姓名、性别、出生日期、专业和总学分等属性。

(2) 课程：具有课程号、课程名、学分和教师编号等属性。

2) 联系

学生成绩管理系统联系如下。

选课：一个学生可选修多门课程，一门课程可被多个学生选修，学生与课程两个实体间具有多对多的联系。

3) E-R 图

学生成绩管理系统 E-R 图，如图 7.2 所示。

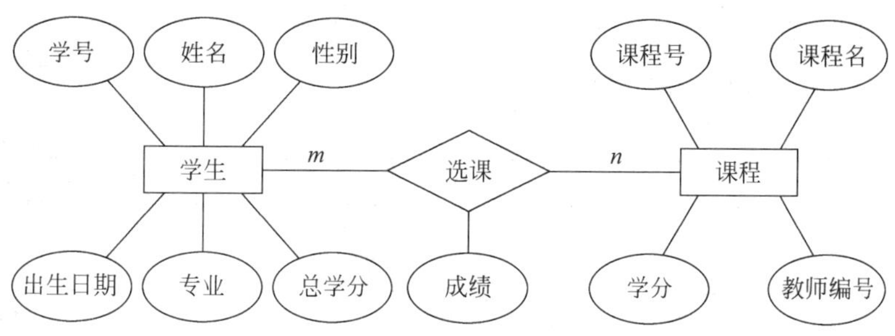

图 7.2 学生成绩管理系统 E-R 图

2. 逻辑设计

在逻辑设计中，学生成绩管理系统 E-R 图转换为关系模式。

选择学生表中的主键和在课程表中的主键在新表选课表中充当外键，设计关系模式。选课关系实际上是成绩关系，将选课改为成绩，学生成绩管理系统的关系模式设计如下（用下划线标注主键）：

学生(<u>学号</u>,姓名,性别,出生日期,专业,总学分)
课程(<u>课程号</u>,课程名,学分,教师编号)
成绩(<u>学号,课程号</u>,分数)
　　外键：学号,课程号

考虑到功能需求中的登录功能，补充登录关系模式：

登录(标志,姓名,口令)

为了程序设计方便,将汉字表示的关系模式改为英文表示的关系模式:

STUDENT (STNO,STNAME,STSEX,STBIRTHDAY,SPECIALITY,TC)　对应学生关系模式
COURSE (CNO,CNAME,CREDIT,TNO)　对应课程关系模式
SCORE (STNO,CNO,GRADE)　对应成绩关系模式
LOGTAB(LOGNO,STNAME,PASSWORD)　对应登录关系模式

3. 表结构设计和样本数据

上述关系模式对应的表结构,如表 7.1～表 7.4 所示。

表 7.1　STUDENT 的表结构

列名	数据类型	允许 Null 值	是否主键	说明
STNO	char(6)		主键	学号
STNAME	char(8)			姓名
STSEX	tinyint			性别:1 表示男,0 表示女
STBIRTHDAY	date			出生日期
SPECIALITY	char(12)	√		专业
TC	int	√		总学分

表 7.2　COURSE 的表结构

列名	数据类型	允许 Null 值	是否主键	说明
CNO	char(3)		主键	课程号
CNAME	char(16)			课程名
CREDIT	int	√		学分
TNO	char(6)	√		教师编号

表 7.3　SCORE 的表结构

列名	数据类型	允许 Null 值	是否主键	说明
STNO	char(6)		主键	学号
CNO	char(3)		主键	课程号
GRADE	int	√		成绩

表 7.4　LOGTAB 的表结构

列名	数据类型	允许 Null 值	是否主键	说明
LOGNO	int		主键	标志
STNAME	char(6)			姓名
PASSWORD	char(20)			口令

各表的样本数据如表 7.5～表 7.8 所示。

表 7.5 STUDENT 的样本数据

学号	姓名	性别	出生日期	专业	总学分
121001	李贤友	男	1991-12-30	通信	52
121002	周映雪	女	1993-01-12	通信	49
121005	刘刚	男	1992-07-05	通信	50
122001	郭德强	男	1991-10-23	计算机	48
122002	谢萱	女	1992-09-11	计算机	52
122004	孙婷	女	1992-02-24	计算机	50

表 7.6 COURSE 的样本数据

课程号	课程名	学分	教师编号
102	数字电路	3	102101
203	数据库系统	3	204101
205	微机原理	4	204107
208	计算机网络	4	NULL
801	高等数学	4	801102

表 7.7 SCORE 的样本数据

学号	课程号	成绩	学号	课程号	成绩
121001	102	92	121005	205	85
121002	102	72	121001	801	94
121005	102	87	121002	801	73
122002	203	94	121005	801	82
122004	203	81	122001	801	NULL
121001	205	91	122002	801	95
121002	205	65	122004	801	86

表 7.8 LOGTAB 的样本数据

标　　志	姓　　名	口　　令
1	李贤友	121001
2	周映雪	121002
3	刘刚	121005
4	郭德强	122001
5	谢萱	122002
6	孙婷	122004

7.2 搭建系统框架

7.2.1 层次划分

1. 分层模型

轻量级 Java EE 系统划分为持久层、业务层和表示层，用 Struts 2＋Spring＋Hibernate 架构进行开发，用 Hibernate 进行持久层开发，用 Spring 的 Bean 来管理组件 DAO、Action 和 Service，用 Struts 2 完成页面的控制跳转，分层模型如图 7.3 所示。

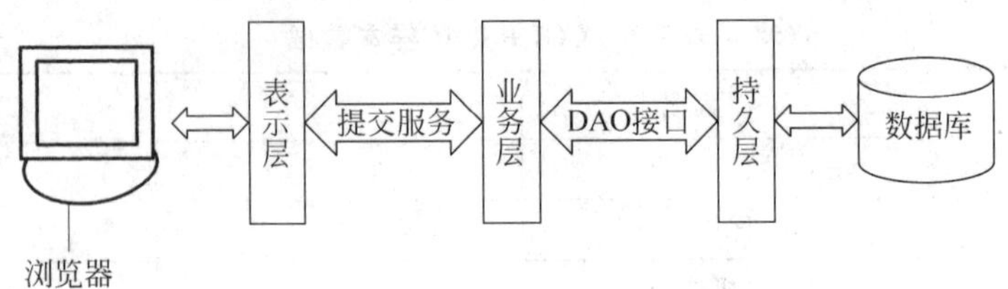

图 7.3 轻量级 Java EE 系统分层模型

1）持久层

轻量级 Java EE 系统的后端是持久层，使用 Hibernate 框架，持久层由 POJO 类及其映射文件、DAO 组件构成，该层屏蔽了底层 JDBC 连接和数据库操作细节，为业务层提供统一的面向对象的数据访问接口。

2）业务层

轻量级 Java EE 系统的中间部分是业务层，使用 Spring 框架。业务层由 Service 组件构成，Service 调用 DAO 接口中的方法，经由持久层间接地操作后台数据库，并为表示层提供服务。

3）表示层

轻量级 Java EE 系统的前端是表示层，是 Java EE 系统直接与用户交互的层面，使用业务层提供的服务来满足用户的需求。

2. 轻量级 Java EE 系统解决方案

轻量级 Java EE 系统采用三种主流开源框架 Struts 2、Spring 和 Hibernate 进行开发，其解决方案如图 7.4 所示。

在上述解决方案中，表示层使用 Struts 2 框架，包括 Struts 2 核心控制器、Action 业务控制器和 JSP 页面；业务层使用 Spring 框架，由 Service 组件构成；持久层使用 Hibernate 框架，由 POJO 类及其映射文件、DAO 组件构成。

该系统的所有组件，包括 Action、Service 和 DAO 等，全部放在 Spring 容器中，由 Spring 统一管理，所以，Spring 是轻量级 Java EE 系统解决方案的核心。

使用上述解决方案的优点如下。

- 减少重复编程以缩短开发周期和降低成本，易于扩充，从而达到快捷高效的目的。
- 系统架构更加清晰合理、系统运行更加稳定可靠。

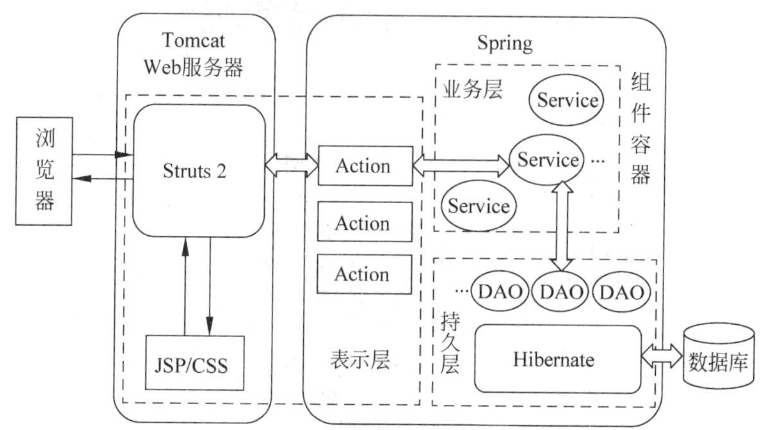

图 7.4 轻量级 Java EE 系统解决方案

程序员在表示层中只需要编写 Action 和 JSP 代码，在业务层中只需要编写 Service 接口及其实现类，在持久层中只需要编写 DAO 接口及其实现类，可以使用更多的精力为应用开发项目选择合适的框架，从根本上提高开发的速度、效率和质量。

比较 Java EE 三层架构和 MVC 三层结构。

(1) MVC 是所有 Web 程序的通用开发模式，划分为三层结构：M（模型层）、V（视图层）和 C（控制器层），它的核心是 C（控制器层），一般由 Struts 2 担任。Java EE 三层架构为表示层、业务层和持久层，使用的框架分别为 Struts 2、Spring 和 Hibernate，以 Spring 容器为核心，控制器 Struts 2 只承担表示层的控制功能。

(2) 在 Java EE 三层架构中，表示层包括 MVC 的 V（视图层）和 C（控制器层）两层，业务层和持久层是 M（模型层）的细分。

7.2.2 搭建项目框架

1. 创建 Java EE 项目

新建 Java EE 项目，项目命名为 studentManagement。

操作参考附录 A 的 1. 创建 Java EE 项目。

2. 添加 Spring 核心容器

操作参考附录 A 的 5. 添加 Spring 开发能力。

3. 添加 Hibernate 框架

操作参考附录 A 的 3. 添加 Hibernate 框架。

4. 添加 Struts 2 框架

操作参考附录 A 的 2. 加载配置 Struts 2 包。

5. 集成 Spring 与 Struts 2

操作参考实例 8 第 6 步。

通过以上 5 个步骤，搭好 studentManagement 的主体架构。studentManagement 项目完成后的目录树如图 7.5 所示。

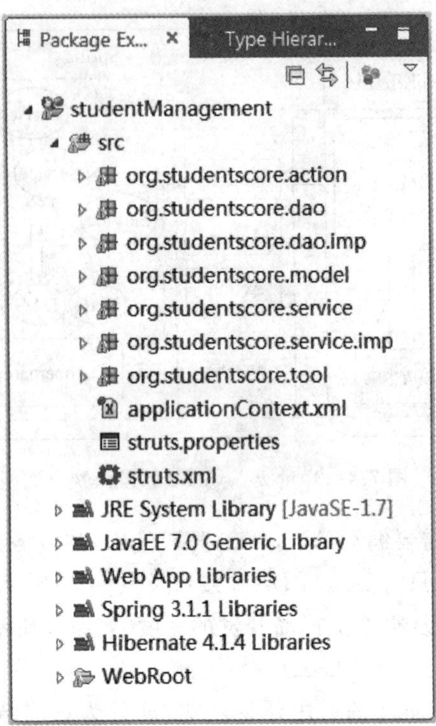

图 7.5 studentManagement 项目目录树

在图 7.5 中 src 目录下创建以下各子包，分别存储各个组件。

1）持久层

org.studentscore.model：该包中放置表对应的 POJO 类及映射文件 *.hbm.xml。

org.studentscore.dao：该包中放置 DAO 的接口。

org.studentscore.dao.imp：该包中放 DAO 接口的实现类。

2）业务层

org.studentscore.service：该包中放置业务逻辑接口。

org.studentscore.service.imp：该包中放置业务逻辑接口的实现类。

3）表示层

org.studentscore.action：该包中放置对应的用户自定义的 Action 类。

org.studentscore.tool：该包中放置公用的工具类，例如分页类。

7.3 持久层开发

在持久层开发中，程序员要生成数据库表对应的 POJO 类及其映射文件、编写 DAO 接口及其实现类。下面对学生信息管理子系统的持久层开发进行介绍。

1. 生成 POJO 类及其映射文件

使用 Hibernate 的“反向工程”法生成数据库表对应的 POJO 类及相应的映射文件，操作参考附录 A 的“4. 由表生成 POJO 类和映射文件”。生成的 POJO 类及映射文件都存储于项目 org. studentscore. model 包下，如图 7.6 所示。

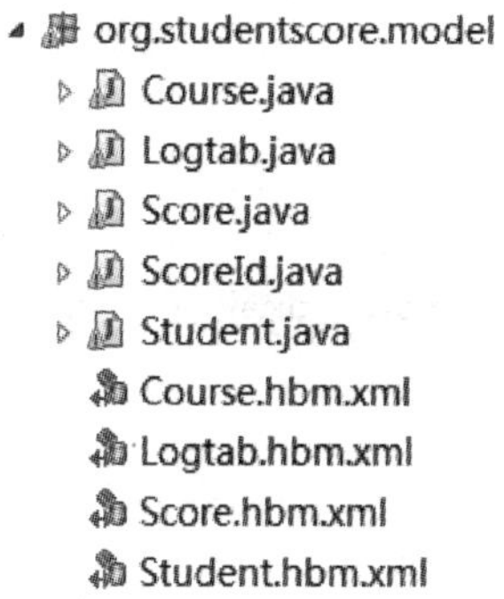

```
◢ org.studentscore.model
    ▷ Course.java
    ▷ Logtab.java
    ▷ Score.java
    ▷ ScoreId.java
    ▷ Student.java
      Course.hbm.xml
      Logtab.hbm.xml
      Score.hbm.xml
      Student.hbm.xml
```

图 7.6 org. studentscore. model 包

在学生信息管理子系统中，STUDENT 表对应的类为 Student，其映射文件为 Student . hbm. xml。

Studentd. java 代码如下：

```java
package org.studentscore.model;
import java.util.Date;
/**
  * Student entity. @author MyEclipse Persistence Tools
  */
public class Student implements java.io.Serializable {
  //Fields
  private String stno;
  private String stname;
  private Short stsex;
  private String stbirthday;
  private String speciality;
  private int tc;
  public String getStno() {
    return stno;
  }
  public void setStno(String stno) {
    this.stno = stno;
  }
  public String getStname() {
    return stname;
  }
  public void setStname(String stname) {
    this.stname = stname;
  }
  public String getStsex() {
    return stsex;
  }
```

```
    public void setStsex(String stsex) {
      this.stsex = stsex;
    }
    public String getStbirthday() {
      return stbirthday;
    }
    public void setStbirthday(String stbirthday) {
      this.stbirthday = stbirthday;
    }
    public String getSpeciality() {
      return speciality;
    }
    public void setSpeciality(String speciality) {
      this.speciality = speciality;
    }
    public int getTc() {
      return tc;
    }
    public void setTc(int tc) {
      this.tc = tc;
    }
}
```

Student.hbm.xml 代码如下：

```
<?xml version = "1.0" encoding = "utf-8"?>
<!DOCTYPE hibernate-mapping PUBLIC "-//Hibernate/Hibernate Mapping DTD 3.0//EN"
"http://www.hibernate.org/dtd/hibernate-mapping-3.0.dtd">
<!-- Mapping file autogenerated by MyEclipse Persistence Tools -->
<hibernate-mapping>
  <class name = "org.studentscore.model.Student" table = "STUDENT" schema = "dbo" catalog = "STSC">
    <id name = "stno" type = "java.lang.String">
      <column name = "STNO" length = "6" />
      <!-- <generator class = "native" /> -->
    </id>
    <property name = "stname" type = "java.lang.String">
      <column name = "STNAME" length = "8" not-null = "true" />
    </property>
    <property name = "stsex" type = "java.lang.Short">
      <column name = "STSEX" not-null = "true" />
    </property>
    <property name = "stbirthday" type = "java.lang.String">
      <column name = "STBIRTHDAY" />
    </property>
    <property name = "speciality" type = "java.lang.String">
      <column name = "SPECIALITY" />
```

```
    </property>
    <property name="tc" type="java.lang.Integer">
      <column name="TC" />
    </property>
  </class>
</hibernate-mapping>
```

2. 实现 DAO 接口组件

学生信息管理功能包括学生信息查询、学生信息录入、学生信息修改和学生信息删除等功能。这些功能在 StudentDao.java 中提供对应的方法接口，并在对应实现类 StudentDaoImp.java 中实现。StudentDao.java 在 org studentscore.dao 包中，StudentDaoImp.java 在 org.studentscore.dao.imp 包中，如图 7.7 所示。

org.studentscore.dao
BaseDAO.java
CourseDao.java
LogDao.java
ScoreDao.java
StudentDao.java
org.studentscore.dao.imp
CourseDaoImp.java
LogDaoImp.java
ScoreDaoImp.java
StudentDaoImp.java

图 7.7 org.dao 包和 org.dao.imp 包

本项目所有 DAO 类都要继承 BaseDAO 类，以获取 Session 实例。

BaseDAO.java 代码如下：

```
package org.studentscore.dao;
import org.hibernate.*;
public class BaseDAO {
  private SessionFactory sessionFactory;
  public SessionFactory getSessionFactory(){
    return sessionFactory;
  }
  public void setSessionFactory(SessionFactory sessionFactory){
    this.sessionFactory = sessionFactory;
  }
  public Session getSession(){
    Session session = sessionFactory.openSession();
    return session;
  }
}
```

接口 StudentDao.java 的代码如下：

```
package org.studentscore.dao;
import java.util.*;
import org.studentscore.model.*;
public interface StudentDao {
  public List findAll(int pageNow,int pageSize);        //显示所有学生信息
  public int findStudentSize();                          //查询学生记录数
  public Student find(String stno);                      //根据学号查询学生详细信息
  public void delete(String stno);                       //根据学号删除学生信息
  public void update(Student student);                   //修改学生信息
  public void save(Student student);                     //插入学生记录
}
```

对应实现类 StudentDaoImp.java 代码如下：

```
package org.studentscore.dao.imp;
import java.util.*;
import org.studentscore.dao.*;
import org.studentscore.model.*;
import org.hibernate.*;
public class StudentDaoImp extends BaseDAO implements StudentDao{
//显示所有学生信息
  public List findAll(int pageNow,int pageSize){
    try{
      Session session = getSession();
      Transaction ts = session.beginTransaction();
      Query query = session.createQuery("from Student order by stno");
      int firstResult = (pageNow - 1) * pageSize;
      query.setFirstResult(firstResult);
      query.setMaxResults(pageSize);
      List list = query.list();
      ts.commit();
      session.close();
      session = null;
      return list;
    }catch(Exception e){
      e.printStackTrace();
      return null;
    }
  }
  //查询学生记录数
  public int findStudentSize(){
    try{
      Session session = getSession();
      Transaction ts = session.beginTransaction();
      return session.createQuery("from Student").list().size();
    }catch(Exception e){
```

```
            e.printStackTrace();
            return 0;
        }
    }
    //根据学号查询学生详细信息
    public Student find(String stno){
        try{
            Session session = getSession();
            Transaction ts = session.beginTransaction();
            Query query = session.createQuery("from Student where stno = ?");
            query.setParameter(0,stno);
            query.setMaxResults(1);
            Student student = (Student)query.uniqueResult();
            ts.commit();
            session.clear();
            return student;
        }catch(Exception e){
            e.printStackTrace();
            return null;
        }
    }
    //根据学号删除学生信息
    public void delete(String stno){
        try{
            Session session = getSession();
            Transaction ts = session.beginTransaction();
            Student student = find(stno);
            session.delete(student);
            ts.commit();
            session.close();
        }catch(Exception e){
            e.printStackTrace();
        }
    }
    //修改学生信息
    public void update(Student student){
        try{
            Session session = getSession();
            Transaction ts = session.beginTransaction();
            session.update(student);
            ts.commit();
            session.close();
        }catch(Exception e){
            e.printStackTrace();
        }
```

```
    }
    //插入学生记录
    public void save(Student student){
      try{
        Session session = getSession();
        Transaction ts = session.beginTransaction();
        session.save(student);
        ts.commit();
        session.close();
      }catch(Exception e){
        e.printStackTrace();
      }
    }
}
```

7.4 业务层开发

在业务层开发中,程序员要编写 Service 接口及其实现类,如图 7.8 所示。

- org.studentscore.service
  - CourseService.java
  - LogService.java
  - ScoreService.java
  - StudentService.java
- org.studentscore.service.imp
  - CourseServiceManage.java
  - LogServiceManage.java
  - ScoreServiceManage.java
  - StudentServiceManage.java

图 7.8 org. service 包和 org. service. imp 包

在学生信息管理子系统的业务层开发中,StudentService 接口存储在 org. studentscore. service 包中,其实现类 StudentServiceManage 存储在 org. studentscore. service. imp 包中。

StudentService. java 接口的代码如下:

```
package org.studentscore.service;
import java.util.*;
import org.studentscore.model.*;
public interface StudentService {
  public List findAll(int pageNow, int pageSize);        //服务: 显示所有学生信息
  public int findStudentSize();                          //服务: 查询学生记录数
  public Student find(String stno);                      //服务: 根据学号查询学生信息
  public void delete(String stno);                       //服务: 根据学号删除学生信息
  public void update(Student student);                   //服务: 修改学生信息
  public void save(Student student);                     //服务: 插入学生记录
}
```

对应实现类 StudentServiceManage 的代码如下：

```
package org.studentscore.service.imp;
import java.util.*;
import org.studentscore.dao.*;
import org.studentscore.model.*;
import org.studentscore.service.*;
public class StudentServiceManage implements StudentService{
  private StudentDao studentDao;
  private ScoreDao scoreDao;
  //服务：显示所有学生信息
  public List findAll(int pageNow,int pageSize){
    return studentDao.findAll(pageNow,pageSize);
  }
  //服务：查询学生记录数
  public int findStudentSize(){
    return studentDao.findStudentSize();
  }
  //服务：根据学号查询学生详细信息
  public Student find(String stno){
    return studentDao.find(stno);
  }
  //服务：根据学号删除学生信息
  public void delete(String stno){
    studentDao.delete(stno);
    scoreDao.deleteOneStudentScore (stno);          //删除学生的同时要删除该生对应的成绩
  }
  //服务：修改学生信息
  public void update(Student student){
    studentDao.update(student);
  }
  //服务：插入学生记录
  public void save(Student student){
    studentDao.save(student);
  }
  …
}
```

7.5 表示层开发

在表示层开发中，程序员需要编写 Action 和 JSP 代码，下面对学生信息管理子系统的表示层开发进行介绍。

1. 主界面开发

运行学生成绩管理系统，出现该系统的主界面，如图 7.9 所示。

图 7.9 学生成绩管理系统主界面

主界面分为 3 个部分：头部 head.jsp，左部 left.jsp，登录页 login.jsp，通过主页面框架 index.jsp 整合在一起。

1) 页面布局

页面布局采用 CSS 代码，在 WebRoot 下建立文件夹 CSS，在该文件夹中创建 left_style.css 文件。

left_style.css 代码如下：

```
@CHARSET "UTF - 8";

div.left_div{
  width:184px;
}
div ul li{
  list - style:none;
}
span.sinfo{
  display:none;
}
span.cinfo{
  display:none;
}
span.scoreInfo{
  display:none;
}
div a{
```

```
  text-decoration:none;
}
div a:link {color: black}
div a:visited {color: black}
div a:hover {color: black}
div a:active {color: black}
div.student{
  width:80px;
  padding:5px 20px;
  border:1px solid #c0d2e6;
}
```

在 CSS 样式应用中,定义 a 标签样式举例如下:

```
a:link {color: black}
```

在界面中使用:

```
<a href = "findStudent.action?student.stno = <s:property value = "#student.stno"/>">详细信息</a>
```

根据 a 标签定义,"详细信息"字体颜色为黑色。

定义类样式举例如下:

```
div.student{
  width:80px;
  padding:5px 20px;
  border:1px solid #c0d2e6;
}
```

在界面中使用:

```
<div class = "student"><a href = "javascript:void(0)" id = "student">学生信息</a></div>
```

div 块中的内容将遵照 student 类的样式。

2) 主页框架

主页面框架 index.jsp 代码如下:

```
<%@ page language = "java" import = "java.util.*" pageEncoding = "UTF-8"%>
<%
String path = request.getContextPath();
String basePath = request.getScheme() + "://" + request.getServerName() + ":" + request
.getServerPort() + path + "/";
%>
<!DOCTYPE HTML PUBLIC "-//W3C//DTD HTML 4.01 Transitional//EN">
<html>
  <head>
    <base href = "<% = basePath %>">
    <title>学生成绩管理系统</title>
    <meta http-equiv = "pragma" content = "no-cache">
```

```
    <meta http-equiv="cache-control" content="no-cache">
    <meta http-equiv="expires" content="0">
    <meta http-equiv="keywords" content="keyword1,keyword2,keyword3">
    <meta http-equi v="description" content="This is my page">
  </head>
  <body>
    <div style="width:1000px; height:1000px; margin:auto;">
      <iframe src="head.jsp" frameborder="0" scrolling="no" width="913" height="160">
</iframe>
      <div style="width:1000px; height:420; margin:auto;">
        <div style="width:200px; height:420; float:left">
          <iframe src="left.jsp" frameborder="0" scrolling="no" width="200" height=
"520"></iframe>
        </div>
        <div style="width:800px; height:420; float:left">
          <iframe src="login.jsp" name="right" frameborder="0" scrolling="no" width=
"800" height="520"></iframe>
        </div>
      </div>
    </div>
  </body>
</html>
```

3）页面头部

头部 head.jsp 代码如下：

```
<%@ page language="java" pageEncoding="UTF-8" %>
<html>
  <head>
    <title>学生成绩管理系统</title>
  </head>
  <body>
    <img src="images/top.jpg" />
  </body>
</html>
```

4）页面左部

页面左部 left.jsp 代码如下：

```
<%@ page language="java" pageEncoding="UTF-8" %>
<html>
  <head>
    <title>学生成绩管理系统</title>
    <script type="text/javascript" src="js/jquery-1.8.0.min.js"></script>
    <script type="text/javascript" src="js/left.js"></script>
    <link rel="stylesheet" href="CSS/left_style.css" type="text/css" />
    <script type="text/javascript"></script>
  </head>
```

```
<body>
  <div class="left_div">
    <div style="width:1px;height:10px;"></div>
    <div class="student"><a href="javascript:void(0)" id="student">学生信息</a></div>
    <div style="width:1px;height:10px;"></div>
    <div class="student">
      <span class="sinfo" style="width: 200px;"><a href="addStudentView.action"
target="right">学生信息录入</a></span>
      <span class="sinfo" style="width: 200px;"><a href="studentInfo.action" target=
"right">学生信息查询</a></span>
    </div>
    <div style="width:1px;height:10px;"></div>
    <div class="student"><a href="javascript:void(0)" id="scoure">课程信息</a></div>
    <div style="width:1px;height:10px;"></div>
    <div class="student">
      <span class="cinfo" style="width: 200px;"><a href="addCourseView.action" target=
"right">课程信息录入</a></span>
      <span class="cinfo" style="width: 200px;"><a href="courseInfo.action" target=
"right">课程信息查询</a></span>
    </div>
    <div style="width:1px;height:10px;"></div>
    <div class="student"><a href="javascript:void(0)" id="score">成绩信息</a></div>
    <div style="width:1px;height:10px;"></div>
    <div class="student">
      <span class="scoreInfo" style="width: 200px;"><a href="addStudentscoreView
.action" target="right">成绩信息录入</a></span>
      <span class="scoreInfo" style="width: 200px;"><a href="studentscoreInfo.action"
target="right">成绩信息查询</a></span>
    </div>
  </div>
</body>
</html>
```

2. 登录功能开发

1）编写登录页

登录页 login.jsp 的代码如下：

```
<%@ page language="java" pageEncoding="UTF-8" %>
<%@ taglib prefix="s" uri="/struts-tags" %>
<html>
  <head>
    <title>学生成绩管理系统</title>
  </head>
  <body>
    <s:form action="login" method="post" theme="simple">
    <table>
      <caption>用户登录</caption>
```

```
      <tr>
        <td>
          学号:<s:textfield name="log.stno " size="20"/>
        </td>
      </tr>
      <tr>
        <td>
          口令:<s:password name="log.password " size="21"/>
        </td>
      </tr>
      <tr>
        <td align="right">
          <s:submit value="登录"/>
          <s:reset value="重置"/>
        </td>
      </tr>
    </table>
    </s:form>
  </body>
</html>
```

2) 编写、配置 Action 模块

登录页提交给了一个名为 login 的 Action,为了实现这个 Action 类,在 src 目录下的 org.studentscore.action 包中创建 LogAction 类。

LogAction.java 代码如下:

```
package org.studentscore.action;
import java.util.*;
import org.studentscore.model.*;
import org.studentscore.service.*;
import com.opensymphony.xwork2.*;
public class LogAction extends ActionSupport{
  private Logtab Log;
  protected LogService logService;
  //处理用户请求的 execute 方法
  public String execute() throws Exception{
    boolean validated = false;                    //验证成功标识
    Map session = ActionContext.getContext().getSession();
                                        //获得会话对象,用来保存当前登录用户的信息
    Logtab log1 = null;
    //获取 Logtab 对象,如果是第 1 次访问,用户对象为空,如果是第 2 次或以后,直接登录
    //无须重复验证
    log1 = (Logtab)session.get("Log");
    if(log1 == null){
      log1 = logService.find(Log.getSTNAME(),Log.getPASSWORD());
      if(log1!= null){
        session.put("Log",log1);                  //把 log1 对象存储在会话中
```

```
            validated = true;                           //标识为 true 表示验证成功通过
        }
    }
    else{
        validated = true;                     //该用户已登录并成功验证,标识为 true 无须重复验证
    }
    if(validated){
        //验证成功返回字符串 "success"
        return success;
    }
    else{
        //验证失败返回字符串 "error"
        return error;
    }
  }
  …
}
```

在 src 下创建 struts.xml 文件,配置如下:

```
…
<struts>
  <package name = "default" extends = "struts - default">
    <!-- 用户登录 -->
    <action name = "login" class = "log">
      <result name = "success">/welcome.jsp</result>
      <result name = "error">/failure.jsp</result>
    </action>
…
  </package>
</struts>
```

3) 编写 JSP

登录成功页 welcome.jsp 代码如下:

```
<%@ page language = "java" pageEncoding = "UTF - 8" %>
<%@ taglib prefix = "s" uri = "/struts - tags" %>
<html>
  <head></head>
  <body>
    <s:set name = "log" value = "#session['log']"/>
    学号<s:property value = "#log.stno"/>用户登录成功!
  </body>
</html>
```

若登录失败则转到出错页 failure.jsp,代码如下:

```
<%@ page language = "java" pageEncoding = "UTF - 8" %>
<html>
```

```
  <head></head>
  <body bgcolor = "#D9DFAA">
    登录失败!单击<a href = "login.jsp">这里</a>返回
  </body>
</html>
```

4) 注册组件

在 applicationContext.xml 文件中加入注册信息。

applicationContext.xml 代码如下：

```
<bean id = "baseDAO" class = "org.studentscore.dao.BaseDAO">
  <property name = "sessionFactory" ref = "sessionFactory"/>
</bean>
<bean id = "logDao" class = "org.studentscore.dao.imp.LogDaoImp" parent = "baseDAO"/>
<bean id = "logService" class = "org.studentscore.service.imp.LogServiceManage">
  <property name = "logDao" ref = "logDao"/>
</bean>
<bean id = "log" class = "org.studentscore.action.LogAction">
  <property name = "logService" ref = "logService"/>
</bean>
```

5) 测试功能

部署运行程序，在页面上输入学号和口令，如图 7.10 所示。单击“登录”按钮，出现“用户登录成功”页面，如图 7.11 所示。

图 7.10　学生登录

图 7.11　用户登录成功

3. 显示学生信息功能开发

1）编写和配置 Action 模块

单击主界面"学生信息"栏下侧"学生信息查询"超链接，就会提交给 StudentAction 去处理，为实现该 Action，在 src 下的 org.studentscore.action 包中创建 StudentAction 类。由于所有与学生信息有关的查询、删除、修改和插入操作都是由 StudentAction 类中的方法来实现，下面在 StudentAction 类中仅列出"显示所有学生信息"的方法，其他方法在此处只给出方法名，后面介绍相应功能的 Action 模块时再给出。

StudentAction.java 代码如下：

```
package org.studentscore.action;
import java.util.*;
import java.io.*;
import org.studentscore.model.*;
import org.studentscore.service.*;
import org.studentscore.tool.*;
import com.opensymphony.xwork2.*;
import javax.servlet.*;
import javax.servlet.http.*;
import org.apache.struts2.*;
public class StudentAction extends ActionSupport{
  private int pageNow = 1;
  private int pageSize = 8;
  private Student student;
```

```
private StudentService studentService;
//显示所有学生信息
public String execute() throws Exception{
  List list = studentService.findAll(pageNow,pageSize);
  Map request = (Map)ActionContext.getContext().get("request");
  Pager page = new Pager(getPageNow(),studentService.findStudentSize());
  request.put("list",list);
  request.put("page",page);
  return success;
}
//根据学号查询学生详细信息
public String findStudent() throws Exception{
  …
}
//根据学号删除学生信息
public String deleteStudent() throws Exception{
  …
}
//修改学生信息：显示修改页面和执行修改操作
public String updateStudentView() throws Exception{
  …
}
public String updateStudent() throws Exception{
  …
}
//插入学生记录：显示录入页面和执行录入操作
public String addStudentView() throws Exception{
  …
}
public String addStudent() throws Exception{
  …
}
public Student getStudent(){
  return student;
}
public void setStudent(Student student){
  this.student = student;
}
public StudentService getStudentService(){
  return studentService;
}
public void setStudentService(StudentService studentService){
  this.studentService = studentService;
}
public int getPageNow(){
```

```
    return pageNow;
  }
  public void setPageNow(int pageNow){
    this.pageNow = pageNow;
  }
  public int getPageSize(){
    return pageSize;
  }
  public void setPageSize(int pageSize){
    this.pageSize = pageSize;
  }
}
```

在 struts.xml 文件中配置：

```
<!-- 显示所有学生信息 -->
<action name = "studentInfo" class = "student">
  <result name = "success">/studentInfo.jsp</result>
</action>
```

2）编写 JSP

成功后跳转到 studentInfo.jsp，分页显示所有学生信息。

studentInfo.jsp 代码如下：

```
<%@ page language = "java" pageEncoding = "UTF-8" %>
<%@ taglib uri = "/struts-tags" prefix = "s" %>
<html>
  <head></head>
  <body>
    <table border = "1" cellspacing = "1" cellpadding = "8" width = "700">
      <tr align = "center" bgcolor = "silver">
        <th>学号</th><th>姓名</th><th>性别</th><th>专业</th><th>出生时间</th><th>
总学分</th><th>详细信息</th><th>操作</th><th>操作</th>
      </tr>
      <s:iterator value = "#request.list" id = "student">
      <tr>
        <td><s:property value = "#student.stno"/></td>
        <td><s:property value = "#student.stname"/></td>
        <td>
          <s:if test = "#student.stsex == 1">男</s:if>
          <s:else>女</s:else>
        </td>
        <td><s:property value = "#student.speciality"/></td>
        <td><s:property value = "#student.stbirthday"/></td>
        <td><s:property value = "#student.tc"/></td>
        <td>
```

```
            <a href = "findStudent.action?student.stno = <s:property value = "#student.stno"/>">
详细信息</a>
        </td>
        <td>
            <a href = "deleteStudent.action?student.stno = <s:property value = "#student
.stno"/>" onClick = "if(!confirm('确定删除该生信息吗?'))return false;else return true;">删除
</a>
        </td>
        <td>
            <a href = "updateStudentView.action?student.stno = <s:property value = "#student.
stno"/>">修改</a>
        </td>
      </tr>
      </s:iterator>
      <tr>
        <s:set name = "page" value = "#request.page"></s:set>
        <s:if test = "#page.hasFirst">
          <s:a href = "studentInfo.action?pageNow = 1">首页</s:a>
        </s:if>
        <s:if test = "#page.hasPre">
          <a href = "studentInfo.action?pageNow = <s:property value = "#page.pageNow - 1"/>">上
一页</a>
        </s:if>
        <s:if test = "#page.hasNext">
          <a href = "studentInfo.action?pageNow = <s:property value = "#page.pageNow + 1"/>">下
一页</a>
        </s:if>
        <s:if test = "#page.hasLast">
          <a href = "studentInfo.action?pageNow = <s:property value = "#page.totalPage"/>">
尾页</a>
        </s:if>
      </tr>
    </table>
  </body>
</html>
```

3）注册组件

在 applicationContext.xml 文件中加入如下的注册信息：

```
<bean id = "studentDao" class = "org.studentscore.dao.imp.StudentDaoImp" parent = "baseDAO"/>
<bean id = "studentService" class = "org.studentscore.service.imp.StudentServiceManage">
  <property name = "studentDao" ref = "studentDao"/>
</bean>
<bean id = "student" class = "org.studentscore.action.StudentAction">
  <property name = "studentService" ref = "studentService"/>
</bean>
```

4）测试功能

部署运行程序，登录后单击主界面“学生信息”栏下侧“学生信息查询”超链接，将分页列出所有学生的信息，如图 7.12 所示。

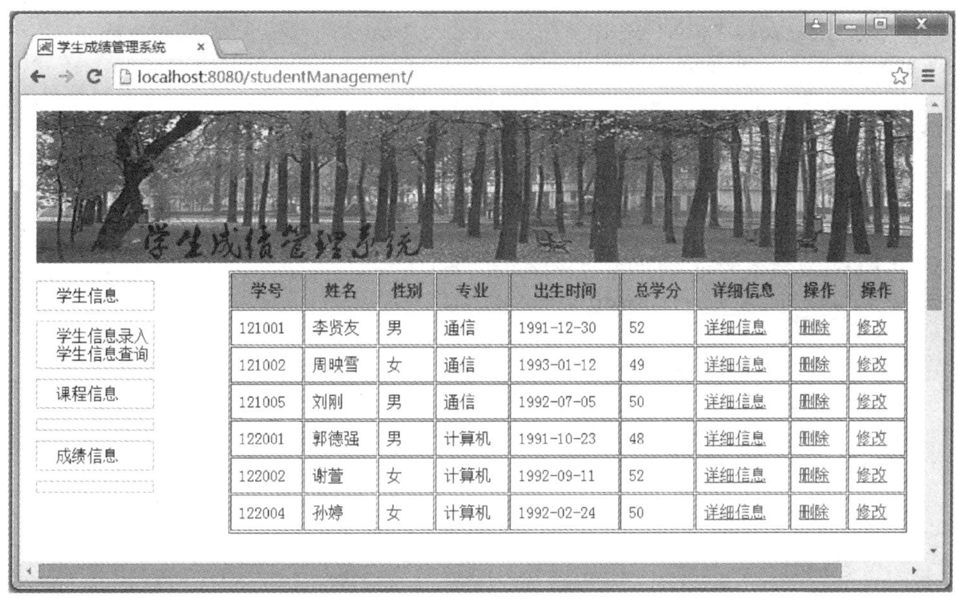

图 7.12　显示所有学生信息

4. 查看学生详细信息功能开发

在显示所有学生信息页面中，每个学生记录的后面都有“详细信息”超链接，单击该超链接就会提交给 StudentAction 类 findStudent()方法去处理。

1）编写、配置 Action 模块

在 StudentAction 类中加入 findStudent()方法，用于从数据库中查找某个学生的详细信息，其实现代码如下：

```
//根据学号查询学生详细信息
public String findStudent() throws Exception{
    String stno = student.getStno();
    Student stu = studentService.find(stno);
    Map request = (Map)ActionContext.getContext().get("request");
    request.put("student",stu);
    return success;
}
```

以上编写的方法在 struts.xml 中配置如下：

```
<!-- 查询学生详细信息 -->
<action name = "findStudent" class = "student" method = "findStudent">
    <result name = "success">/moretail.jsp</result>
</action>
```

2）编写 JSP

编写用于显示学生详细信息的 moretail.jsp 页面。

moretail.jsp 代码如下：

```
<%@ page language="java" import="java.util.*" pageEncoding="UTF-8"%>
<%@ taglib uri="/struts-tags" prefix="s"%>
<html>
  <head></head>
  <body>
    <h3>该学生信息如下：</h3>
    <s:set name="student" value="#request.student"></s:set>
    <s:form action="studentInfo" method="post">
    <table border="0" cellpadding="5">
      <tr>
        <td>学号：</td>
        <td width="100">
          <s:property value="#student.stno"/>
        </td>
      </tr>
      <tr>
        <td>姓名：</td>
        <td width="100">
            <s:property value="#student.stname"/>
        </td>
      </tr>
      <tr>
        <td>性别：</td>
        <td width="100">
          <s:if test="#student.stsex==1">男</s:if>
          <s:else>女</s:else>
        </td>
      </tr>
      <tr>
        <td>专业：</td>
        <td width="100">
          <s:property value="#student.speciality"/>
        </td>
      </tr>
      <tr>
        <td>出生时间：</td>
        <td width="100">
          <s:property value="#student.stbirthday"/>
        </td>
      </tr>
      <tr>
        <td>总学分</td>
        <td width="100">
```

```
            <s:property value = "#student.tc"/>
          </td>
        </tr>
        <tr>
          <td align = "right">
            <s:submit value = "返回"/>
          </td>
        </tr>
      </table>
      </s:form>
    </body>
</html>
```

3）测试功能

部署运行程序，在显示所有学生信息页面中，单击要查询详细信息的学生记录后的“详细信息”超链接，即显示该学生的详细信息，如图 7.13 所示。

图 7.13　学生详细信息查询

5. 学生信息录入功能开发

单击主界面“学生信息”栏下侧“学生信息查询”超链接，就会提交给 StudentAction 类 addStudentView()方法和 addStudent()方法去处理。

1）编写、配置 Action 模块

该功能分两步：第一显示录入页面，用户在表单中填写学生信息并提交，然后再执行录入操作，需要在 StudentAction 类中加入 addStudentView()方法和 addStudent()方法，代码如下所示。

```
//插入学生记录：显示录入页面和执行录入操作
```

```
public String addStudentView() throws Exception{
  return success;
}
  public String addStudent() throws Exception{
  Student stu = new Student();
  String stno1 = student.getStno();
  //学号已存在,不可重复录入
  if(studentService.find(stno1)!= null){
    return error;
  }
  stu.setStno(student.getStno());
  stu.setStname(student.getStname());
  stu.setStsex(student.getStsex());
  stu.setStbirthday(student.getStbirthday());
  stu.setSpeciality(student.getSpeciality());
  stu.setTc(student.getTc());
  studentService.save(stu);
  return success;
}
```

在 struts.xml 中配置上述两个方法,代码如下所示:

```
<!-- 录入学生信息 -->
<action name = "addStudentView" class = "student" method = "addStudentView">
  <result name = "success">/addStudentInfo.jsp</result>
</action>
<action name = "addStudent" class = "student" method = "addStudent">
  <result name = "success">/success.jsp</result>
  <result name = "error">/existStudent.jsp</result>
</action>
```

2) 编写 JSP

编写录入学生信息页面 addStudentInfo.jsp,代码如下:

```
<%@ page language = "java" pageEncoding = "UTF-8" %>
<%@ taglib uri = "/struts-tags" prefix = "s" %>
<html>
  <head></head>
  <body>
  <h3>请填写学生信息</h3>
    <hr width = "700" align = "left">
    <s:form action = "addStudent" method = "post">
      <table border = "0" cellspacing = "0" cellpadding = "1">
        <tr>
          <td>
            <s:textfield name = "student.stno" label = "学号" value = ""></s:textfield>
          </td>
        </tr>
```

```
        <tr>
          <td>
            <s:textfield name="student.stname" label="姓名" value=""></s:textfield>
          </td>
        </tr>
        <tr>
          <td>
            <s:radio name="student.stsex" value="1" list="#{1:'男',0:'女'}" label="性别"/>
          </td>
        </tr>
        <tr>
          <td>
            <s:textfield name="student.speciality" label="专业" value=""></s:textfield>
          </td>
        </tr>
        <tr>
          <td>
            <s:textfield name="student.stbirthday" label="出生时间" value=""></s:textfield>
          </td>
        </tr>
        <tr>
          <td>
            <s:textfield name="student.tc" label="总学分" value=""></s:textfield>
          </td>
        </tr>
      </table>
      <p>
      <input type="submit" value="添加"/>
      <input type="reset" value="重置"/>
    </s:form>
  </body>
</html>
```

existStudent.jsp 代码如下。

```
<%@ page language="java" pageEncoding="UTF-8"%>
<html>
<head></head>
<body>
  学号已经存在!
</body>
</html>
```

3）测试功能

部署运行程序，登录后在主界面“学生信息”栏下侧，单击“学生信息录入”超链接，出现图 7.14 所示界面。

单击“添加”按钮，提交 addStudent.action 处理。

图 7.14　学生信息录入

6. 修改学生信息功能开发

在显示所有学生信息页面，每个学生记录的后面都有"修改"超链接，单击该超链接就会提交给 StudentAction 类 updateStudentView()方法和 updateStudent()方法去处理。

1) 编写、配置 Action 模块

该功能分两步：先显示修改页面，用户在表单中填写修改内容并提交，然后再执行修改操作，需要在 StudentAction 类中加入 updateStudentView()方法和 updateStudent()方法，代码如下所示。

```
//修改学生信息：显示修改页面和执行修改操作
public String updateStudentView() throws Exception{
  String stno = student.getStno();
  Student studentInfo = studentService.find(stno);
  Map request = (Map)ActionContext.getContext().get("request");
  request.put("studentInfo",studentInfo);
  return success;
}
public String updateStudent() throws Exception{
  Student student1 = studentService.find(student.getStno());
  student1.setStsex(student.getStname());
  student1.setStsex(student.getStsex());
  student1.setSpeciality(student.getSpeciality());
  student1.setStbirthday(student.getStbirthday());
  student1.setTc(student.getTc());
  Map request = (Map)ActionContext.getContext().get("request");
  studentService.update(student1);
  return success;
```

```
}
```

在 struts.xml 中配置如下：

```
<!-- 修改学生信息 -->
<action name = "updateStudentView" class = "student" method = "updateStudentView">
  <result name = "success">/updateStudentView.jsp</result>
</action>
<action name = "updateStudent" class = "student" method = "updateStudent">
  <result name = "success">/success.jsp</result>
</action>
```

2）编写 JSP

编写修改页面 updateStudentView.jsp，代码如下：

```
<%@ page language = "java" pageEncoding = "UTF-8" %>
<%@ taglib uri = "/struts-tags" prefix = "s" %>
<html>
  <head></head>
  <body>
    <s:set name = "student" value = "#request.studentInfo"></s:set>
    <s:form action = "updateStudent" method = "post">
      <table border = "0" cellspacing = "1" cellpadding = "8" width = "500">
        <tr>
          <td width = "80">学号：</td>
          <td>
            <input type = "text" name = "student.stno" value = "<s:property value = "#student
.stno"/>" readonly/>
          </td>
        </tr>
        <tr>
          <td width = "80">姓名：</td>
          <td>
            <input type = "text" name = "student.stname"value = "<s:property value = "#student
.stname"/>"/>
          </td>
        </tr>
        <tr>
          <td width = "80">
            <s:radio list = "#{1:'男',0:'女'}" value = "#student.stsex" label = "性别" name =
"student.stsex"></s:radio>
          </td>
        </tr>
        <tr>
          <td width = "80">出生时间：</td>
          <td>
            <input type = "text" name = "student.stbirthday" value = "<s:property value =
```

```
"#student.stbirthday"/>"/>
            </td>
          </tr>
          <tr>
            <td width="80">专业:</td>
            <td>
              <input type="text" name="student.speciality" value="<s:property value=
"#student.speciality"/>"/>
            </td>
          </tr>
          <tr>
            <td width="80">总学分:</td>
            <td>
              <input type="text" name="student.tc" value="<s:property value="#student.tc"/>"/>
            </td>
          </tr>
        </table>
        <input type="submit" value="修改"/>
        <input type="button" value="返回" onclick="javascript:history.back();"/>
      </s:form>
    </body>
  </html>
```

3）测试功能

部署运行程序，在显示所有学生信息页面，单击要修改的学生记录后的"修改"超链接，进入该学生的信息修改页面，页面表单里已经自动获取了该学生的原信息，将总学分由 50 修改为 52，如图 7.15 所示。

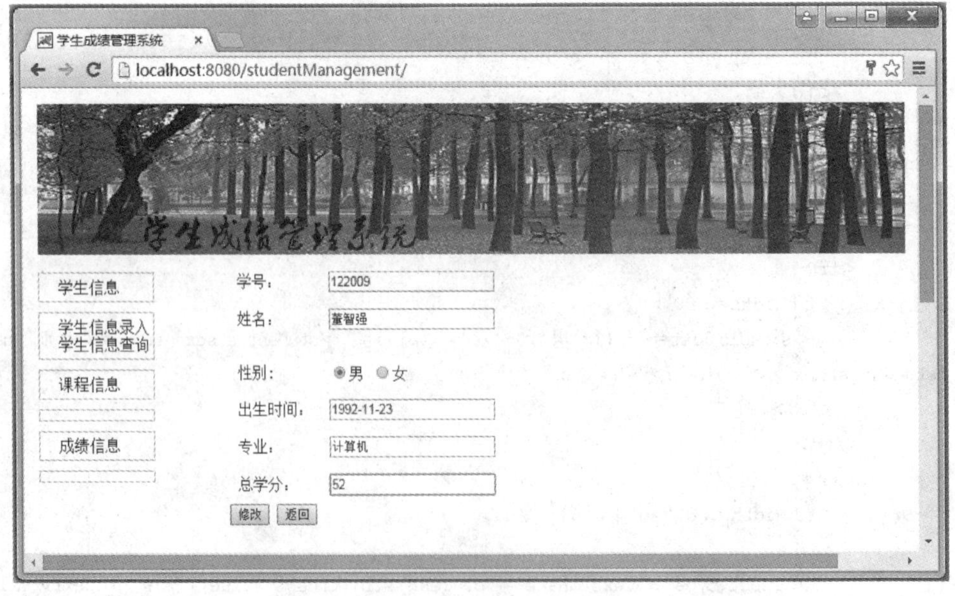

图 7.15　修改学生信息

单击“添加”按钮，提交 updateStudent. action 处理。修改成功后，会跳转到 success .jsp，显示操作成功。

7. 删除学生信息功能开发

在显示所有学生信息页面，每个学生记录的后面都有“删除”超链接，单击该超链接就会提交给 StudentAction 类 deleteStudent()方法去处理。

1）编写、配置 Action 模块

删除功能对应 StudentAction 类中的 deleteStudent()方法，实现的代码如下：

```
//根据学号删除学生信息
public String deleteStudent() throws Exception{
  String stno = student.getStno();
  studentService.delete(stno);
return success;
}
```

在 struts. xml 中配置如下：

```
<! -- 删除学生信息 -->
<action name = "deleteStudent" class = "student" method = "deleteStudent">
    <result name = "success">/success.jsp </result>
</action>
```

2）编写 JSP

操作成功后会跳转到成功界面 success. jsp，代码如下：

```
<%@ page language = "java" pageEncoding = "UTF-8" %>
<html>
  <head></head>
  <body bgcolor = "#D9DFAA">
    操作成功!
  </body>
</html>
```

3）测试功能

在所有学生信息的显示页 studentInfo. jsp 中，有以下代码：

```
<td>
  <a href = "deleteStudent.action?student.stno = <s:property value = "#student.stno"/>"
    onClick = "if(!confirm('确定删除该生信息吗?'))return false;else return true;">删除</a>
</td>
```

为了防止操作人员误删学生信息，加入了上述“确定”对话框。部署运行程序，当用户单击“删除”超链接时，出现图 7.16 所示的界面。

单击“确定”按钮，提交 deleteStudent. action 执行删除操作。

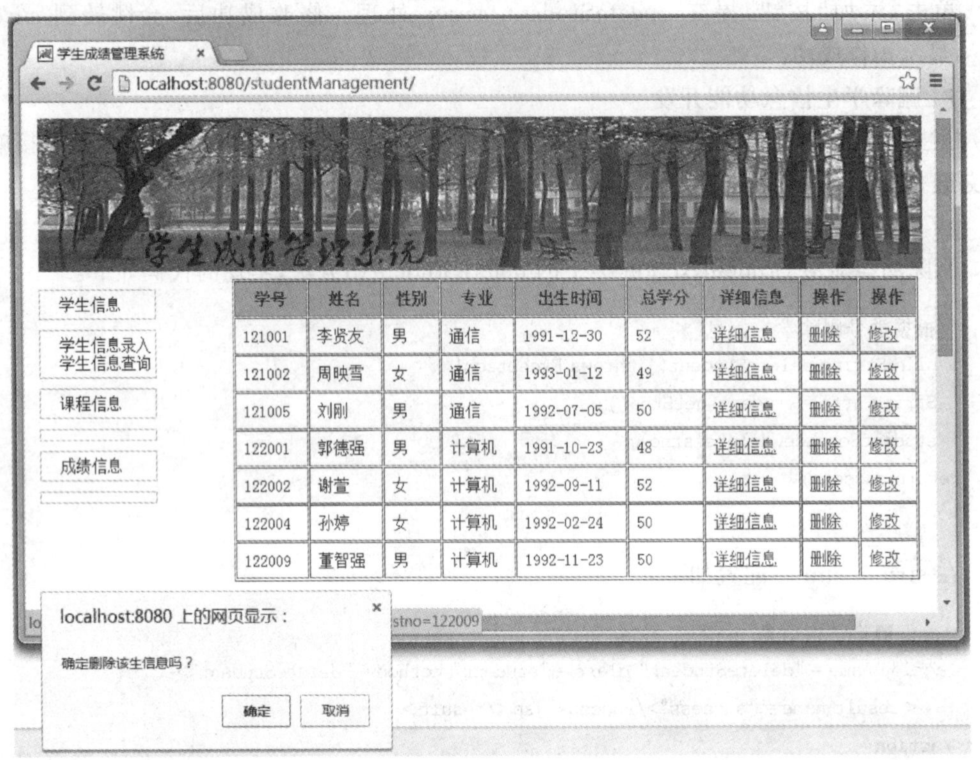

图 7.16　删除学生信息

7.6 小　　结

本章主要介绍了以下内容。

(1) 在学生成绩管理系统的需求分析与设计中，介绍了需求分析、系统模块结构图、E-R 图、表结构设计和样本数据。

(2) 轻量级 Java EE 系统划分为持久层、业务层和表示层，其后端是持久层，中间部分是业务层，前端是表示层，用 Struts 2＋Spring＋Hibernate 架构进行开发。

(3) 在轻量级 Java EE 系统解决方案中，表示层使用 Struts 2 框架，包括 Struts 2 核心控制器、Action 业务控制器和 JSP 页面；业务层使用 Spring 框架，由 Service 组件构成；持久层使用 Hibernate 框架，由 POJO 类及其映射文件、DAO 组件构成。

该系统的所有组件，包括 Action、Service 和 DAO 等，全部放置在 Spring 容器中，由 Spring 统一管理，所以，Spring 是轻量级 Java EE 系统解决方案的核心。

(4) 学生成绩管理系统的开发采用轻量级 Java EE 系统解决方案，搭建项目框架是学生成绩管理系统开发的重要工作。

(5) 开发人员在持久层开发中，需要生成 POJO 类及其映射文件，编写 DAO 接口及其实现类；在业务层开发中需要编写 Service 接口及其实现类；在表示层中需要编写 Action 类和 JSP 代码并进行测试。

习 题 7

应用题

1. 参照学生成绩管理系统开发步骤,完成开发工作,完成后进行测试。
2. 将学生成绩管理系统后台数据库换为 Oracle 数据库,完成开发工作并进行测试。
3. 在学生成绩管理系统中增加学生选课功能,完成开发工作并进行测试。

附录 A 搭建项目框架的基本操作

在轻量级 Java EE 开发中，常用的基本操作有加载配置 Struts 2 包、添加 Hibernate 框架、添加 Spring 开发能力等，通过经常查阅、多次练习上述操作，从而达到熟练掌握基本操作的目的。

1. 创建 Java EE 项目

在 MyEclipse 2014 的 File 菜单中，选择 New→Web Project，出现 New Web Project 窗口，在 Project name 栏输入 JspJdbc。在 Java EE version 下拉列表中，选择 JavaEE 7-Web 3.1，在 Java version 下拉列表中，选择 1.7，如图 A.1 所示。

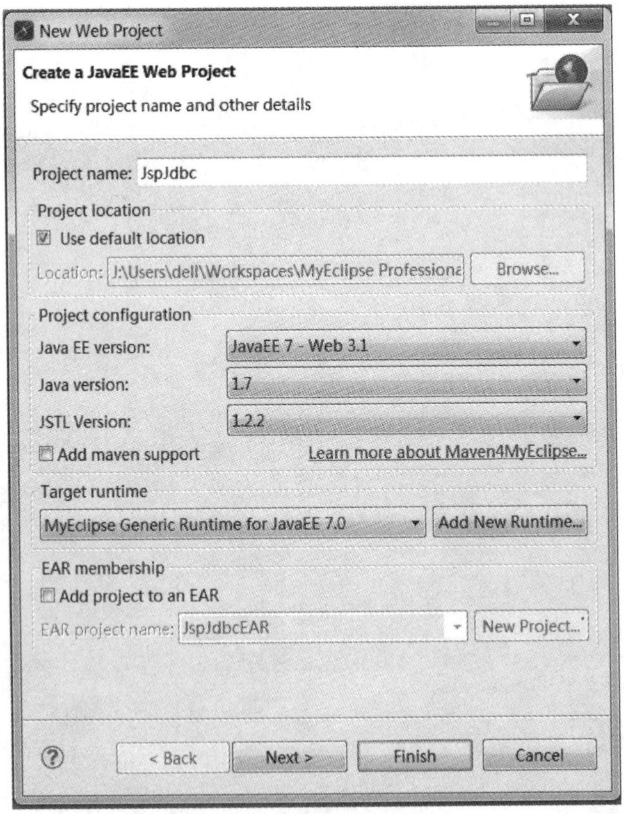

图 A.1 创建 Java EE 项目

单击 Next 按钮，在 Web Module 页中，选中 Generate web. xml deployment descriptor（自动生成项目的 web. xml 配置文件），如图 A. 2 所示。

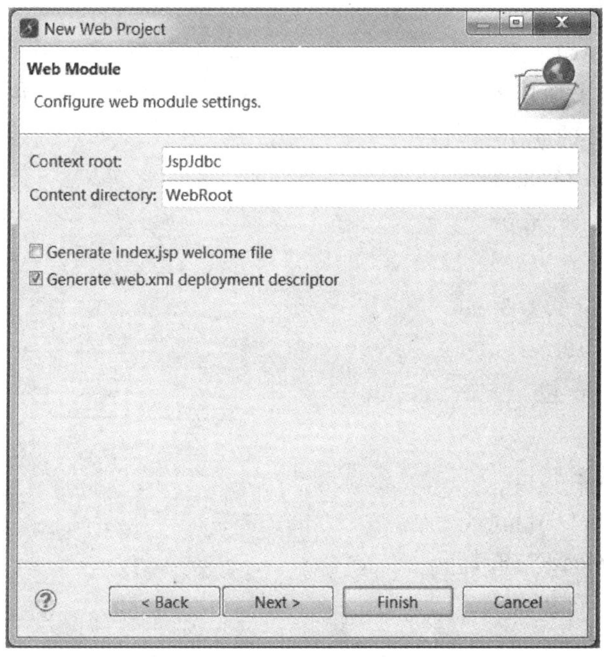

图 A. 2　Web Module 页

单击 Next 按钮，在 Configure Project Libraries 页，选中 JavaEE 7. 0 Generic Library，同时取消选择 JSTL 1. 2. 2 Library，如图 A. 3 所示。

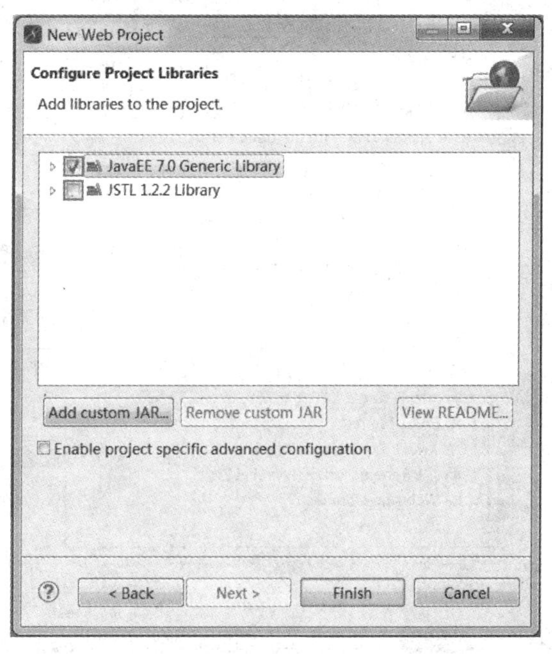

图 A. 3　Configure Project Libraries 页

单击 Finish 按钮，MyEclipse 自动生成一个新的 Java EE 项目。

2. 加载配置 Struts 2 包

1）加载 Struts 2 包

从网站 http://struts.apache.org/下载 Struts 2 完整版，将下载的文件 struts-2.3.16.3-all.zip 解压缩，本书使用的是 Struts 2.3.16.3 的 lib 下的 9 个 jar 包。

• 传统 Struts 2 的 5 个 jar 包。

struts2-core-2.3.16.3.jar

xwork-core-2.3.16.3.jar

ognl-3.0.6.jar

commons-logging-1.1.3.jar

freemarker-2.3.19.jar

• 附加的 4 个 jar 包。

commons-io-2.2.jar

commons-lang3-3.1.jar

javassist-3.11.0.GA.jar

commons-fileupload-1.3.1.jar

• 数据库驱动 jar 包。

sqljdbc4.jar

以上共是 10 个 jar 包，将它们复制到应用项目的\WebRoot\WEB-INF\lib 路径下。

右击应用项目名，选择 Build Path→Configure Build Path 出现图 A.4 所示的窗口。单击 Add External JARs 按钮，将上述 10 个 jar 包添加到项目中，Struts 2 包就加载成功了。

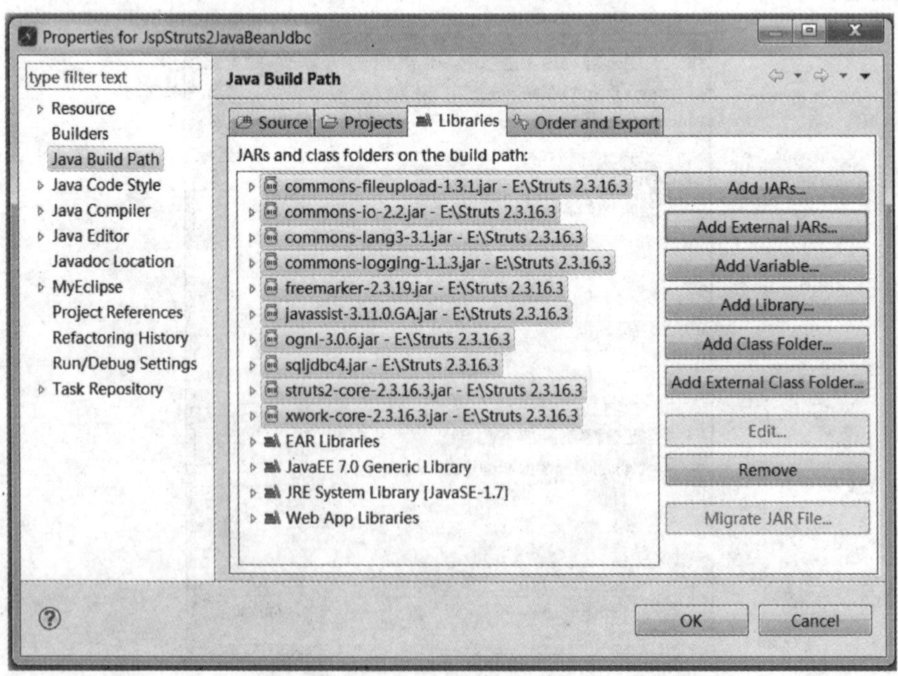

图 A.4　加载 Struts 2 包

2）配置 Struts 2

修改项目的 web.xml 文件。

```
<?xml version="1.0" encoding="UTF-8"?>
<web-app xmlns:xsi="http://www.w3.org/2001/XMLSchema-instance" xmlns="http://xmlns
.jcp.org/xml/ns/javaee" xsi:schemaLocation="http://xmlns.jcp.org/xml/ns/javaee http://
xmlns.jcp.org/xml/ns/javaee/web-app_3_1.xsd" id="WebApp_ID" version="3.1">
  <filter>
    <filter-name>struts2</filter-name>
    <filter-class>org.apache.struts2.dispatcher.ng.filter.StrutsPrepareAndExecuteFilter
</filter-class>
    <init-param>
      <param-name>actionPackages</param-name>
      <param-value>com.mycompany.myapp.actions</param-value>
    </init-param>
  </filter>
  <filter-mapping>
    <filter-name>struts2</filter-name>
    <url-pattern>/*</url-pattern>
  </filter-mapping>
  <display-name>JspStruts2JavaBeanJdbc</display-name>
  <welcome-file-list>
    <welcome-file>login.jsp</welcome-file>
  </welcome-file-list>
</web-app>
```

3. 添加 Hibernate 框架

右击项目 JspHibernate，选择菜单 MyEclipse→Project Facets [Capabilities]→Install Hibernate Facet 启动向导，出现图 A.5 所示的窗口，选择 Hibernate 版本为 4.1。

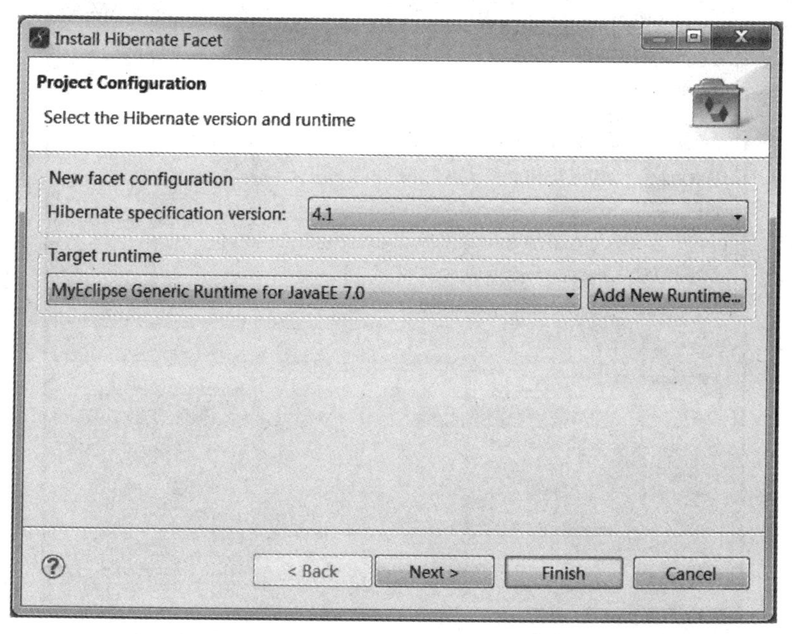

图 A.5 选择 Hibernate 4.1 版

单击 Next 按钮，进入图 A.6 所示的界面，创建 Hibernate 配置文件，同时创建 SessionFactory 类，类名默认 HibernateSessionFactory，存储于 org. logonsystem. factory 包中。

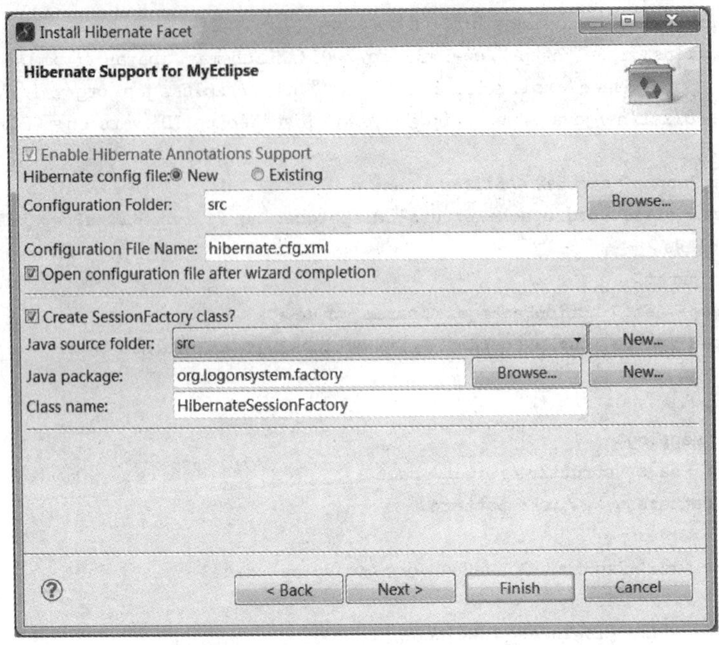

图 A.6　选择 Hibernate 配置文件和 SessionFactory 类

单击 Next 按钮，进入图 A.7 所示的界面，指定 Hibernate 所用数据库连接的细节。在第 2 章 2.7 节例 3.26 的第(3)步已经建好了一个名为 SQL SERVER 2008 的连接，这里在 DB Driver 只需要选择为 SQL SERVER 2008 即可。

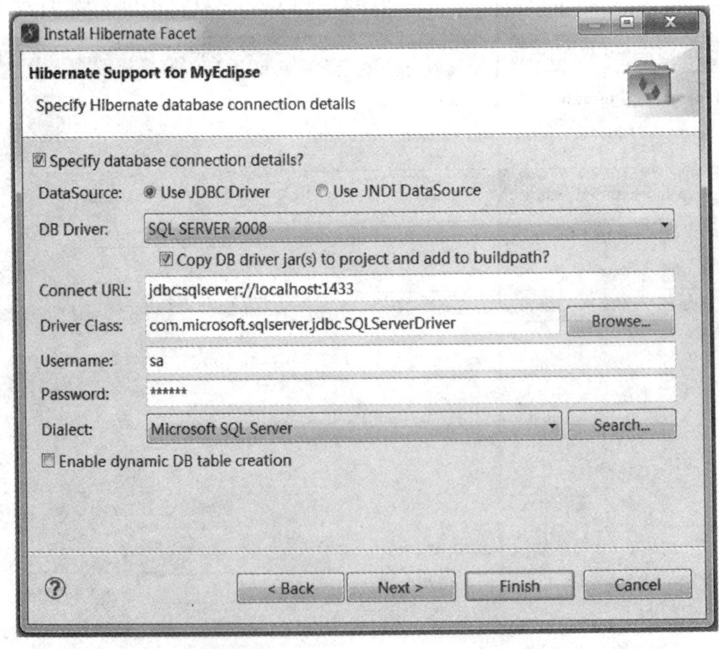

图 A.7　选择 Hibernate 所用连接

单击 Next 按钮，选择 Hibernate 框架所需要的类库（这里仅选取必需的 Core 库），如图 A.8 所示。

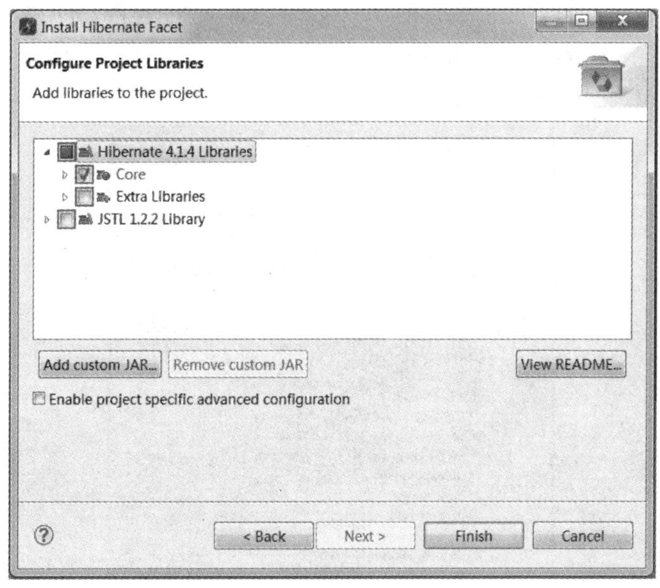

图 A.8　添加 Hibernate 的 Core 库

单击 Finish 按钮完成添加，通过以上步骤，项目中新增了一个 Hibernate 库目录、一个 hibernate.cfg.xml 配置文件、一个 HibernateSessionFactory.java 类，数据库驱动也被自动载入，此时项目目录树如图 A.9 所示。

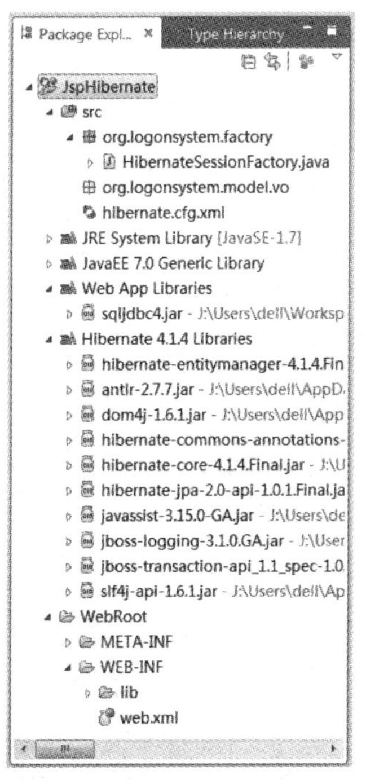

图 A.9　添加了 Hibernate 的项目

4. 由表生成 POJO 类和映射文件

选择主菜单 Window→Open Perspective→MyEclipse Database Explorer，打开 MyEclipse Database Explorer 视图。打开先前创建的 SQL SERVER 2008 连接，选中数据库表 logoTable，右击，选择 Hibernate Reverse Engineering，启动 Hibernate 反向工程向导，完成从已有数据库表生成对应的持久化 Java 类和相关映射文件的配置工作，如图 A.10 所示。

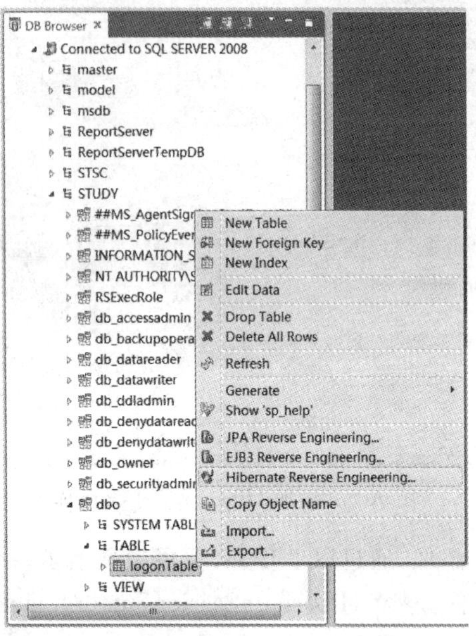

图 A.10　Hibernate 反向工程

选择生成的类及映射文件所在的位置，如图 A.11 所示。

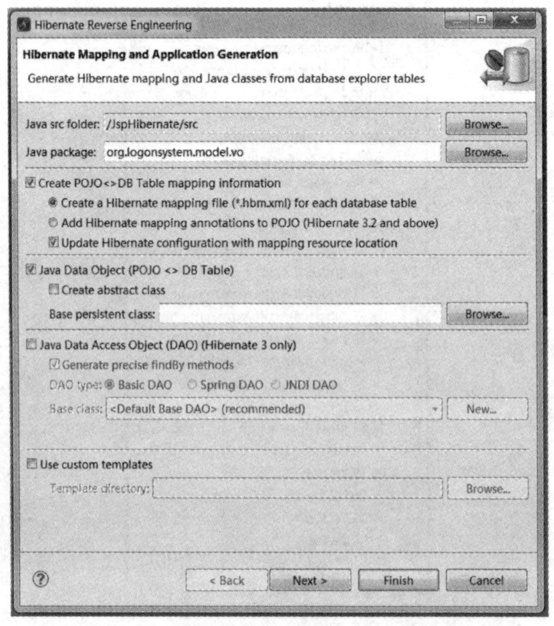

图 A.11　生成 Hibernate 映射文件和 POJO 类

单击 Next 按钮，配置映射文件的细节，选择主键生成策略为 identity，如图 A.12 所示。

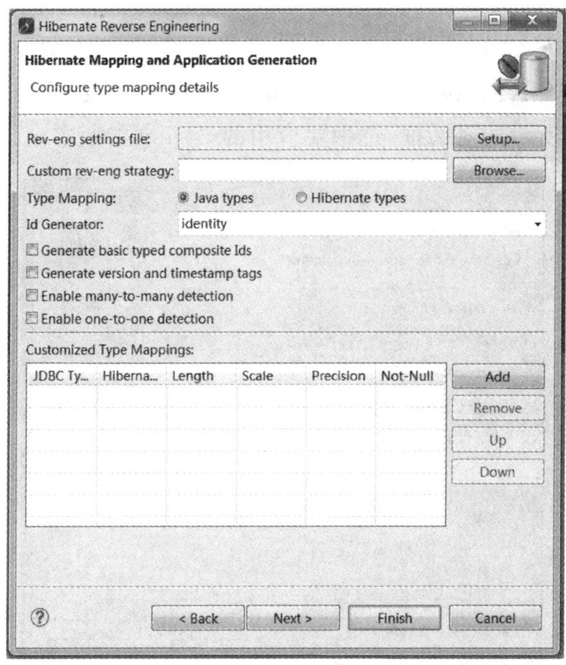

图 A.12　选择主键生成策略

单击 Next 按钮，配置反向工程的细节，这里保持默认配置，如图 A.13 所示。

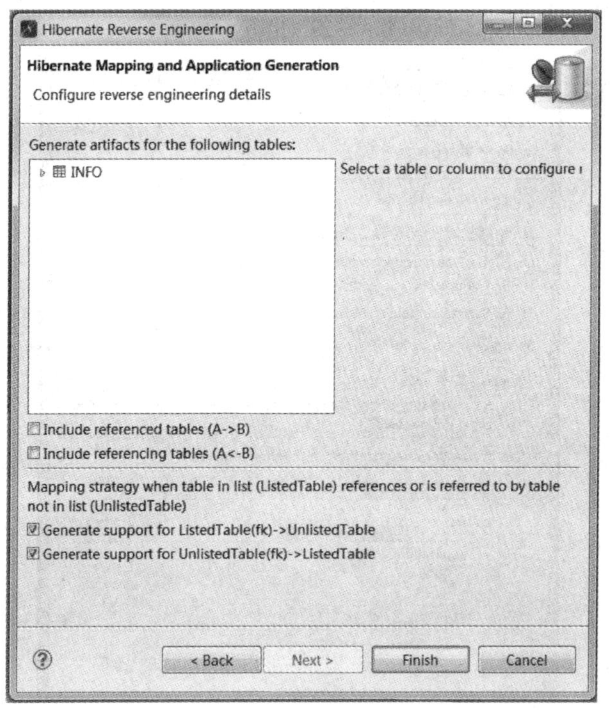

图 A.13　配置反向工程细节

单击 Finish 按钮，在项目 org. logonsystem. model. vo 包下会生成 POJO 类文件. java 和映射文件. hbm. xml。

5. 添加 Spring 开发能力

右击项目名，选择 MyEclipse→Project Facets [Capabilities]→Install Spring Facet 菜单项，将出现图 A. 14 所示的对话框，选中要应用的 Spring 的版本。

图 A. 14　选择 Spring 版本

选择结束后，单击 Next 按钮，出现图 A. 15 所示的界面，用于创建 Spring 的配置文件，配置文件默认存储在项目 src 文件夹下，名为 applicationContext. xml。

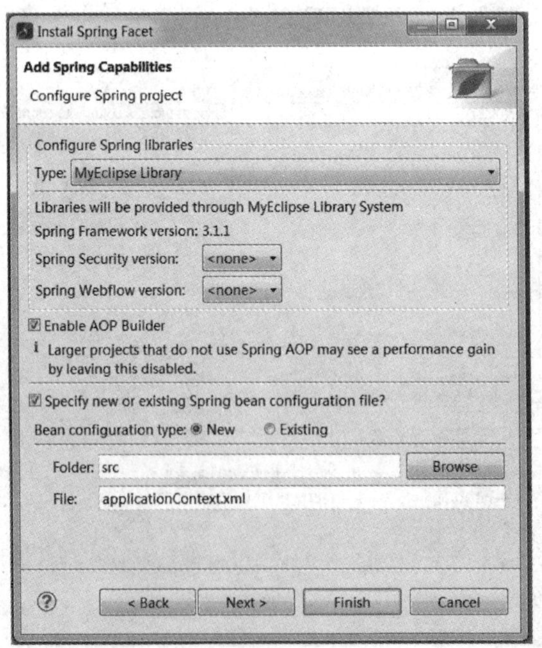

图 A. 15　创建 Spring 配置文件

单击 Next 按钮，出现图 A.16 所示的界面，选择 Spring 的核心类库，单击 Finish 按钮完成。

为项目添加 Spring 开发能力后，就可应用 Spring 的功能了。

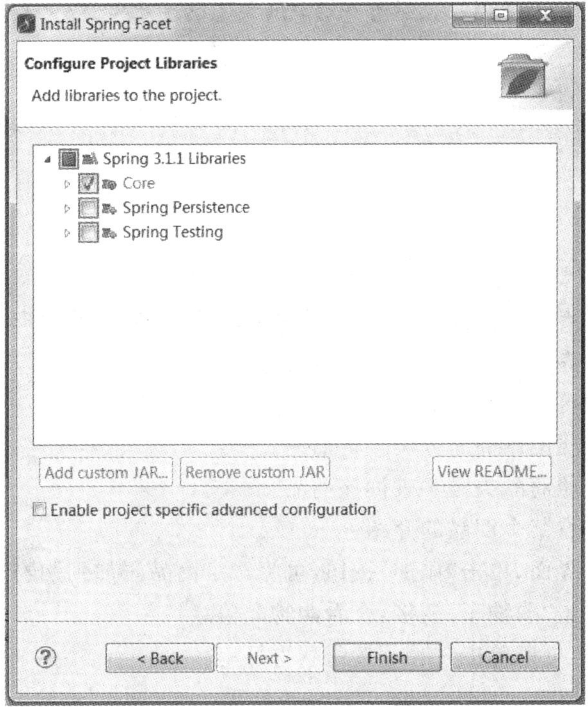

图 A.16　选择 Spring 核心类库

附录B 网上购物系统需求分析与设计

1. 需求分析

网上购物系统主要功能需求如下。

(1) 用户在注册界面填写注册信息,经验证确认正确,成为新用户。

(2) 用户在登录界面输入用户名和密码后,经验证确认正确,可以得到订单。

(3) 用户可以浏览网站推荐的新商品。

(4) 用户可以按照网站商品分类查询商品。

(5) 用户可以按照商品关键字查询该商品。

(6) 用户可以查看某个商品的介绍。

(7) 用户在浏览界面,单击"添加"按钮,可将选定商品添加到购物车。

(8) 用户可以单击"购物车"链接,查看购物车信息。

(9) 用户登录后,可以单击"结账"按钮获得订单。

2. 系统设计

在需求分析的基础上进行系统设计,系统模块结构图如图 B.1 所示。

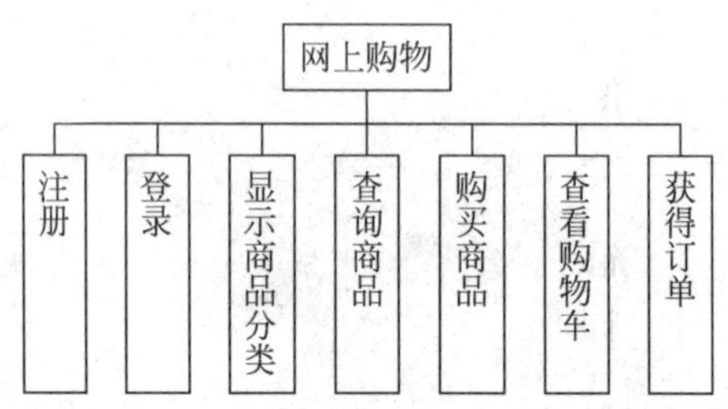

图 B.1 网上购物系统模块结构图

3. 数据库设计

1) 概念设计

网上购物系统实体如下。

(1) 商品:具有商品编号、商品名、价格、商品图片和分类编号等属性。

(2) 商品分类:具有分类编号、分类名等属性。

(3) 用户:具有用户编号、用户名、密码和电话号码等属性。

(4) 订单:具有订单编号、订单时间和用户编号等属性。

(5) 订单明细:具有订单明细编号、数量、订单编号和商品编号等属性。

网上购物系统联系如下。

(1) 拥有：一个用户可以拥有多个订单，一个订单只能属于一个用户，用户和订单两个实体间具有一对多的联系。

(2) 分解：一个订单可以分解为多个订单明细，一个订单明细只能属于一个订单，订单和订单明细两个实体间具有一对多的联系。

(3) 订购：一种商品可能出现在多个订单明细的订购信息中，一个订单明细是对一种商品的订购信息，商品和订单明细两个实体间具有一对多的联系。

(4) 包含：一个商品分类包含多种商品，一种商品属于一个商品分类，商品分类和商品两个实体间具有一对多的联系。

网上购物系统 E-R 图，如图 B.2 所示。

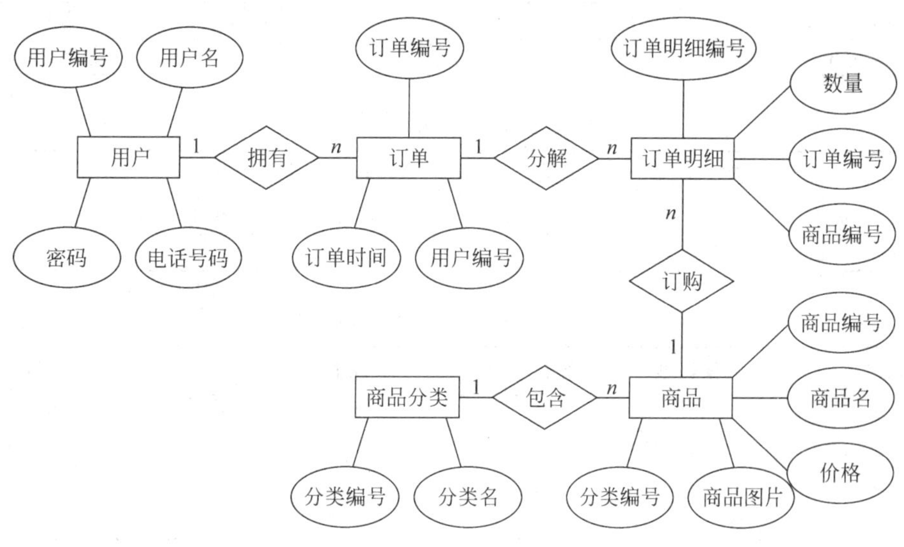

图 B.2　网上购物系统 E-R 图

2) 逻辑设计

在逻辑设计中，网上购物系统 E-R 图转换为关系模式。

网上购物系统的关系模式设计如下(用下画线标注主键)：

商品(<u>商品编号</u>,商品名,价格,商品图片,分类编号)
　　外键：分类编号
商品分类(<u>分类编号</u>,分类名)
用户(<u>用户编号</u>,用户名,密码,电话号码)
订单(<u>订单编号</u>,订单时间,用户编号)
　　外键：分类编号
订单明细(<u>订单明细编号</u>,数量,订单编号,商品编号)
　　外键：订单编号,商品编号

为了程序设计方便，将汉字表示的关系模式改为英文表示的关系模式：

good's (<u>goodsid</u>,goodsname,price,picture,classificationid)　　对应商品关系模式
classification (<u>classificationid</u>,classificationname)　　对应商品分类关系模式

users (userid,username,password,telephone)　　对应用户关系模式
orders (ordered,orderdate,userid)　　对应订单关系模式
orderdetail (orderdetailid,quantity,ordered,goodsid)　　对应订单明细关系模式

3) 表结构设计

上述关系模式对应的表结构,如表 B.1～表 B.5 所示。

表 B.1　goods(商品表)

列名	数据类型	允许 Null 值	是否主键	自增	说明
goodsid	int		主键	增 1	商品标志 id
goodsname	varchar(30)				商品名
price	int				价格
picture	varchar(30)	√			商品图片
classificationid	int				分类 id(外键)

表 B.2　classification(商品分类表)

列名	数据类型	允许 Null 值	是否主键	自增	说明
classificationid	int		主键	增 1	分类标志 id
classificationname	varchar(20)				分类名

表 B.3　users(用户表)

列名	数据类型	允许 Null 值	是否主键	自增	说明
userid	int		主键	增 1	用户标志 id
username	varchar(20)				用户名
password	varchar(20)				密码
telephone	varchar(20)	√			电话号码

表 B.4　orders(订单表)

列名	数据类型	允许 Null 值	是否主键	自增	说明
orderid	int		主键	增 1	订单标志 id
orderdate	datetime				订单时间
userid	int				用户 id(外键)

表 B.5　orderdetail (订单明细表)

列名	数据类型	允许 Null 值	是否主键	自增	说明
orderdetailid	int		主键	增 1	订单明细标志 id
quantity	int				数量
orderid	int				订单 id(外键)
goodsid	int				商品 id(外键)

附录C　STSC 数据库的表结构和样本数据

1. STSC 数据库的表结构

STSC 数据库的表结构如表 C.1～表 C.4 所示。

表 C.1　STUDENT(学生表)的表结构

列名	数据类型	允许 Null 值	是否主键	说明
STNO	char(6)		主键	学号
STNAME	char(8)			姓名
STSEX	tinyint			性别：1 表示男，0 表示女
STBIRTHDAY	date			出生日期
SPECIALITY	char(12)	√		专业
TC	int	√		总学分

表 C.2　COURSE(课程表)的表结构

列名	数据类型	允许 Null 值	是否主键	说明
CNO	char(3)		主键	课程号
CNAME	char(16)			课程名
CREDIT	int	√		学分
TNO	char(6)	√		编号

表 C.3　SCORE(成绩表)的表结构

列名	数据类型	允许 Null 值	是否主键	说明
STNO	char(6)		主键	学号
CNO	char(3)		主键	课程号
GRADE	int	√		成绩

表 C.4　LOGTAB(登录表)的表结构

列名	数据类型	允许 Null 值	是否主键	说明
LOGNO	int		主键	标志
STNAME	char(6)			姓名
PASSWORD	char(20)			口令

2. STSC 数据库的样本数据

STSC 数据库的样本数据如表 C.5～表 C.8 所示。

表 C.5　STUDENT(学生表)的样本数据

学号	姓名	性别	出生日期	专业	总学分
121001	李贤友	男	1991-12-30	通信	52
121002	周映雪	女	1993-01-12	通信	49
121005	刘刚	男	1992-07-05	通信	50
122001	郭德强	男	1991-10-23	计算机	48
122002	谢萱	女	1992-09-11	计算机	52
122004	孙婷	女	1992-02-24	计算机	50

表 C.6　COURSE(课程表)的样本数据

课程号	课程名	学分	教师编号
102	数字电路	3	102101
203	数据库系统	3	204101
205	微机原理	4	204107
208	计算机网络	4	NULL
801	高等数学	4	801102

表 C.7　SCORE(成绩表)的样本数据

学号	课程号	成绩	学号	课程号	成绩
121001	102	92	121005	205	85
121002	102	72	121001	801	94
121005	102	87	121002	801	73
122002	203	94	121005	801	82
122004	203	81	122001	801	NULL
121001	205	91	122002	801	95
121002	205	65	122004	801	86

表 C.8　LOGTAB(登录表)的样本数据

标　志	姓　名	口　令
1	李贤友	121001
2	周映雪	121002
3	刘刚	121005
4	郭德强	122001
5	谢萱	122002
6	孙婷	122004